U0005047

lonely planet
food

LONELY PLANET'S
世界精釀
啤酒之旅
GLOBAL BEER TOUR

李天心 譯

晨星出版

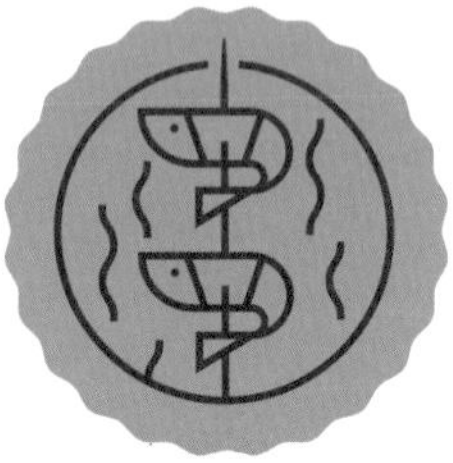

CONTENTS

INTRODUCTION

所有喜愛啤酒的人一定都同意：如果你愛喝品質優良的啤酒，這個時代應該是最美好的時代！過去十年來全世界許多國家，不只美國、紐西蘭及澳大利亞，也包括傳統的啤酒釀造國，像是英國、比利時及德國，另外還有一些新興的亞洲及非洲國家，這類小型、獨立和極富創意的啤酒廠所出產的種類及品質，已在啤酒界掀起一股革新風潮，人們稱之為「手工精釀啤酒運動」。

何謂手工精釀啤酒？

「手工精釀」（craft）這個詞已經逐漸被套用，甚至有時被誤用在啤酒釀造上。那它涵義究竟為何？美國釀造協會（Brewer's Association）將精釀啤酒廠（craft brewer）定義為「小規模、獨立經營且保有傳統製法的釀造所」。「小規模」意指一年所生產的啤酒少於 600 萬桶，「獨立經營」代表工業、非精釀啤酒廠的所有權不超過 25%，而「傳統製法」指的是使用傳統發酵技術和原料來製造啤酒風味，他們認為「加味的麥芽飲料」並不能算是啤酒。欲知詳情可參考 www.craftbeer.com 網站。

最近，依照這些標準所製造出的啤酒種類著實令人感到驚艷。美國釀造協會認證了 150 種不同風格的啤酒，包括歷史長達幾世紀的經典款，像是淡色艾爾啤酒（pale ales）、波特啤酒（porters），或是遺忘已久最近才被重新發掘的地方特色啤酒，還有其他由釀酒師新發想出來的美味特調啤酒。

美國釀造協會表示，美國 4600 家精釀啤酒廠中，95% 一年只製造不到 15,000 桶啤酒。其他國家也有同樣的情況，大部分的精釀啤酒廠都是屬於當地小規模企業。美國有 78% 達到法定飲酒年齡的成年人，居住在距離當地啤酒廠 10 英里的範圍之內，因此獲得當地居民青睞，對於啤酒廠的成功非常重要。值得關注的是，精釀啤酒所帶來的新風潮不只為大城市或其鄰近地區的釀酒廠帶來質變，更提升了全美釀酒廠的釀酒標準。

本書所介紹的釀酒廠並非都能被歸類為「精釀」，有一些已經被較大的公司收購，有一些則已成為主流品牌，但大致上來說，本書所羅列的大部分釀酒廠，一開始都是由一小撮對啤酒有熱情的人所創立的，也是這群啤酒熱愛者的貢獻與決心，掀起了這股啤酒界的革新風潮。就像這群人提升了我們飲用的啤酒品質一樣，他們也引領了手工精釀啤酒運動的另一個關鍵發展——開放參觀釀酒廠。現在為了歡迎啤酒愛好者，許多釀酒廠都設有酒館或是試飲室，造訪這些地點成為消磨一個午後或是夜晚令人舒適宜人的方式。

為何要來趟啤酒之旅？

這本書涵蓋的釀酒廠類型極為廣泛，從美國聖地牙哥 Stone 精釀大廠，到屈身在倫敦鐵路拱道下的極小型釀酒廠 Partizan。我們偏好獨立運作的釀酒廠勝過企業大廠，但是許多精釀啤酒廠已被跨國企業收購，我們也不能因此劃地自限。對我們而言，真正看重的是啤酒本身的品質以及訪客的親身體驗。

當你已經可以在當地超市或是販售瓶裝酒的酒鋪中買到越來越多有趣的啤酒種類，何不起身造訪這些釀酒廠、酒館及出售自釀啤酒的酒吧？動身來趟啤酒之旅的主要原因有三：第一，精釀啤酒通常不耐久運，溫度太高或太低，以及運輸過程中的晃動顛簸，都會影響到精釀啤酒的品質。越接近原產地，啤酒嚐起來就越可口，特別是直接從釀酒廠酒桶中取出的啤酒。

第二，隨著近年來急速增加的小型精釀啤酒廠數量，許多風味絕佳的精釀啤酒已不再外銷到其他國家及城市。想在其他國家找到美國緬因州其中一款獨特的精釀艾爾啤酒，機率已是微乎其微。許多傳統的啤酒種類，比如德國煙燻啤酒（smoky Rauchbier），幾乎只有在當地才嚐得到。為了好好地體驗這些啤酒，你必須造訪這些產地。當代手工精釀啤酒廠的崛起，通常是來自於釀酒者自身對啤酒的喜愛及熱情，如果想嚐嚐他們獨特的釀造品，需要化被動為主動，因為他們不可能主動找到你奉上自釀的啤酒。例如比利時的 Westvleteren 釀酒廠，為了買一箱他們最受歡迎的自釀啤酒甚至還得在外頭排隊。

最後，如果你真的很想見見這些啤酒釀造狂熱者，比較一下不同的啤酒風味、詢問關於啤酒的看法或是交換釀造配方，那麼你就應該踏上這趟啤酒之旅。

Lonely Planet 做為一家知名的旅遊指南出版社，進行世界啤酒之旅的方式稍微有一點不同，我們會運用所擁有的旅遊資源，以每一家在本書中介紹的釀酒廠為主，提供啤酒旅行者可進行一日遊或是週末行的周邊景點細節，也許是當地的博物館或畫廊，或是較具刺激性的登山健行、騎腳踏車等活動，抑或僅僅只是一處簡單卻令人難忘的風景瞭望台。不論是先品嚐啤酒再參觀景點，還是先造訪景點再飲用啤酒，你都可以自行決定。但我們還是建議，在犒賞自己一杯啤酒前，最好還是先從事一些消耗體力的活動！

藉由這本書，跟著我們全世界愛好啤酒的旅遊作者及記者的腳步，你會馬上了解全世界精釀啤酒的產地，不只侷限於英國、澳大利亞、紐西蘭及美加……以英美為主的傳統啤酒釀造大國。這些地方也許有著密度最高的精釀啤酒廠，可能也是掀起這股精釀啤酒廠參訪風潮的幕後推手，但你會發現到比利時及德國歷史悠久的啤酒廠探險也是相當迷人。其他國家，特別是義大利及日本，當地的精釀啤酒盛況已經快趕上前述國家了，而本書當然也不會漏掉其他值得造訪的釀酒廠，包括尼泊爾、越南、中國及衣索比亞等。

如何使用本書？

本書共介紹 33 個國家，依照城市名稱順序安排許多值得造訪的最佳釀酒廠，每家推薦一款必嚐的啤酒以及當地的旅遊景點，讓啤酒旅行者可以同時體驗特色啤酒以及當地風景。全世界有成千上百款美味啤酒正在等待著我們，現在就啟程去品嚐吧！

RE-LEARN
LAGER
PINE STOUT
BRONZE
Sydney Royal
SILVER
AUSTRALIAN INTERNATIONAL
2011
a generous
The aroma profile
coffee, chocolate &
matched on the
full bodied smooth
5.4% abv 45 ibu
a full flavoured,
amber coloured,
English ale. Rich toffee
& raisin sweetness from
the malt balanced with
a firm bitterness
& a fresh herbal
hop aroma
EXTRA SPECIAL BITTER
ALCOHOL PRESERVES EVERYTHING but secrets!
WHAT'S ON
SUN: Sunday Roast 22
Mon: Dinner + Pint
tues: Parma + Pint 25
weds: Rack'Ribs Pint 25
KELLER DOOR
EXIT
RIBS + PINT = $25

TRHOVE SVINY
TREBON
CHKO

啤酒詞彙 GLOSSARY

7

啤酒種類

艾爾啤酒 Ale　使用艾爾酵母（ale yeast）發酵的啤酒，後來成為上層發酵啤酒的統稱（現在用於發酵啤酒的酵母種類則是五花八門）。亦可參閱拉格啤酒（Lager）。

老啤酒 Altbier　一種來自德國杜塞道夫的深色啤酒。

法式窖藏啤酒 Biere de Garde　來自法國北部的一款傳統窖藏啤酒。

英式苦啤酒 Bitter　一種英式風格的古銅色啤酒，口味溫和，苦度及酒精濃度從基本款、Best Bitter 到 Extra Special Bitter 都有。

金色艾爾啤酒 Blonde／Golden Ale　一種口味清淡，色澤呈現金黃色的啤酒，為夏日首選。

博客啤酒 Bock　一種德製拉格啤酒。

荷蘭博客 Bok　一種來自荷蘭的深色啤酒。

比利時雙倍麥芽啤酒 Dubbel　釀造時使用了雙倍的麥芽，是一款味道濃烈的深色啤酒。

黑啤酒 Dunkel　來自德國慕尼黑的一款深色啤酒。

德國酸啤酒 Gose　一種來自德國的酸小麥啤酒。

香檳啤酒 Gueuze　一種使用野生酵母釀造的比利時啤酒（請參閱蘭比克 Lambic）。

淡啤酒 Helles　一款原本來自德國慕尼黑的傳統淡色拉格啤酒。

印度淡色艾爾啤酒 India Pale Ale　一種啤酒花氣味濃郁，來自英國的淡色艾爾啤酒，現在則在其他國家大行其道。

科隆啤酒 Kölsch　一款來自德國科隆、味道清爽的啤酒。

櫻桃啤酒 Kriek　一款來自比利時，具有櫻桃風味的啤酒。

拉格啤酒 Lager　一款下層發酵啤酒，因使用拉格酵母（lager yeast）發酵而得其名。販售前通常會冷藏。

蘭比克 Lambic　使用野生酵母發酵的自然酸釀啤酒，常見於比利時。

三月啤酒 Marzen　一種只在春天三月釀造的德國拉格啤酒。

艾爾淡啤酒 Pale ale　一種來自英國，色澤清淡、具有啤酒花香氣的艾爾啤酒。現為精釀啤酒的標準款。

皮爾森啤酒 Pilsner　一種來自捷克的拉格啤酒。

波特啤酒 Porter　一種來自英國、深色帶有苦味的艾爾啤酒，又稱斯陶特啤酒（Stout）。

煙燻啤酒 Rauchbier　一款來自德國班堡（Bamberg）的煙燻拉格啤酒。

裸麥啤酒 Rye beer　一種用裸麥取代大麥的啤酒。

季節啤酒 Saison　一款在春天釀製的比利時酸艾爾啤酒。

比利時酸啤酒 Sour　一種融合比利時香檳啤酒和蘭比克的酒款。

斯陶特啤酒 Stout　請參閱波特啤酒（Porter）。這是一款風格較為強烈、口味香甜或是具有煙燻風味的一款波特啤酒。

修道院啤酒 Trappist ales　一款味道濃烈，由修士所釀造的啤酒。常見於比利時。

比利時三倍麥芽啤酒 Tripel　釀造時使用了三倍的麥芽，味道濃烈。

德國小麥啤酒 Weissbier　一款德式小麥啤酒。

小麥啤酒 Wheat beer　一款使用大量小麥取代大麥的艾爾啤酒。

比利時白啤酒 White beer　由發芽的大麥與小麥所釀製，用香菜和橘子皮來增添風味。

專業術語

酒精濃度 ABV　Alcohol by volume 的縮寫，意指酒中所含的乙醇體積百分比。

過桶陳釀 Barrel-aged　將艾爾啤酒放置桶中熟成的過程，以往此法多用於釀造葡萄酒或烈酒。

瓶內發酵 Bottle-conditioned　裝入酒瓶後持續二次發酵的啤酒。

桶內熟成 Cask-conditioned　放入小酒桶或酒桶後持續二次發酵的啤酒。

低溫發酵 Cold-conditioned　一種將拉格啤酒冷藏持續發酵長達 3 個月的釀造手法。

精釀酒廠 Craft brewing　一種小型、極富創意又獨立經營的釀酒廠。

雙倍 Double　用來形容添加雙倍原料的啤酒，像是雙倍印度淡色艾爾啤酒（Double India Pale Ale，DIPA）。

冷泡法 Dry-hopped　一種在發酵後期或裝瓶前的熟成期添加啤酒花的方法，可以增添香氣。

啤酒容器 Growler　一種容量為 64 液量盎司（fl oz）的外帶啤酒容器，美制為 1892.7 毫升。Howler 瓶和 Squealer 瓶的容量則較小。

啤酒花 Hops　一種植物的花苞，原本是用來防止啤酒腐敗，現則用來增添風味。

帝國精釀 Imperial　通常指重口味的斯陶特啤酒。

麥芽 Malt　穀物，通常是大麥。開始發芽時就會被放進窯裡加熱以終止生長。

巴斯德消毒法 Pasteurisation　將啤酒加熱處理以便殺菌。

品脫 Pint　英國常用的啤酒容量單位，一品脫為 568 毫升，也有半品脫。美制一品脫則為 473 毫升。

罐 Pot　澳洲常用的啤酒容量單位，為 285 毫升。

大杯 Schooner　澳洲的啤酒容量單位，為 425 毫升，約 2/3 品脫。

啤酒原料

THE INGR

也許你有聽過「三位一體」，那現在就容我隆重介紹啤酒釀造的「神聖四重奏」。雖然釀造啤酒的過程中你幾乎可以毫無節制地加入想要的原料，最近的例子是藍紋起司、牛睪丸甚至整片瑪格莉特披薩，但是啤酒釀造還是離不開以下四種核心原料。

水

不論哪一種啤酒都至少有 90% 的成份是水。相當諷刺的是，水是四種啤酒核心原料中討論起來最乏味的，既沒有啤酒花的美味香氣，也沒有麥芽的誘人色澤，但卻在釀造的最後階段扮演了舉足輕重的角色。每個區域水質中的礦物成分，在歷史上就已決定該地出產的啤酒風味，例如愛爾蘭的斯陶特啤酒、英國特倫特河畔伯頓（Burton upon Trent）的淡色艾爾啤酒，以及捷克皮爾森（Plzen）的皮爾森啤酒。

麥芽

釀造啤酒所使用的穀物一開始只是普通的大麥，但經過了一道重要的程序來釋放其中所含的糖分，而如果沒有糖就不會產生酒精。但是麥芽（或發芽大麥）的貢獻可不只於此，它也承擔了啤酒口感好壞的重責大任，像是為啤酒增添咖啡、太妃糖、餅乾、巧克力及烤麵包的味道與香氣，也是讓啤酒呈現出琥珀、金黃、棕色等許多色澤的原因所在。

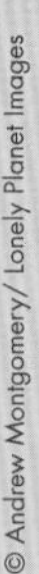

啤酒花

「噢，美妙的啤酒花！」這個原料是所有啤酒狂熱者最容易感到興奮的。在啤酒世界中啤酒花的用途很多元，原本是用來保存啤酒的，也可以增加啤酒的苦澀、風味及特殊的香氣，常常被視為啤酒界的「鹽和胡椒」。美國及澳大利亞的啤酒花帶有熱帶水果、柑橘及松木的香氣，而歐洲的則帶有泥土香氣，為啤酒增添柔和的風味。

EDIENTS

啤酒酵母

在啤酒界你會常常聽到：「釀酒師製造麥芽汁，酵母成就啤酒。」當釀酒師完成自己的釀造工作，啤酒酵母被「加到」（pitched，釀酒術語）發酵槽裡，接著只要耐心等待幾天到幾個禮拜，時間取決於啤酒的種類。啤酒酵母會「吃掉」麥芽汁裡的糖分，然後就會發生我們常說的：「打嗝打出二氧化碳，放屁放出乙醇。」也許這個描述令人倒胃口，但是它卻實實在在地描述了啤酒釀造的化學反應，並且展現了啤酒酵母是如何將一桶麥芽茶轉變成美味啤酒的。

1. 輾磨 MILLING

麥芽是啤酒中糖分的來源——它是關鍵角色，因為沒有糖分就不會產生酒精。為了確保麥芽內的澱粉能在之後的過程中轉變成糖分，發芽的大麥會被仔細地輾碎。

收集完原料之後，
啤酒釀造的過程看似簡單，
但我們還需要在配方上稍做微調。
這裡將向你展現釀造啤酒的魔法施展過程。

THE BREWIN

釀造過程

6. 熟成 MATURING

依照啤酒的類型及酒精含量的不同，啤酒會被保存在小酒桶、瓶子裡或是大酒桶中，短則數週、長則好幾年，等到風味變化並熟成。

7. 裝桶 & 裝瓶 KEGGING AND BOTTLING

馬上就要喝的啤酒會被裝到小酒桶、圓木桶或是瓶子裡。也許還會加入二氧化碳來增加碳酸氣泡。一些偏好天然碳酸氣泡的釀酒師，則會讓啤酒在瓶子或是圓木桶裡進行二次發酵。

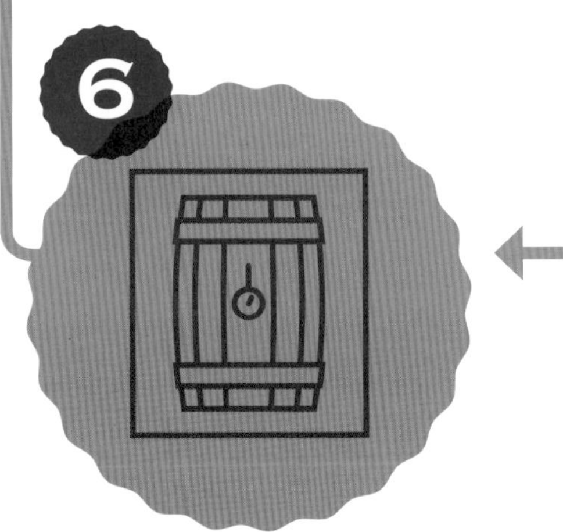

2. 糖化 MASHING

搗碎的麥芽會浸泡在 60℃～ 70℃的熱水中約一個小時，你就把它想像成是在製作超大杯的麥芽茶。

3. 烹煮 BOILING

濕潤的穀物會和被稱為「麥芽汁」的液體分離，然後通常會再煮個 60 ～ 90 分鐘。在這個期間會加入啤酒花增加苦澀、風味及香氣。

G PROCESS

4. 冷卻 COOLING

即將變成啤酒的麥芽汁要盡快冷卻，以避免滋生細菌，然後再把放進發酵槽裡。

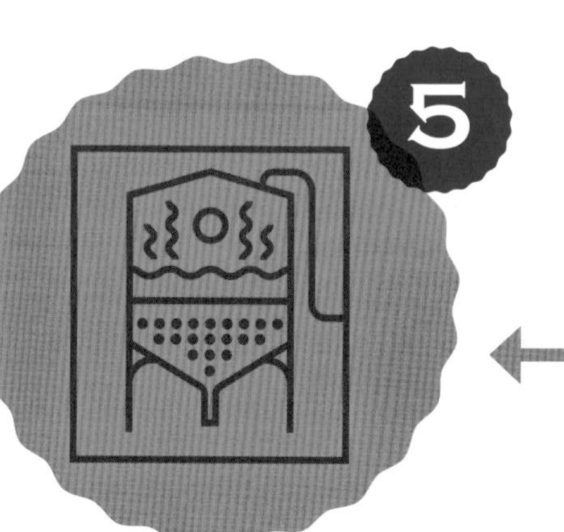

5. 發酵 FERMENTATION

麥芽汁冷卻之後會加入啤酒酵母，然後開始發酵。艾爾啤酒會在 18℃～ 25℃左右發酵 7 ～ 10 天，而拉格啤酒則是在 6℃～ 13℃度發酵大約 2 ～ 3 週。

非洲 & 中東地區

AFRI

THE MID

CA &
LE EAST

開普敦 CAPE TOWN

在南非，開普敦無疑是精釀啤酒大本營，不但 Devil's Peak 這樣的酒館隨著精釀啤酒廠的數量逐年成長，還有新興的精釀啤酒吧及商店。每年 11 月會在開普敦市中心 Green Point 舉辦啤酒節迎接夏日的到來。在這裡，你一定可以找到一種你最喜愛、能在落日餘暉中相伴的啤酒款式。

阿迪斯阿貝巴 ADDIS ABABA

對啤酒愛好者來說，衣索比亞首都阿迪斯阿貝巴也許不是最顯眼的，但此地似乎已準備好為訪客提供拉格啤酒以外的其他享受。這座城市已有一家受到德國影響的微型釀啤酒廠，未來預計將有更多這類啤酒廠跟進。這裡的夜生活標榜現場音樂演奏，對啤酒種類的需求一定也很多元。

特拉維夫 TEL AVIV

在中東素有「派對之都」稱號的以色列特拉維夫，人們比起品嚐帶有苦味的酒液，或許依然更有興趣在入夜後到不同酒吧續攤狂歡。儘管如此，最近這座城市還是新開了兩家精釀啤酒廠——Jem's 以及 Dancing Camel，其附設酒吧已經可以供應許多不同種類的當地及進口精釀啤酒。

衣索比亞

如何用當地語言點啤酒？

I-ba-kih bee-rai-fuh-li-ga-luh-hu（我想要一杯啤酒）

如何說乾杯？ Leh-tay-nah-chen

必嚐特色啤酒？

Tella——由高粱和苔麩（tef）所混製而成。

當地酒吧下酒菜？ Kolo——一種烘烤過的雜糧。

貼心提醒：和衣索比亞人用餐，如果主人家塞了一些食物到賓客嘴裡，請做好心理準備大方接受。當地語言稱這種待客之道為「gursa」，拒絕的話會很失禮。

在非洲衣索比亞，啤酒產業正在蓬勃發展。這個國家也許尚未被洪流般的重口味美系印度淡色艾爾啤酒（India pale ale，簡稱 IPA）所侵略，抑或還未淹沒在無止盡的手工精釀啤酒節中，但是自從政府開始將釀酒廠賣給私人公司，全世界的啤酒製造商早已爭先恐後前來叩門。啤酒銷量蒸蒸日上，釀酒廠數量也與日俱增，當然，啤酒的種類，至少在品牌供應上也日益多元。但大致來說，不論你冰箱放的是哪種品牌的啤酒，幾乎清一色是用來豪飲的淡色拉格啤酒（pale lager）。對於造訪衣索比亞的遊客來說，豪爽地喝上幾杯當地拉格啤酒是稀鬆平常的事，更不用說這是一個啤酒便宜到隨手就能來上幾杯的地方之一。

儘管如此，衣索比亞並非只產拉格啤酒，一些主要釀酒廠也釀造斯陶特（stout）啤酒，以及偶爾才出現、色澤相似但具有特殊風味的拉格啤酒。你也可以在此找到頂級啤酒品牌，像是 Habesha，這家酒廠的啤酒不論是在酒標、名稱和說明都和當地文化充分結合，新啤酒風格的建立似乎只是時間早晚的問題。如果提到手工精釀啤酒，能選的品牌仍然不多。位在首都阿迪斯阿貝巴（Addis Abäba）的 Garden Bräu 啤酒廠是衣索比亞少數的微型啤酒廠。但隨著處處可見的大麥種植以及啤酒飲用人口的增長，可以預見未來將有越來越多愛好啤酒的企業家趨之若鶩，而衣索比亞在非洲大陸上的啤酒版圖地位也將為之鞏固。

GARDEN BRÄU啤酒廠

Bole 03 St, 670 Block 63-5, Addis Ababa;
www.beergardeninn.com; +251 116 182 591

◆ 餐點　◆ 酒吧　◆ 家庭聚餐

在塵土飛揚的衣索比亞首都，也許不能期待找得到具有德國巴伐利亞風味、井然有序的啤酒花園。儘管如此，這裡的啤酒卻是根據德國頒布的「啤酒純釀法」（德語：Reinheitsgebot）所釀造。這項關於啤酒純度的法令，規定釀造啤酒的過程只能使用清水、大麥、啤酒花及酵母。不僅釀造淡色及深色艾爾啤酒的啤酒花是從德國進口，連下酒菜也受到影響，德國常見的下酒菜，例如香腸拼盤、薯條以及特別美味的烤雞，取代了衣索比亞菜單上常見的鬆餅（injera）及煎肉佐蔬菜（tibs）。未經過濾的金色艾爾啤酒（Blonde Ale）是必點品項，啜飲一小杯或是點個 3 公升啤酒塔和好友共享吧！

周邊景點

「紅色恐怖」受難者紀念館

在這座令人悲傷的紀念館裡，展示著衣索比亞德爾格（Derg）政權的殘暴。據統計約有 50 萬人在統治期間被謀殺。*www.rtmmm.org*

Yod Abyssinia 傳統美食

想要快速了解衣索比亞飲食文化，可以試試這家受歡迎的餐廳。享受傳統非洲歌舞的同時可以啜飲香濃的蜂蜜酒（tej），並大口咀嚼衣索比亞鬆餅及其他各式配菜。

DASHEN啤酒屋

Gonder, Amhara

◆ 餐點　◆ 酒吧　◆ 交通便利
◆ 導覽　◆ 外帶

如果你已經喝膩衣索比亞的傳統蜂蜜酒，這裡供應大量第三大城貢德爾（Gonder）市郊工業化生產的拉格啤酒。Dashen 啤酒屋可以替旅客安排參觀釀酒廠的行程，印有釀酒廠標記的 T 恤以及鑰匙圈是遊客必帶的紀念品。但大部分的遊客會略導覽，直接坐在釀酒廠內衣索比亞北部極為罕見、綠草如茵的啤酒花園，啜飲一小杯冰啤酒。

除了啤酒，酒單上並無供應其他飲品，價格相當實惠及爽口。由於是直接從釀酒廠買的，風味當然也非常新鮮。你甚至可以找到口感豐富、未經過濾的桶裝生啤酒，很適合配上一盤辣味的煎肉佐蔬菜以及衣索比亞鬆餅。

周邊景點

Fasil Ghebbi 城堡

雇用一名當地嚮導漫步於這座 17 世紀的堡壘城市中。無數林立的城堡也為貢德爾贏得亞瑟王傳說中「卡美洛王國（Africa's Camelot）」非洲版的美名。

Simien Mountains 國家公園

想探索這座有著美麗景致的國家公園得花上幾天時間，且規定必須要有嚮導隨行。尤其因為海拔的關係，健行起來可能會非常具有挑戰性。

以色列&巴勒斯坦

如何用當地語言點啤酒？

Ifshar kos bira bevakasha ？

如何說乾杯？ NL'Chaim!（意指「敬人生！」）

必嚐特色啤酒？帶有水果風味的琥珀艾爾（Amber ales）啤酒。

當地酒吧下酒菜？免費供應的橄欖果實。

貼心提醒：不要害怕先品嚐啤酒。

以色列及巴勒斯坦地區是傳統的葡萄酒製酒區，雖說早在西元前 4 世紀，巴比倫的猶太大學士拉比．巴巴（Rabbi Papa）已在此區釀造啤酒，但名氣還是遠不及葡萄酒。為了稍解駐紮在英屬巴勒斯坦託管地的澳大利亞軍人對啤酒的思念，1940 年在以色列內謝爾（Nesher）建造了第一家現代釀酒廠。內謝爾的麥芽啤酒迄今仍由 Tempo 釀酒商銷售，所販賣的 Maccabee 及 Goldstar 啤酒品牌已經風靡以色列數十年之久。之後，90 年代中期來自約旦河西岸地區名為塔伊比赫（Taybeh）的巴勒斯坦村莊所產的啤酒，對內謝爾的麥芽啤酒造成競爭壓力。雖然在這個伊斯蘭地區酒精是禁止的，但是由於住在此地的 1500 名居民為基督徒，所以被允許製造並販賣啤酒。塔伊比赫地區所產的啤酒迅速受到以色列年輕人的歡迎，每年舉辦的啤酒節仍然吸引許多人潮。

儘管如此，當第一家微型啤酒廠在 2005 年出現後，以色列才真正興起精釀啤酒風潮。一開始是由美國移民所掀起的，他們對釀造高品質啤酒所展現的熱情，可從特拉維夫（Tel Aviv）的 Dancing Camel 釀酒廠及以色列中央區佩塔提克瓦城（Petah Tikva）的 Jem's 啤酒工廠中一窺一二，接著以色列的啤酒釀造師也投入這股風潮之中。如今，人們可以在整個以色列的酒吧或商店找到精品啤酒品牌，像是 Alexander、Malka、Negev、Bazelet 及 Shapiro 的芳蹤。當地人會配上新鮮的橄欖或是鹽漬毛豆來慢慢地享受啤酒。在經歷特拉維夫暑氣難消的一天後，第一口啤酒永遠都是沁人心脾的。

ALEXANDER釀酒廠

19 Tzvi Hanahal St, Emek Hefer;
www.alexander-beer.co.il; +972 74 703 4094

◆ 餐點 ◆ 導覽 ◆ 家庭聚餐 ◆ 外帶

Alexander 是以色列第一家微型釀酒廠之一，2008 年由前空軍飛行員 Ori Sagy 創立，他遊歷全世界學習啤酒釀造方法已超過 25 年。釀酒廠位於黑費爾谷（Hefer Valley），以附近河流名稱命名。導覽約 45 分鐘，旅客可以用「科學化」方式檢視從德國 Braukon 釀酒廠設備公司引進的器材，並試喝啤酒。Alexander 主要產兩款啤酒，一種是帶有比利時風格及果香風味的金啤酒（Blonde），另一種則是由烘焙過的麥芽所製成的琥珀啤酒（Ambrée）。若有口福也可嚐到季節限定的綠啤酒（Green），帶有葡萄柚、芭樂及芒果的香氣，黑啤酒（Black）則帶有黑巧克力及義式濃縮咖啡的香氣，不論哪種都必會讓你滿足與沉醉。

周邊景點

Mikhmoret 海灘

以色列最棒的海灘之一，寬闊的沙丘及空間可以讓你在地中海岸悠閒地休憩，或是來趟腳踏車之旅。

烏托邦公園（Utopia Park）

這處有著「雨林天堂」美名的公園保護區，屬於 Kibbutz Bahan 集體農場的一部分。這裡的植物園包含許多熱帶的鳥類、魚池、花園迷宮及多達二萬多株的蘭花品種。

www. utopiapark.co.il/english

DANCING CAMEL釀酒廠

Hata'asiya 12, Tel Aviv;
www.dancingcamel.com; +972 3 624 2783

◆ 餐點 ◆ 酒吧 ◆ 交通便利 ◆ 導覽 ◆ 外帶

「美國出生，中東製造」的這家酒廠具有跨大西洋風味，來自美國紐澤西的前華爾街交易員 David Cohen，2005 年創立於首都特拉維夫 Yad Harutzim 工業區的一處 1930 年代倉庫，並重新整修。外觀是座毫不起眼的酒吧，內部則走美式風格，還有寬闊的活動大廳。設備來自華盛頓州 Everett 區的 old Flying Pig 釀酒廠，現在用來釀造符合猶太教規的啤酒。從走「愛國路線」的橘色淡色艾爾到 色斯陶特，這裡自產的 8 款酒都有美國風味，經典款是味道濃烈但入味香甜的艾爾啤酒。一款名為「The Olde Papa」的啤酒則混和了啤酒花、麥芽及當地特有的蜜棗，據說是古代巴比倫猶太大學士拉比・巴巴的配方。

周邊景點

Sarona 市集

2015 年開幕的以色列最大室內食物市場，除了能找到有名的廚師，還可採買當地或國外食品。*www.saronamarket.co.il/enn*

Porter & Sons 餐廳

這裡的菜單相當豐盛，也供應超過 50 款生啤酒，包括當地微釀品牌：Shapiro、Bazelet 和 Malka。*www.porterandsons.rest.co.il*

黎巴嫩

如何用當地語言點啤酒？ Baddé bira

如何說乾杯？

男生說：「Keessak」，女生說「Keessik」

必嚐特色啤酒？味道清淡及冰涼的皮爾森啤酒。

當地酒吧下酒菜？一碗包含開心果、腰果、花生及烤玉米粒的黎巴嫩綜合堅果，或是鹽佐烤紅蘿蔔及檸檬這類比較養生的選擇。

貼心提醒：雖然多數人還是習慣點 Alwa 皮爾森啤酒，但大部分酒吧都有提供精釀啤酒。

1933 年起，黎巴嫩的啤酒國度就已經由家族經營的 Almaza 所全盤掌控，比脫離偏愛當地葡萄酒的法國人統治、宣布獨立還早十年。暢飲一瓶酒精濃度只有 4% 的冰冷 Almaza 啤酒，象徵著黎巴嫩人對生活享受的一種嚮往及熱愛——海邊日光浴或徜徉於首都貝魯特（Beirut）咖啡館露臺上——這也是一個可以忘卻國家長年處於內戰紛擾的絕佳方式。

現在這家曾叱吒中東的啤酒王國則由荷蘭啤酒品牌海尼根（Heineken）所經營。為了吸引當地穆斯林人口，Almaza 釀酒廠也將他們的產品多元化經營，比如生產釀造純麥芽汁及許多非酒精類的水果口味飲料。儘管如此，現在一些當地創新的微釀啤酒廠，還是對這家老牌啤酒廠形成了競爭的壓力。在「一切如常」的標準黎巴嫩式樂天精神感召下，2006 年 7 月，當首都貝魯特被以色列軍隊包圍時，Mazen Hajjar 創立了 961 Beer 這個品牌。一開始，他是在廚房展開他的啤酒實驗。時至今日，這位啤酒釀造大師已經製造了大約 200 萬公升的純手工精釀艾爾啤酒，從比利時白啤酒（witbier）、波特啤酒到黎巴嫩式的淡色艾爾啤酒都有。

距離貝魯特一小時車程，位於海邊度假勝地的巴特倫（Batroun），則有一家低調經營的 Colonel 釀酒廠，專門釀造帶有濃厚啤酒花香氣的苦味拉格和水果口味啤酒。最近這家啤酒廠則推出了一直以來頗受貝魯特人青睞、喝起來很順口的清淡皮爾森啤酒，希望能取代 Almaza 品牌。

COLONEL釀酒廠

Bayadir St, Batroun;

www.colonelbeer.com; +961 3 743 543

◆ 餐點 ◆ 導覽 ◆ 外帶 ◆ 家庭聚餐

◆ 酒吧 ◆ 交通便利

造訪許多貝魯特的酒吧，我們發現每一家都有供應來自 Colonel 釀酒廠的啤酒，來自黎巴嫩自營的微釀啤酒廠，位於歷史悠久的海邊度假勝地巴特倫北端約 50 公里處，由當地的一名男孩 Jamil Haddad 所創立。釀造廠的建築令人吃驚的極具環保巧思，整棟建物全由回收的木質貨板所搭建，具有綠化的屋頂及牆壁。內部則有一處採用先進技術的微釀啤酒廠、一家餐廳和酒吧，周圍被綠草如茵的啤酒花園圍繞著，花園裡頭則擺有懷舊復古風的家具。

特釀啤酒包括捷克風格的拉格及皮爾森啤酒，種類從德國巴伐利亞麥芽所釀製的經典德式淡啤酒，到苦味、啤酒花香氣濃郁的美式拉格啤酒。Colonel 釀酒廠的釀酒師也喜歡異國的配方，比如他們會將艾爾啤酒加入百香果、荔枝甚至南瓜口味，想要都嚐嚐看的話，你可以點一份任選五種口味的啤酒套餐。坐在酒吧裡，大型的微釀啤酒廠發酵酒缸就在你眼前的玻璃牆後面。創始人 Jamil Haddad 在英國及歐洲的釀造廠學習釀造啤酒的技術，並在 2014 年開了這家 Colonel 釀酒廠，隨即大獲成功。他成功的故事告訴我們，儘管黎巴嫩政局不穩，這裡還是處處充滿可能性。造訪這家酒廠時，別忘了還要點由焦糖麥芽所釀製，香醇、滑順帶有琥珀色澤的愛爾蘭紅色艾爾啤酒（Red Irish）。

周邊景點

腓尼基城牆（Phoenician Wall）

巴特倫是世界上最古老的城市之一，最早由腓尼基人所創建。沿著兩千年歷史的海堤漫步，這段長 225 公尺的城牆夠保存至今，本身就是一大奇蹟。

聖史蒂芬教堂（St Stephen's Church）

這座氣勢雄偉的馬龍派石造教堂，靜靜地矗立在巴特倫的漁港附近，方形尖塔、拱型入口和是有華麗浮雕的立面讓它尤其醒目。週日往往會擠滿信徒。

Chez Maguy 餐廳

循著歪斜的路牌來到這家聲名遠播的餐館，搖搖欲墜的棚屋被大海圍繞著。明星廚師 Anthony Bourdain 鍾愛的這家店，招牌食材就是潛水夫捕獲的野生扇貝。

Ixsir 葡萄酒廠

從巴特倫往內陸方向車行 10 公里，就會抵達滿是葡萄園的連綿丘陵地。可以參觀 Ixsir 的酒窖，品嚐意外美味的葡萄酒，並在杉樹蔭下享用午餐。*www.ixsir.com.lb*

納米比亞

如何用當地語言點啤酒？ N bier, asseblief

如何說乾杯？ Prost!

必嚐特色啤酒？依照德國「啤酒純釀法」所釀造的拉格啤酒。

當地酒吧下酒菜？

Kapana——調味及烘烤過的牛肉片。

貼心提醒：請小心一種由小米所釀製的傳統不透明啤酒——oshikundu。

一個深受德國影響且具有乾燥沙漠氣候的國度，如果說當地人民對啤酒有著巨大的渴望，我們一點也不會感到驚訝，有一些全球啤酒消費榜甚至將納米比亞和德國、捷克等重量級國家相提並論。此地的啤酒釀造始於 20 世紀初，沒多久全國便出現了四家主要的釀酒廠。到了 1920 年，這四家釀酒廠全被德國商人 Hermann Ohlthaver 及 Carl List 所收購，而所謂的納米比亞啤酒有限公司（Namibia Breweries Ltd，簡稱 NBL）也隨即誕生。

NBL 掌控了當地的啤酒版圖，販售啤酒種類包含拉格啤酒、皮爾森啤酒以及偶爾出現的特別釀造啤酒。納米比亞第一家微釀啤酒廠 Camelthorn 創立於 2009 年，釀造的啤酒包含德式白啤酒以及一種含有南非國寶茶（rooibos）的酒款，這種茶葉常用於花草茶中。不久之後，Camelthorn 釀酒廠面臨關門大吉，而其品牌則由 NBL 所吸收。儘管如此，這家釀酒廠及其釀酒師，現在仍在南非的精釀啤酒革新史上佔有一席之地。

今日，隨著首都溫荷克（Windhoek）及骷髏海岸（Skeleton Coast）旁冒出的奈米型釀酒廠，納米比亞的精釀啤酒文化似乎又有捲土重來之勢。與此同時，在西部大西洋沿岸的斯瓦科普蒙德（Swakopmund）港市，NBL 也已經創立了自有的微釀啤酒廠，以嚴格遵守 1516 年頒布的德國「啤酒純釀法」為前提，替當地人引介並提供淡色拉格啤酒以外的其他啤酒款式。

21

斯瓦科普蒙德釀酒公司（SWAKOPMUND BREWING CO.）

Molen Weg, Swakopmund; +264 64 411 4410

◆ 餐點　◆ 導覽　◆ 家庭聚餐　◆ 酒吧

這家小型的微釀啤酒廠屬於「納米比亞釀酒公司（NBL）」，遵循德國「啤酒純釀法」的釀造原則，只使用水、發芽大麥、啤酒花及酵母來釀造他們的德式啤酒。位於海邊沙灘飯店（Strand Hotel）的 Brewer & Butcher 酒吧中，在 Hansa 釀酒廠自 2005 年關閉其連鎖店以來，首次有釀酒廠在斯瓦科普蒙德這座海港城市經營。擁有落地窗及擺設在露臺上的舒適沙發，這裡占有絕佳的海景位置。挑高的天花板，以及擠滿品嚐一般和季節限定啤酒顧客的長桌，內部走的則是德式啤酒廳的氛圍。雖然只在三月釀造的德國拉格啤酒 Märzen，配上油膩的排骨及燒烤牛排相當對味，但涼爽的德國科隆啤酒還是最佳夏日良伴。

周邊景點

沙丘滑板

這座港市以戶外冒險運動聞名。想要親近附近的沙漠環境嗎？還有什麼方式比得上用滑板從沙丘上滑下？

斯瓦科普蒙德啤酒屋

雖然這家餐廳並不自產啤酒，但酒單上卻有相當不錯的當地及進口啤酒。在這裡也可以選擇用靴型玻璃杯來喝酒。

www.swakopmund brauhaus.com

納米比亞釀酒有限公司（NAMIBIA BREWERIES LIMITED）

Iscor St, Northern Industrial Area, Windhoek; www.nambrew.com; +264 61 320 4999

◆ 餐點　◆ 交通便利

納米比亞釀酒有限公司的歷史可回溯至 20 世紀初，迄今仍是全國最大的釀酒廠，出產納米比亞人最喜愛的 Tafel 拉格啤酒。其他暢銷的大型品牌為 Windhoek，以釀造拉格啤酒及其他口味清淡的種類為主。這裡不只販售金啤酒，也釀造一些德式白啤酒及令人熱切期待的原始博客啤酒（Urbock）——一款只有每年五月釀造一次、作為冬天溫啤酒的德式博客啤酒。釀酒廠導覽行程始於水廠，導覽員會解説從沙漠獲取水源的方式。太陽能和水循環在這家釀酒廠扮演至關重要的角色，「永續性」在這裡可是熱門字彙。導覽完你可以在地下室的酒吧試喝依德國「啤酒純釀法」所釀造的啤酒。

周邊景點

Joe's 啤酒屋

位於首都溫荷克，供應的餐點包括許多不同的野味、大型火腿肉、香腸拼盤，以及來自納米比亞、南非和德國的啤酒。

www.joesbeerhouse.com

Katu 旅遊

你可以騎腳踏車跟隨當地和藹的嚮導 Anna Mafwila，一起探索首都附近的城鎮，造訪景點包含當地餐廳、市集，也許還有鎮上的小酒館。*www.katutours.com*

南非

如何用當地語言點啤酒？ Kan ek n bier kry asseblief（南非荷蘭語）；Ngicela ubhiya（祖魯語）

如何說乾杯？ 有 11 種官方語言可以表達，但簡單老套的 cheers 就可通行全國。

必嚐特色啤酒？ 淡色拉格啤酒……也許可以再加上一點原生種花草口味。

當地酒吧下酒菜？ 一小包的醃肉條（biltong）。

貼心提醒： 你可以詢問是否供應精釀啤酒。雖然在這裡風潮才剛萌芽茁壯，也不是所有的精釀啤酒都會列在酒單上，但還是可以發現一些很棒的啤酒。

南非的啤酒歷史始於拉格啤酒。不論從哪一段南非啤酒復興史開始，都得從一杯冰涼、冒泡的金黃拉格啤酒講起。這裡歷史最悠久的微釀啤酒廠為 Mitchell 釀酒廠，創立於 1983 年克尼斯納海濱大道（Knysna way）上風景秀麗、名為花園大道（Garden Route）的城鎮，出產的第一款啤酒當然是拉格啤酒，後來陸續推出了英式苦啤酒、斯陶特啤酒、蘇格蘭艾爾啤酒以及略帶牛奶及蜂蜜甜味的艾爾。但這些都是另一家微釀啤酒廠加入之前好幾年的故事。

十幾年光景流逝，其他釀酒廠也經歷了興衰，但是一些 90 年代中期及 2000 年代初期創立的釀酒廠依然屹立不搖。儘管如此，南非的啤酒革新一直到 2010 年左右才興起，而拉格啤酒再次扮演了推手。2017 年創立的黑傑克釀酒公司（Jack Black's Brewing Company）以及幾年後成立的 Darling 釀酒廠都屬這波革新風潮中赫赫有名的，兩家都釀造出頂級的拉格啤酒，並受到來自開普敦逐漸興起的農夫市集的支持，許多潮客、嬉皮及美食家都會到這些市集去採買手工麵包、肉品、起司，當然還有啤酒。突然之間，啤酒隨處可見，許多品牌如雨後春筍般冒出。平常習慣喝上一杯法國蘇維翁白葡萄酒（Sauvignon Blanc）的人，也改喝一杯精釀拉格啤酒。只要有一小片空地，人們都會在週末舉辦小型的啤酒盛會。

2014 年南非的精釀啤酒文化開始逐漸壯大，精釀啤酒廠的數目每年都有 50% 的成長。時至今日，有將近 200 家的微釀啤酒廠散布在全南非 9 個省分中。現在所供應的種類不再只是拉格啤酒，雖然許多品牌推出的風格還是很接近大多數南非人所喜愛的拉格啤酒的口味，但大多數酒廠供應的啤酒種類包羅萬象，從傳統德式白啤酒到 California Common——一種比利時式的淡色艾爾啤酒，或是摻有南非常見花草的英式印度淡色艾爾啤酒。事實上，南非正自豪地釀造出屬於自己風格的微釀啤酒。許多釀酒師會用土生土長的大麥取代較為傳統的穀物，像是用

酒吧語錄：JC STEYN

我們的啤酒業績
一直成長驚人，
顧客已經愛上這種冒險中
帶有前衛風格的啤酒。

TOP 5
啤酒推薦

- **Blockhouse 印度淡色艾爾：** 魔鬼山釀酒公司
- **Loxton：**拉格啤酒
- **皮爾森啤酒：**海角釀酒公司
- **拉格啤酒：**黑傑克釀酒公司
- **Mjolnir 印度淡色艾爾：**ANVIL 艾爾啤酒屋

高粱或是帶有薄荷味的布枯葉（buchu）、大地香氣的南非國寶茶葉來幫啤酒調味，這兩種植物只生長在西開普省（Western Cape）的一小區塊。

但是南非的精釀啤酒文化不只在於創造新的風格以及保有在地特色。在南非，最受青睞的啤酒品項仍是帶有濃烈進口啤酒花香氣的美式印度淡色艾爾啤酒，但是全球對於過桶陳釀啤酒和酸啤酒種類所引發的風潮，才剛剛要在南非立足，尤其是在首都開普敦。就在幾年前，一般的南非酒吧我們只能找到大量生產的拉格啤酒，很難想像可以找到其他種類的啤酒。但是如今在大都市裡，幾乎找不到一家完全不販售當地精釀啤酒的餐廳。是的，沒錯！一杯冰涼、爽口的拉格啤酒也許往往更適合在南非這種氣候中飲用。

← FIRE EXIT

25

黑傑克釀酒公司（JACK BLACK'S BREWING COMPANY）

10 Brigid Rd, Diep Riv er, Cape Town;
www.jackblackbeer.com, +27 21 286 1220

◆ 餐點 ◆ 導覽 ◆ 外帶
◆ 家庭聚餐 ◆ 酒吧 ◆ 交通便利

雖然在黑傑克釀酒公司成立前，南非已經有好幾家精釀啤酒廠，但是正是因為這家公司的拉格啤酒，讓開普敦人就此迷上了精釀啤酒。啤酒品牌成立於 2007 年，起初為其他釀酒廠代工將近十年，但是在 2016 年，他們才真正成立自有的精釀啤酒廠。位於開普敦郊區、像座時髦的倉庫的酒廠帶有濃濃工業風，長桌是用德國釀酒廠運送物品的包裝材料製成，室內裝飾則以重新上漆的摩托車以及當地街頭藝術家所繪製的壁畫為主。

黑傑克釀酒公司的年輕釀酒師也來自德國。當你啜飲一口味道均衡的德式白啤酒就能心知肚明。漢堡、起司拼盤及開普敦最美味的薯條，這裡的食物簡單卻可口。週末可以看到當地主廚輪流來這裡的廚房大展身手，停在啤酒花園裡供應食物的餐車則提供美食給飢腸轆轆的潮客及當地來訪家庭，台上還有樂團現場演奏輕搖滾。你會發現啤酒桶裡有用當地原料釀造的開普敦淡色艾爾（Cape Pale Ale）、骷髏海岸的印度淡色艾爾啤酒（Skeleton Coast IPA）、大西洋白啤（Atlantic Weiss），以及許多限定版的研發啤酒（R&D brews）。點一杯黑傑克啤酒廠的拉格啤酒，開啟你在此地的啤酒之旅，舉杯向那些推動南非精釀革新運動的啤酒致敬吧！

周邊景點

Muizenberg 海灘

Muizenberg 是開普敦絕佳衝浪的地點之一，非常適合初學者。你可報名衝浪，或是從餐廳拿瓶啤酒坐在整修過的濱海地帶觀浪。

Constantia 葡萄酒山谷

來到這處南非最古老的酒區，用葡萄替換釀造啤酒時所使用的穀類。Groot Constantia、Buitenverwachting 以及 Eagle's Nest 酒莊皆提供訪客許多不同種類的葡萄酒。

東海森林（Tokai Forest）

漫步在桌山國家公園（Table Mountain）蜿蜒的森林小道上，或選擇更具挑戰性、長達六公里的步道登上前往大象之眼山洞（Elephant's Eye Cave）。

La Colombe 餐廳

這家位於 Constantia Nek 的高級餐廳，菜單上供應了許多美味的佳餚以及琳瑯滿目的酒單。*www.lacolombe.co.za*

魔鬼山釀酒公司（DEVIL'S PEAK BREWING COMPANY）

95 Durham Ave, Salt River, Cape Town;
www.devilspeakbrewing.co.za, +27 2 1 200 5818

◆ 餐點 ◆ 交通便利 ◆ 酒吧

兼容並蓄的裝飾、美式食物、古銅色的煮壺以及世界級的啤酒，魔鬼山釀造公司已經將鹽河（Salt River）工業區變成是啤酒愛好者、美食家、潮客及遊客必訪之地。這裡曾是人們避之唯恐不及的機械加工間，但是現在這個空間卻是南非最受歡迎釀酒廠的所在地。酒廠中有大片玻璃可以欣賞到魔鬼山山景，提供自釀啤酒的酒吧便是以此山來命名。

餐廳菜單提供的菜餚有燉豬腳、松露薯條、雞肉、鬆餅及得過獎的起司漢堡。但是餐廳提供的啤酒，才是使這家餐廳能屹立不搖，頻頻出現在南非每一份啤酒推薦名單上的關鍵。餐廳供應的啤酒種類包括口味清淡的拉格啤酒、琥珀艾爾以及高級的美式印度淡色艾爾啤酒。這裡也會輪流供應特調啤酒，包括 Black 印度淡色艾爾啤酒、英式淡色艾爾以及雙倍印度淡色艾爾啤酒。

但是魔鬼山的釀酒團隊喜歡實驗創新。首席的釀酒師、也是前任葡萄酒釀造師，對過桶陳釀啤酒、啤酒混葡萄酒以及酸啤酒的酒種情有獨鍾。雖然 King's Blockhouse 印度淡色艾爾啤酒依然是南非最受推崇的啤酒款式，當你拜訪時也一定會把它放進品嚐名單中，但是魔鬼山釀酒公司在南非前衛啤酒的釀造上，還是一直獨領風騷。

周邊景點

實驗廚房 Test Kitchen

如果想在 Luke DaleRobert 的旗艦餐廳用餐，需要幾個月前就訂位。這家餐廳被視為是南非最棒的用餐地點。*www.thetestkitchen.co.za*

桌山

你可以選擇挑戰登上魔鬼山，或是毫不考慮加入 2 個小時的 Platteklip 峽谷健行，抑或搭上纜車直接登上開普敦的第一景致。

Woodstock 啤酒街

Woodstock 是一處毗鄰鹽河、破敗髒亂的市郊，也是開普敦啤酒廠最密集度的地方。在此設廠的包括 Drifter Brewing Co、Riot Beer、Brewers Co-op 以及 Woodstock 啤酒廠。

Company 花園

距離市中心的魔鬼山釀酒公司只有 5 公里，這座都會公園和博物館、美術館位在同一條路上，是一處品嚐啤酒前散散步的絕佳地點。

NEWLANDS釀酒廠

3 Main Rd, Newlands, Cape Town;
www.newlandsbrewery.co.za, +27 21 658 7440

◆ 導覽 ◆ 交通便利 ◆ 酒吧

這家南非最悠久的釀酒廠座落於開普敦一處最富有的郊區，歷史可回溯至1820 年，一直以來都是超大釀酒廠——南非釀酒廠——的一部分。你可以事先預訂超棒的導覽行程，導覽解説會觸及南非啤酒釀造歷史，以及一窺添加啤酒花時使用的古老容器。參觀過現代化釀酒設備及令人眼花撩亂的裝瓶加工線後，你會抵達最近新建的 Newlands Spring 釀酒廠，這裡主要出產順口的艾爾及德式白啤酒。導覽最後會在 Jacob Letterstedt 酒吧結畫下句點，名稱來自於瑞典創辦人之名。拿著釀酒廠所提供的試喝餐盤，並點上一杯於 1895 年首次釀造、非洲最古老的拉格啤酒 Castle，為這趟導覽行程作結吧！

周邊景點

Newlands 板球場

這座板球場可遠眺壯麗的桌山、喝到酒廠直送的啤酒，一直是看比賽的最棒地點。

www.newlandscricket.com

葡萄園飯店（Vineyard Hotel）

不論是在露臺上啜飲雞尾酒、在草地上享用下午茶，還是漫步在無邊無際的花園中，這裡都是觀賞桌山景致的絕佳地點。

www.vineyard.co.za

非裔加勒比海釀酒公司（AFRO CARIBBEAN BREWING COMPANY）

157 2nd Ave, Kenilworth;
www.bananajamcafe.co.za, +27 21 674 0186

◆ 酒吧 ◆ 交通便利 ◆ 外帶

這是開普敦必訪的啤酒景點之一。不單因為二樓酷炫、充滿加州風格、出售自釀啤酒的酒吧，還有樓下的加勒比海餐廳——Banana Jam。

不論酒吧還是餐廳，所有權都屬於對啤酒有著瘋狂熱愛的同一人。Banana Jam 一直以來都被視為是精釀啤酒酒吧餐廳，供應來自當地、全南非以及海外的 30 種桶裝啤酒。可以在總是熙來攘往的啤酒花園裡啜飲不同酒款，抑或點上一瓶啤酒搭配餐廳的下酒菜。樓上酒吧裝飾有原木、衝浪設備及高腳椅，也配合小型節慶及大螢幕轉播橄欖球賽而開放。顧客永遠可以嚐到新款啤酒，但招牌酒款椰香印度淡色艾爾才是必點，最好再搭配 Banana Jam 餐廳的山羊咖哩。

周邊景點

柯斯坦博斯國家植物園

（Kirstenbosch National Botanical Garden）

如果你突然想征服這座佔地 52.8 萬平方公里的植物園，有多條路徑可選，樹冠步道（Tree Canopy Walkway）可以從樹頂欣賞這座植物園美妙的景色。

www.sanbi.org/ gardens/kirstenbosch

Wynberg 村莊

這裡可以瀏覽藝品店、參觀維多利亞式建築、吃午餐，以及在距離繁忙主要道路不遠的一處僻靜公園散步。

29

ANVIL艾爾啤酒屋（ANVIL ALE HOUSE）

R540, Dullstroom, Mpumalanga;
www.anvilbrewery.com; +27 13 254 0197

◆ 餐點 ◆ 酒吧 ◆ 家庭聚餐 ◆ 外帶

位於德爾斯特魯姆（Dullstroom）東邊的Anvil 艾爾啤酒屋，是一家夏日有舒適露臺、冬天供應暖和爐火的低調迷你酒吧，當地人及週末來此釣魚的約翰尼斯堡人常常造訪。這裡也是啤酒愛好者的朝聖地，你可以在此嚐到由釀酒師 Theo de Beer 準備的清爽艾爾啤酒。食物很簡單，包括當地製造的起司、香腸拼盤，以及用 Anvil 斯陶特啤酒所製成、酒精濃度很高的蛋糕。可以試試 Anvil 白啤，這是一種帶有比利時風格、用香菜籽和當地一種類似無核小蜜柑（satsuma）的杏仁乾皮（naartjies）所調味的白啤酒。但第一個推薦的還是 Mjolnir ——一款具有濃厚熱帶水果及松木香氣、得過獎的美式印度淡色艾爾。

周邊景點

德爾斯特魯姆禽鳥復育中心

（Dullstroom Bird of Prey & Rehabilitation Centre）

在這所復育中心，可在固定飛行展示時間和小飛禽近距離接觸，並了解這些禽鳥所面臨的生存威脅。*www.birdsofprey.co.za*

Wild About 威士忌酒吧

如果你想嚐嚐比啤酒還濃烈的飲品，這家小酒吧號稱是南半球擁有最多威士忌收藏的店之一，可以加入由經營者所提供的導覽試飲活動。*www.wildaboutwhisky.com*

S43—THAT釀酒公司

43 Station Dr, Durban; www.thatbrewingco.co.za, +27 31 303 2747

◆ 餐點　◆ 交通便利　◆ 酒吧

如同許多酒廠開始令人意想不到地出現在開普敦和約翰尼斯堡市區一樣，這家釀酒廠則位於德班（Durban）的貴族社區，位於沿著鐵軌所建、有服裝訂製和藝術家工作室的綜合大樓裡。隨著火車緩慢行駛而過，你可以啜飲一口由年輕團隊所釀造的艾爾啤酒。這家釀酒公司是此區最富實驗性的，拜訪時別忘了問問是否有提供特殊釀造的啤酒。寬敞的內部空間擺設了沙發式的座位區，為了方便彈性變換為現場音樂演奏及週末派對狂歡地，大部分座椅都裝設輪子。在所有精釀啤酒中，美式印度淡色艾爾和德式白啤最受到顧客歡迎。儘管如此，還是一定要問問是否有美味的美式斯陶特啤酒。

周邊景點

Moses Mabhida 體育場

這座足球場是為 2010 年世足賽所建，是南非德班的著名景點之一。可搭乘空中纜車到達頂端，或是健行爬至具有象徵意義的拱頂之上。*www.mmstadium.com*

Hollywood Bets Bunny 酒吧

有沒有搞錯，在投注站後方吃午餐？這個酒吧其實是德班品嚐經典南非咖哩三明治（Bunny Chow）的最佳地點。

31

WORLD OF BEER酒館餐廳

15 Helen Joseph St , N ewtown, Johannesburg; www.worldofbeer.co.za, +27 11 836 4900

◆ 餐點 ◆ 導覽 ◆ 交通便利
◆ 家庭聚餐 ◆ 酒吧

這裡並沒有釀酒廠，但你可以透過一場饒富趣味的導覽行程，了解啤酒製造的背景及南非的啤酒歷史。這種導覽有時有點奇怪、甚至有點假惺惺，但是一個小時的行程的確富含許多樂趣。導覽活動包括討論古埃及啤酒的玩偶秀、遊客可獲得用公用陶壺試飲傳統高粱啤酒（umqombothi）的機會，還會帶你體驗約翰尼斯堡的淘金時代，並在種族隔離時期地下酒吧的實體模型中，體驗啜飲冰涼的 Castle 拉格啤酒。導覽第二部分則介紹啤酒的原料和製造過程，行程最後的亮點則是可以在酒吧現場任選兩款啤酒來飲用。

周邊景點

非洲博物館（Museum Africa）

這座龐雜的博物館主要展示了發生在1956-1961 年間的叛國罪審判事件（Treason Trials），其他展廳也讓我們有機會一窺約翰尼斯堡的社經與文化歷史。

www.birdsofprey.co.za

科學互動中心（Sci-Bono Discovery Centre）

大大小小的孩子都會在這座操作簡單、有條不紊的互動展覽中心獲得樂趣。這座中心是由舊發電廠改建。*www.sci-bono.co.za*

海角釀酒公司（CAPE BREWING COMPANY）

Suid-Agter Paarl Rd, Paarl;

www.capebrewing.co.za, +27 21 863 2270

◆ 餐點　◆ 酒吧　◆ 家庭聚餐　◆ 外帶

海角釀酒公司（簡稱 CBC）是南非最頂級的啤酒釀造所，位於風景秀麗的香料之路（Spice Route）、大家較熟知的 CBC 葡萄酒釀酒廠中，屬於傳統手作村的其中一部分。造訪釀酒廠前，你可以停留在巧克力店裡一嚐美味，也可以到烘焙坊品嚐卡布其諾咖啡、在豬肉店裡小口咀嚼薩拉米香腸（salami），以及在試飲室裡嚐嚐嗆辣的西拉（Shiraz）葡萄酒。午餐，你可以從披薩店、高級餐廳或是供應漢堡和絕佳下酒菜醃肉乾條的餐廳中三選一。

這家釀酒廠本身就是南非最高級的釀造所，有著德國先進釀造設備，負責人是來自德國巴伐利亞的釀酒大師 Wolfgang Koedel。他所釀造的拉格啤酒、皮爾森啤酒、德式白啤酒以及印度淡色艾爾啤酒，都已經在當地及國際競賽上獲獎無數。雖然這家釀酒廠並無提供導覽行程，但是從試喝室，你可以一覽無遺整個酒廠，提供資訊的面板也對釀造過程做了詳盡的解說。你可以參加試喝課程，然後選一杯你最喜愛的啤酒，縱覽並享受開普敦市的美景。只拿一杯啤酒其實有點難做決定，如果想要續杯口味清淡的啤酒，可以選擇皮爾森，而啤酒上癮者則會拿 Cape of Good Hops，這是一款 CBC 釀酒廠中香氣四溢的頂級印度淡色艾爾啤酒。

周邊景點

Fairview 葡萄酒釀酒廠

這座釀酒廠就在香料之路隔壁，和海角釀造公司為同一個所有人，是 CBC 中最受歡迎的葡萄酒酒廠，起司試吃也很有名。

www.fairview.co.za

長頸鹿之屋（Giraffe House）

如果你和小孩同行，這個動物公園是值得停留的景點。抵達時會拿到一桶可以餵食長頸鹿、伊蘭大羚羊（eland）以及農場動物和鳥類的食物。*www.giraffehouse.co.za*

巴比倫村落（Babylonstoren）

這處產酒及水果的農村特色並不是酒，而是占地 2.5 平方公里、令人歎為觀止的花園。導覽需要事先預約。*www.babylonstoren.com*

帕阿爾山（Paarl Mountain）自然保護區

位於葡萄園上方的這個山頂保護區，是一處野餐健行好去處，也是南非荷蘭語紀念碑（Afrikaans Language Monument）的所在地。

UBUNTU KRAAL釀酒廠

11846 Senokoanyana St, Soweto;
www.sowetogold.co.za, +27 76 706 98 23

◆ 家庭聚餐 ◆ 外帶 ◆ 酒吧

這家南非索韋托（Soweto）的第一家釀酒廠，已經吸引了來自全球許多媒體的目光，從 Vilakazi 街上的餐廳及博物館只要走幾步路，就可抵達隱身在釀酒廠內的 Ubuntu Kraal 餐廳，也是舉辦宴會和婚禮的場地。遮蔽屋頂的露臺沿襲傳統形式，牆上掛滿當地運動明星、歌手及勇士的裱框照片，用來向當地的人文資產致敬。比起當地人，外地訪客更常來拜訪。當你正大量消化吸收索韋托極為精彩的博物館資訊，這裡的啤酒花園是個可以啜飲歇憩的地方。特調啤酒包括用櫻桃、蘋果及薑調味的艾爾啤酒，但是花了時間探索這座 3 城市之後，你應該犒賞自己一杯索韋托的金黃特級拉格（Gold Superior Lager）。

周邊景點

種族隔離博物館（Apartheid Museum）

位於約翰尼斯堡及索韋托之間的這座博物館，絕佳地展示了南非種族隔離及壓迫年代的興衰史。*www. apartheidmuseum.org*

奧蘭多塔（Orlando Towers）

這座前身用來乘涼的塔樓，現在變成南非豪登省（Gauteng）的極限運動中心。如果你並不熱衷攀繩垂降或是高空彈跳等活動，可以從戶外燒烤餐廳觀看。

www.orlandotowers.co.za

KRIEK（比利時：Brouwerij Lindemans）

添加水果風味可以讓比利時自然酸釀啤酒再提高一個檔次，這款經典的櫻桃口味版本，是另一種具有歷史意義而非譁眾取寵的產品。對一些人來說，要多喝幾次才能體會出特有的果酸風味，但炎炎夏日來上一瓶，你一定會改變看法。

MARRICKVILLE PORK ROLL（澳大利亞：Batch 釀酒公司）

雪梨近郊一處濃烈威尼斯風格的社區，出產了一款帶有當地色彩但是奇特的啤酒，用醃漬過的豬肉、香菜、胡蘿蔔及辣椒所製成的威尼斯豬肉捲，成了這款酒的原料。在啤酒罐上你可以看到製作原料及過程說明。

ROCKY MOUNTAIN OYSTER STOUT（洛磯山牡蠣斯陶特啤酒，美國：Wynkoop 釀酒公司）

這裡的牡蠣其實是公牛睪丸。把動物睪丸拿來釀啤酒！？先冷靜一下，這種啤酒已經絕版了。儘管如此，這款課以高關稅的斯陶特啤酒還是值得一提。倘若行銷部門要求你說明製作原料，可以隱諱地說是用動物外陰部釀造的，不老實說沒關係。

不可思議的啤酒 WEIRD

德國有「啤酒純釀法」，而現代啤酒釀造則處於一個無政府狀態，不再具有特定原料及標準鑑賞力，就像來趟不按牌理出牌的旅行，如果你也想要嚐嚐稀有的啤酒種類，我們在此為你提供一些選項。

CHICHA（美國／南美洲：Dogfish Head）

這款傳統的酒精飲料源自南美洲，是收集嚼爛再吐出、發酵的玉米泥團所製成。Dogfish Head 釀酒廠首度嘗試複製這款啤酒，員工則貢獻了咀嚼過後的玉米團。雖然限量發售，但你就是知道世界上某個角落的某個人一定會一再試飲！

SRIRACHA 斯陶特（美國：Rogue）

一些釀酒師似乎熱衷於發明一些無人聞問的特調啤酒。斯陶特啤酒加上蒜蓉辣椒醬？嗯……我很確定有些人就是喜歡突發奇想，但你也非一般凡夫俗子，所以一定會把它放進酒單。這款色澤濃郁、口味辛辣的啤酒絕對會讓你驚艷！

CHOCOLATE LOBSTER（巧克力龍蝦啤酒，美國：Dogfish Head）

Dogfish Head 是一家受歡迎的小型啤酒廠，親自去拜訪就對了！你可以在全世界買到好幾款出自這家釀酒廠的經典啤酒，他們所投注的心力是不容小覷的。但是這款貼有甲殼海鮮過敏警告標籤的啤酒卻沒有外銷其他國家，趕緊動身前去體驗這款口味濃厚、順口又帶有海洋風味的啤酒吧！

BEERS

HVALUR 2（冰島：Brugghús Steðja）

也許這款啤酒很有話題性，但我們就開門見山進入主題吧！這款用羊大便煙燻鯨魚睪丸所製成的啤酒，無法再用其他事物來形容它的味道。無庸置疑地是一款帶有煙燻口味的詭異啤酒，原諒我們只能這樣形容——放過鯨魚吧！

SNAKE VENOM（蛇毒啤酒，蘇格蘭：Brewmeister）

大部分的啤酒酒精含量約為 5%，濃烈一點的比利時啤酒則會來到 9% 或 10%。這款啤酒的奇特之處不在於名字來自動物體液或海鮮，而是它高達 67% 的酒精含量。沒有一款社交型低酒精艾爾啤酒（session ale），或是一小杯烈酒般的啤酒可與之比擬。

AECHT SCHLENKERLA RAUCHBIER MÄRZEN（煙燻啤酒，德國：Schlenkerla）

儘管有所謂的「啤酒純釀法」，但不要以為只有現代的艾爾啤酒才有奇特口味，試看看這款德國煙燻小麥啤酒。喝下的當下你會想咒罵為什麼啤酒有煙燻豬肉的味道？這款啤酒挺受歡迎、百喝不厭，也具有挑戰性。

BLACK TRUFFLE BEER（黑松露啤酒，美國：Moody Tongue）

對於口袋夠深的啤酒客來說，可試試這款味道奇特、由松露提煉的皮爾森啤酒。沒錯，喝這款就是要搭配松露料理。很難辨別這款酒的優劣，但如果有機會喝到，就炫耀一番吧！

美洲

THE AM

ERICAS

聖地牙哥 SAN DIEGO

陽光、衝浪及美味的啤酒。在加州所有著名城市中，南加州的聖地牙哥支配著為啤酒而來的遊客。這裡是世界級釀酒廠所在地，像是Ballast Point和Stone釀酒廠，附近也有許多引人入勝、值得探索的景點。

艾許維爾 ASHEVILLE

北卡羅萊納州的艾許維爾和啤酒的關係很緊密。這處通往大煙山國家公園（Great Smoky Mountains National Park）的偏僻門戶有40家左右的釀酒廠（包含Burial釀酒廠，見57頁），並定時舉辦適合闔家光臨的啤酒節，成為當地生活不可或缺的一部分。

緬因州波特蘭 PORTLAND, ME

美國東北部緬因州波特蘭有種顏色混濁、帶有額外水果香氣的印度淡色艾爾，和一般的有明顯區別。因為這類啤酒並無對外大量外銷，所以一定要親身走訪。這裡有許多知名釀酒廠，像是Allagash和Bissell Brothers，外加許多可看可玩的景點，絕對是非常棒的啤酒城。

奧勒岡波特蘭 PORTLAND, OR

這裡的人講究生活中的精美事物，比如腳踏車、咖啡、烘焙穀粒加堅果和水果乾製成的格蘭諾拉麥片（granola）、食物餐車、野外，當然還有啤酒。這裡有美國最棒的幾家釀酒廠，比如Commons等等，儘管歷史悠久，出產的啤酒卻不斷日新月異，是一處有趣的地方。

丹佛 DENVER

在乾淨又綠意盎然的丹佛，你可能需要花好幾個禮拜的時間，才能逛完供應出色啤酒的釀酒廠。許多還相當創新，像是鹹味焦糖波特啤酒便只有在這裡才喝得到。每年秋天，上百名釀酒師會來到此地參加盛大的美國啤酒節（Great American Beer Festival）。

阿根廷

如何用當地語言點啤酒？ Una cerveza por favor

如何說乾杯？ Salud!

必嚐特色啤酒？金黃艾爾。

當地酒吧下酒菜？擺放在試吃餐板上的醃肉和起司（Picadas）。

貼心提醒：點印度淡色艾爾啤酒時，請說：「eepah。」

長久以來，阿根廷都被視為是葡萄酒愛好者的天堂。但對於那些來到足球及肉類國度的啤酒成癮者來說，有個好消息是：精釀啤酒的革新運動正在阿根廷發生。厭倦了大型釀酒廠所生產的劣質拉格啤酒，一些開創性的釀酒廠，像是位於 Mar del Plata 的 Antares 釀酒廠，便開始釀造自己的手工啤酒。自 2012 年開始，精釀啤酒才真正在阿根廷大行其道，人們將車庫改裝成迷你啤酒工廠，而在首都布宜諾斯艾利斯（Buenos Aires），每個月新開的精釀啤酒吧不勝其數。與此同時，釀酒師們也會在定期舉辦的精釀啤酒節聚會、交換釀酒技術。

雖然有品質的精釀啤酒在阿根廷突然變得唾手可得，但無論如何這還是一股新的潮流。和葡萄酒產業一樣，這裡的啤酒釀造也和歐洲移民密不可分。據說，一名叫 Otto Tipp 的德國人將啤酒花花苞帶到巴塔哥尼亞（Patagonia）的埃爾博爾松（El Bolsón）來，他現在是阿根廷最大的啤酒花製造商。Santa Fe 也有歷史悠久的啤酒釀造傳統，1906 年啤酒大師 Otto Schneider 從德國抵達阿根廷時，宣稱這裡是啤酒廠的最佳設廠地點，因為巴拉那河（Parana）的水文環境和捷克皮爾森（Plzeň）的環境相當類似。

最近許多釀酒師都喜歡做實驗，他們會在啤酒中添加一點當地素材，例如加焦糖牛奶（dulce de leche）的琥珀艾爾啤酒，以及由阿根廷瑪黛茶葉（yerba mate）所提煉的拉格啤酒。

39

ON TAP釀酒廠

Costa Rica 5527, Buenos Aires;
www.ontap.com.ar; +54 11 4771 5424

◆ 餐點　◆ 外帶　◆ 酒吧　◆ 交通便利

有高達 20 多種精釀啤酒在阿根廷販售，而首都布宜諾斯艾利斯則是探索這股爆炸性風潮最熱門及最佳的地點。在這裡，你可能會和 Bröeders 釀酒廠的釀酒師 Marcelo Terren 不期而遇。幾年前他在一趟旅程中嚐試了精釀啤酒的風味，便開始在母親的廚房裡釀起啤酒。Bröeders 釀酒廠每個月生產 7000 公升，Marcelo Terren 本人也每個月在巴勒摩（Palermo）的 Bröeders 原始廠區中，為當地釀酒師開設課程。On Tap 的巨大黑板上可以看到來自 Quarryman、Chevere 和 Juguetes Perdidos 的啤酒，這些釀酒廠每週都在大布宜諾斯艾利斯區提供導覽及試喝行程。如果還有庫存的話，咖啡愛好者應該要品嚐特釀的頂級咖啡斯陶特啤酒——它通常很快就會賣完。

周邊景點

雷克萊塔墓園（Cementerio de la Recoleta）

當你漫步在這座死亡之城，可以一探墓穴並讚嘆陵墓的精緻雕工。這裡也是一些阿根廷名人的埋骨之處。

2 月 3 日公園

你可以加入當地健身狂熱者的行列，在首都附近最大的公園裡做強力健走、慢跑、溜直排輪和騎腳踏車，或是坐在樹蔭底下看他們運動。

LA URIBEÑA釀酒吧

Valeria de Crotto 901, Uribelarrea,
Partido de Cañuelas, Provincia de Buenos Aires;
www.cervezalauribenia.com.ar; +54 222 649 3001

◆ 餐點　◆ 導覽　◆ 外帶
◆ 家庭聚餐　◆ 酒吧

在精釀啤酒風潮席捲阿根廷前十幾年，透過來自德國的業餘釀酒師鄰居啟發，Enrique Rey 開始在車庫裡釀造啤酒，十年他將釀酒廠遷至首都西南方 80 公里一座安靜冷清的小村落—— Uribelarrea，在此地悉心改造了一家搖搖欲墜的 19 世紀雜貨店（pulpería），並在 2006 年開了一家極具情調的釀酒吧 La Uribeña。走進這家酒吧，從天花板懸垂下來的是薩拉米香腸瀑布，以及一間可以透視、現在由他兒子釀造皮爾森、紅色艾爾及斯陶特啤酒的釀酒室。可將行程安排在每年 10 月初舉辦的 Uribelarrea 村啤酒節。光想到可以品嚐這裡出產的紅色艾爾啤酒，就值得動身啟程。

周邊景點

10 月 17 日歷史博物館
（Museo Historico 17 de Octubre'）

繞個路到聖文森鎮（San Vicente）拜訪前阿根廷元首裴隆夫婦從前的度假寓所，現在已變成小有名氣且迷人的博物館。

www.gba.gob.ar/cultura/museos

Estancia La Figura

是不是突然想加入南美牛仔在馬背上奔馳？還是游個泳或打個網球？可以來造訪這座位在 Uribelarrea 的傳統農場。

www.estancialafigura.com.ar

巴西

如何用當地語言點啤酒？ Um chope, por favor!

如何說乾杯？ Saude!

必嚐特色啤酒？皮爾森啤酒。

當地酒吧下酒菜？油炸雞肉末裹麵粉佐辣醬（Coxinhas）。

貼心提醒：點啤酒時，請記得說「少啤酒泡沫」或「不要啤酒泡沫」，當地人稱為 colarinho，不然你會拿到半杯都是泡沫的啤酒。

巴西是個啤酒國度，不論是在鄰近的酒吧（boteco）點上一杯生啤酒（chope），或在海灘上點一瓶沁涼的超大瓶經典皮爾森，都已成為這個熱帶南美巨頭文化的一部分，和足球（futebol）及森巴舞（samba）一樣。但直到最近，仍只有少數巴西人懂得喝高品質的啤酒。為了消暑，很多巴西人常常飢不擇食。

在這樣的氛圍下，東南部山城彼得羅波利斯（Petrópolis）卻出現了 Bohemia 啤酒，歷史可追溯至德國移民點燃發酵爐、開始為葡萄牙皇室釀造啤酒的 1853 年。如今 Bohemia 啤酒仍然和其他品牌，例如 Original 和 Serramalte 並列巴西日常最佳啤酒選擇。如果你想找被啤酒花香氣寵壞的巴西人，必須造訪氣候較為寒冷的南巴西。在許多德國移民定居的城市，像是布盧梅瑙（Blumenau）、若因維利（Joinville）和波梅羅迪（Pomerode），上個世紀便興起一股遵循德國「啤酒純釀法」釀造手工啤酒的文化，但由於小量生產及缺乏國家級基礎運輸建設，這款混合德巴風格的啤酒（cerveja）產量只能滿足當地。時至今日，由於日資巴西麒麟飲料公司（Brasil Kirin）的工業力量，當地最著名的 Eisenbahn 釀酒廠是唯一願意將這種德巴啤酒銷往全巴西的公司，否則只有參加布盧梅瑙的世界第三大啤酒節，才有機會品嚐這種最棒的啤酒。幸好精釀啤酒革新運動正如火如荼展開，許多酒廠也出現在阿雷格里港（Porto Alegre）、庫里奇巴（Curitiba）、貝洛奧里藏特（Belo Horizonte）、聖保羅（São Paulo）和里約（Rio）這些對啤酒知之甚詳的城市。

41

CERVEJARIA BOHEMIA釀酒廠

Petrópolis, Brazil; www.bohemia.com.br,
+55-24-2020-9050

◆ 餐點 ◆ 導覽 ◆ 外帶
◆ 家庭聚餐 ◆ 酒吧 ◆ 交通便利

這家巴西最古老的釀酒廠位於彼得羅波利斯群山環繞的夏日度假地，由一名德國移民於 1853 年所創立；這裡也曾是葡萄牙皇室酒品選擇地之一。雖然 1998 年，大量生產傳統淡色拉格啤酒釀造廠已遷移至聖保羅，Bohemia 釀酒廠 2012 年依然在原址重新創立一家以釀造特調啤酒為主的酒廠、博物館和酒吧餐廳。互動式的導覽大致上從釀酒廠的觀點出發，回溯了啤酒的歷史，其中也包含了試喝的行程及參觀過桶陳釀的酒窖。

雖然這家釀酒廠賴以為生的酒款一直是皮爾森啤酒，但是這幾年，這個國家的抗暑最佳飲品已經被手工釀造的淡色艾爾、拉格啤酒、德式白啤、大麥葡萄酒以及一系列由當地原料像是紅胡椒、瑪黛茶葉，以及一種味道濃郁似葡萄的樹葡萄釀製的啤酒，和由巧克力、薄荷及橘子皮所製、得過獎的社交型低酒精拉格啤酒所取代。工業風的時髦餐廳和酒館都標榜供應顧客 9 種原廠釀造啤酒，包括獨家釀造款和每年 10 月獨家供應的生啤酒。令人印象深刻的是，這裡也另外設置了販售當地（像是 Buda Beer、Cazzera、Da Côrte、Duzé）及國外啤酒（Wäls、Colorado 等）的專賣店。你可以試試經典皮爾森啤酒，這裡可是巴西唯一一處供應生皮爾森啤酒的地方。

周邊景點

帝國博物館（Museu Imperial）

這座令人驚豔的 19 世紀皇宮曾是葡萄牙皇室夏日避暑之處。千萬別錯過參訪重達 1.95 公斤、由 639 顆鑽石所鑲製的皇冠。
www.museuimperial.gov.br

桑托斯．杜蒙博物館
（Museu Casa de Santos Dumont）

這座巴西航空界之父迷人的夏日住所及博物館，是航空迷和名牌卡地爾（Cartier）腕錶粉絲的必訪之地。*www.estancialafigura.com.ar*

Pousada da Alcobaça 餐廳

這座重新粉刷的豪宅，以及位在 pousada 山中有著玻璃帷幕的餐廳，供應了巴西最令人印象深刻的週六燉菜料理（Saturday feijoadas）。*www.pousadadaalcobaca.com.br*

奧勒岡斯山脈國家公園
（Parque Nacional da Serra dos Orgãos）

這座位在彼得羅波利斯和 Teresópolis 市之間群山環繞的公園，是巴西登山健行及爬山的熱門景點。*www.parnaso.tur.br*

加拿大

如何用當地語言點啤酒？ Can I have a beer, please

如何說乾杯？ Cheers!

必嚐特色啤酒？ 皮爾森啤酒

當地酒吧下酒菜？ 肉汁奶酪薯條（Poutine）。這是一道不太像下酒菜，反而比較像喝完啤酒後、上頭淋有肉汁和起司塊的高卡路里薯條餐點。

貼心提醒： 在掏錢買杯啤酒前，你可以要求試喝。

外來移民用他們釀造優質啤酒與生俱來的能力，替加拿大的啤酒業增添不少光彩。來自英國、法國、德國和比利時的定居者，從家鄉帶來了對啤酒的品味及釀造技術，因此在整個廣闊的加拿大，啤酒帶有極為鮮明的風格。

東邊魁北克（Québec）法語區住的是一群對飲食、生活相當講究的享樂份子（bon viveurs）。也許是受到歐洲影響，魁北克西南部的蒙特婁市（Montréal）則聚集許多大膽創新的釀酒廠，光是在市中心就有許多像是 Le Saint-Bock 的釀酒廠，釀造出口味濃厚的比利時艾爾啤酒，他們使用過桶陳釀的技術並加入一些有趣的酵母來做實驗，使用的釀造法很像原本羅馬天主教特拉普派（Trappist）修道院釀啤酒的方式。在東南岸新斯科細亞省（Nova Scotia），青春洋溢的首都哈利法克斯（Halifax）則是拜英國、愛爾蘭及蘇格蘭後裔所賜，聚集許多愛跑酒吧、說英語的人士，因此這裡最古老的 Alexander Keith 釀酒廠便是以英文命名，這座酒廠以造印度淡色艾爾而聞名（但也令人失望）。此外，許多附設熱鬧酒吧的新形態啤酒廠例如 Good Robot，則是不斷推陳出新。

我們學外來移民再往西走，安大略省（Ontario）擁有加拿大為數最多的釀酒廠。這幾年，多倫多的啤酒吧好比 Bar Volo，一直是引介新款啤酒的先鋒，所供應的啤酒逐漸都是來自當地所釀造，比如說 Steam Whistle（見 45 頁）。

走到最西邊的英屬哥倫比亞（British Columbia），你會發現這裡的精釀啤酒業已臻於成熟。溫哥華（Vancouver）是今日加拿大釀出最棒啤酒的地方，一部分可歸功於鄰近美國西北部，有影響及感染力的大西洋啤酒花越過了邊界。這是最近的發展趨勢，因為此地區直到 2013 年才准許經營酒吧。法令的鬆綁就像是為溫哥華精釀啤酒廠的爆炸性發展投入一枚催化劑，外加當地年輕、好動的戶外運動人口，他們愛在騎完登山腳踏車、或是午後划完橡皮艇或滑雪過後，來上幾杯冰涼的啤酒解渴。對愛喝啤酒的人來說，啤酒業在這裡的未來相當光明。此地的經典啤酒風格受到北美口味影響，所以你可能會喝到大瓶裝的印度淡色艾爾和普通的淡色艾爾。在溫哥華新成立的試飲室裡，全是關於啤酒釀造的事物，可看到專供社交場合飲用啤酒的擱板桌（trestle tables），放置試喝杯的木槳板（tasting paddles），沒有安裝電視，取而代之的是令人愉悅的音樂。

MEANDER RIVER釀酒廠

906 Woodville Rd, Ashdale, Nova Scotia;
www.meanderriverfarm.ca; +1 902 757 3484

◆ 家庭聚餐 ◆ 外帶 ◆ 導覽

在這座位於恬靜農村小屋的釀酒廠裡，訪客可以走進蔓生的啤酒花田裡，或甚至在農田上幫忙照料這些植物。在這片田裡，有栽培啤酒花和薰衣草的專屬花圃，釀酒廠就和諧地與周遭環境一起運作著。這裡釀造啤酒著重就地取材，或是向其他新斯科舍省的農地來採買相關啤酒原料。如果你在找尋一瓶標榜永續概念的啤酒，這裡產的啤酒便是你所要找的。釀酒廠使用過的穀粒會變成堆肥來餵養家畜，而釀造過程中產生的剩餘用水，則會被用在灌溉製造啤酒的啤酒花田上，放養的雞、豬及火雞則有助於農作物的施肥。農田採集的蜂蜜被 Meander River 釀酒廠用來釀造蜂蜜咖啡色艾爾啤酒，而他們自產的金黃啤酒則是用獨家、新鮮採自啤酒花圃上的啤酒花，在 24 小時內釀製而成。整個啤酒廠的運作是一個極為低調的家族事務，他們受到「社區協助釀酒廠方案（Community Supported Brewery scheme）」的協助，啤酒迷也得以有機會在採行這種經營方式的啤酒廠進行投資。Meander River 釀酒廠最令人驚豔的啤酒款式，是帶有煙燻鹹味的 Surf & Turf Scotch，這是一款得過獎的季節深色艾爾啤酒，帶有海草及黑炭麥芽風味，正在以炫耀姿態展示著新斯科舍省的獨有風味。

周邊景點

Annapolis 山谷

若想享受片刻田園生活，這裡到處是精緻的葡萄酒廠和農夫市集。Wolfville 鎮和 Annapolis Royal 鎮更是迷人又具歷史感，可以讓人遠離塵囂。

潮湧泛舟

芬迪灣（Bay of Fundy）擁有世界最大潮差。在「潮湧（tidal bore）」自然現象發生時，人們可以進行刺激的泛舟冒險活動。
www.tidalborerafting.com

霍爾港（Hall's Harbour）龍蝦池

在地圖上只是一小點的霍爾港釣魚區，是品嚐味道清淡、價格實惠的水煮龍蝦肉配奶油好去處。*www.hallsharbourlobster.com*

哈利法克斯省會（Halifax）

這座新斯科舍省省會以海上捕撈漁業為主。你參加歷史悠久的 Alexander Keith 釀酒廠導覽，然後一路往最北端走，參觀獨特的咖啡館及品嚐當地精釀啤酒。

鐘塔釀酒吧（CLOCKTOWER BREWPUB）

89 Clarence St, Ottawa, Ontario;
www.clocktower.ca; +1 613 241 8783
◆ 餐點 ◆ 外帶 ◆ 酒吧 ◆ 交通便利

鐘塔釀酒吧是在加拿大首都渥太華（Ottawa）經營最久的精釀啤酒廠，分布著五家暢貨中心。原來的自釀酒吧位在 Glebe 街，但 Byward 市集的分店就位在渥太華餐飲店最密集的區域。你可以拿把椅子眺望 Clarence 街，並且點上一盤加拿大人最愛的酒吧點心——辣雞翅。為了消暑，可以試試德國科隆啤酒（Kölsch）或覆盆子小麥啤酒，抑或想來點重口味的，如果還有存貨的話就點一瓶季節印度淡色艾爾啤酒，來清洗剛吃過雞翅的胃。

最棒的是，你可以在外帶的 growler 啤酒瓶裡續杯帶回家繼續小酌。冬天，可以嚐試帶有烘焙咖啡香氣的 Whalesbone oyster 斯陶特啤酒，順便祛除寒意。

周邊景點

國會山莊（Parliament Hill）

渥太華最棒的免費戶外活動是參加新哥德式國會建築的導覽，遊客可搭乘電梯上到和平塔（Peace Tower）的最頂端，為此趟行程劃下句點。*www.parl.gc.ca/vis*

加拿大歷史博物館（Canadian Museum of History）

這座博物館橫跨魁北克的赫爾河（Hull），透過彩色及具互動性的展覽，記錄了加拿大 2 萬年的人類歷史。
www.historymuseum.ca

米勒街釀酒廠（MILL STREET BREWERY）

21 Tank House Ln, Toronto, Ontario;
www.millstreetbrewery.com; +1 416 681 0338
◆ 餐點 ◆ 酒吧 ◆ 交通便利
◆ 家庭聚餐 ◆ 外帶

在 20 世紀初，開發商開始整修位在多倫多市中心和東邊工業區的維多利亞建築，於是造就了釀酒廠歷史街區，也成為多倫多頂級消費、用餐及小酌的地點。這個時髦的區域到處是手工麵包店、巧克力店、訂製服店，當然還有受歡迎的精釀啤酒廠。

雖然米勒街釀酒廠現為啤酒巨擘 AB InBev 所有，但是這裡主要還是以 6 款啤酒為招牌，加上隨季節變換的品項和特調啤酒。釀酒廠內全是深色木頭及裸露磚牆，氣候溫暖的時節，可以挑張露臺上的桌子，觀察街上熙來攘往的行人。帶有啤酒花前韻的 Tankhouse 加拿大淡色艾爾啤酒，是品嚐肉汁奶酪薯條的絕佳搭配聖品。

周邊景點

多倫多群島（Toronto Islands）

可搭乘渡輪及水上計程車往來安大略湖上的群島，這是一處健行、騎腳踏車或是闔家共遊的好地點。*www.city.toronto.on.ca*

St Lawrence 市集

多達 120 家的攤販，絕對是野餐前挑選搭配啤酒的手工麵包、肉品及起司的絕佳去處。*www.stlawrencemarket.com*

45

STEAM WHISTLE釀酒廠

255 Bremner Blvd, Toronto, Ontario;
www.steamwhistle.ca; +1 416 362 2337

◆ 餐點 ◆ 酒吧 ◆ 交通便利
◆ 導覽 ◆ 外帶

當其他啤酒廠忙著嘗試將烘烤過的公牛睪丸放進斯陶特啤酒釀造槽裡，拉格啤酒標榜含有月光的塵埃，或是深色啤酒的味道帶有已經通過哺乳類消化道的咖啡豆，還是從古埃及釀造配方中再製艾爾啤酒，Steam Whistle 啤酒廠只堅持一個簡單的信念：將一件事情做到盡善盡美。

自啤酒廠於 2000 年開張以來，他們就只釀造一款爽口又解渴的皮爾森啤酒。啤酒廠廣受歡迎的導覽行程，是來到多倫多的一定要參加的活動之一，所以建議最好事先預約（雖然週末採取的是先到先參觀制）。半個小時的導覽行程，一開始會先試喝皮爾森啤酒，好讓你走過穀物碾磨器具、鍋爐、發酵爐及裝瓶生產線時，不會感到口乾舌燥。之後你還可以繼續試喝，並搭配簡單的酒吧餐點，像是椒鹽蝴蝶餅、三明治及洋芋片，來盡情享受採用了德式及捷克啤酒花的啤酒。

如果你想在喝啤酒時來點藝術，這裡也有一所當地藝術家定期輪展的美術館。對其他訪客來說，氣氛歡樂的酒吧是聚會及啜飲一杯釀造精良皮爾森啤酒的絕佳場所，但如果你真的很幸運、很有口福，也許可以喝到酒廠未過濾版本的經典啤酒——這款啤酒香氣四溢，會令人一喝就上癮。

周邊景點

加拿大國家電視塔（CN Tower）

你可以從電視塔俯瞰多倫多市的美景。如果在此用餐，登上塔頂是免費的。
www.cntower.ca

冰球名人堂（Hockey Hall of Fame）

透過互動式的展覽，可以親身認識這些冰球界的歷史人物，也能複習一下這個加拿大人最熱衷的運動項目知識。*www.hhof.com*

加拿大里普利水族館（Ripley's Aquarium of Canada）

請騰出一個早上來探索這座加拿大規模最大、格局排列相當棒的水族館。為了避開人群，請提早前往。
www. ripleyaquariums.com/canada

羅傑斯中心（Rogers Centre）

如果不是棒球或足球賽季，就可以參加中心的幕後導覽行程。在這座有著伸縮自如屋頂的頂級體育場，可見識到令人歎為觀止的建築科技。*www.rogerscentre.com*

BRASSNECK釀酒廠

2184 Main St, Vancouver, British Columbia;
www.brassneck.ca; +1 604 259 7686

◆ 餐點 ◆ 外帶 ◆ 酒吧 ◆ 交通便利

當英國僑民 Nigel Springthorpe 移居到溫哥華的前幾年，當地啤酒的選擇主要是以工廠製的氣泡拉格啤酒為主。但是在他接收煤氣鎮（Gastown）的 Alibi Room 之後，創立了一家擁有 50 個酒頭的酒吧，為這個地區供應了味道最為豐富的精釀啤酒，溫哥華人就此迷上了這種味道多元的啤酒款式。而他的下一步便是創立自己的啤酒廠，2013 年開幕時，Brassneck 釀酒廠馬上蔚為風潮。Nigel Springthorpe 網羅了資深的釀酒大師 Conrad Gmoser，這兩個人在開幕後的六個月，便調製出 50 種新款啤酒。當地瘋狂喜歡艾爾啤酒的人，也為了這些新出爐的啤酒不斷光臨這座啤酒廠。這家釀酒廠在經營上的成功，一大部分可歸功於它的試飲室。試飲室裡裝釘有木板，透過木板之間的空隙，可以看到後面的啤酒釀酒槽，使這裡成為溫哥華最熱門的酒館之一。推薦你可以加點從櫃檯罐子裡取出的野牛醃漬香腸，而食物餐車也常常就停在外頭前方處（你也可以攜帶自己的食物入內）。但是液體的飲品還是這家釀酒廠的主要賣點，growler 外帶啤酒瓶的續加處永遠忙碌不堪，而這裡專屬寫有金黃字母的外帶啤酒容器，對啤酒迷來説是一個完美的紀念品。記得在你的外帶瓶裡添上一些清爽、美味的 Passive Aggressive 冷泡淡色艾爾啤酒再離開！

周邊景點

Cartems 甜甜圈店

Main St 最受歡迎的時尚甜甜圈店，供應極為暢銷的三層巧克力和加拿大威士忌培根口味，吸引許多甜食愛好者。*www.cartems.com*

熱門藝術美術館（Hot Art Wet City）

溫哥華最棒的流行文化美術館，結合許多當地藝術家所創作、負擔得起的超現實藝術作品，還有喜劇之夜、生動的藝術工作坊以及像派對般歡樂的開幕展等活動。
www.hotartwetcity.com

Fox Cabaret

是由老舊髒亂的色情電影院所改裝的場地，有舞廳及現場演奏樂隊的狹長 Mt Pleasant 酒吧，吸引了許多當地酷炫又時髦的年輕人。*www.foxcabaret.com*

Pulpfiction 書店

這家二手書店是當地的傳奇，陳列著堆滿各種主題鉅著的書架，從物理學的弦理論到自釀啤酒的書籍應有盡有。
www.pulpfictionbooksvancouver.com

47

CALLISTER釀酒公司

1338 Franklin St, Vancouver, British Columbia;
www.callisterbrewing.com; +1 604 569 2739

◆ 酒吧 ◆ 交通便利 ◆ 外帶

這家釀酒廠是參考傳奇的 Railway Club 酒吧來命名，釀酒師兼老闆 Steve Forsyth 過去曾在市中心經營這家酒吧。Off The Rail 位於溫哥華東區，是可用來作為社交場所的三層樓精釀啤酒廠，狹小的品酒室裡驚奇地供應了各式各樣不同的啤酒。

人們很容易被狹小的空間所騙。也許酒吧是小到連員工要轉個身都很難，但放在走道上的儲酒槽卻種類多元，除了大型酒單上固定供應的 8 款啤酒之外，還有一個小型黑板寫滿吸引人的限量啤酒，當地人走進這家酒吧時都會先看黑板。來這裡有個訣竅，可以先點一整排放有小試喝杯的啤酒來尋找你最愛的口味。千萬記得一定要點得過獎的泰姬瑪哈印度艾爾啤酒（Raj Mahal India Ale）。

周邊景點

Tiny 精品店

這是 Hastings 街附近獨立時髦小店及餐館中，相當獨特的一家商店，展示了當地製造的手工藝品、衣物及珠寶。*www.tinyfinery.ca*

Dayton Boots 鞋店

連結著東溫哥華不堪的過去，這家 1946 年創立、但這幾年已被年輕一代接掌的鞋店，鞋款可以當場訂製。

www.daytonboots.com

OFF THE RAIL釀酒餐廳

1351 Adanac St, Vancouver, British Columbia;
www.offtherailbrewing.com; +1 604 563 5767

◆ 酒吧　◆ 交通便利　◆ 外帶

這家釀酒廠是參考傳奇的 Railway Club 酒吧來命名，釀酒師兼老闆 Steve Forsyth 過去曾在市中心經營這家酒吧。Off The Rail 位於溫哥華東區，是可用來作為社交場所的三層樓精釀啤酒廠，狹小的品酒室裡驚奇地供應了各式各樣不同的啤酒。

人們很容易被狹小的空間所騙。也許酒吧是小到連員工要轉個身都很難，但放在走道上的儲酒槽卻種類多元，除了大型酒單上固定供應的 8 款啤酒之外，還有一個小型黑板寫滿吸引人的限量啤酒，當地人走進這家酒吧時都會先看黑板。來這裡有個訣竅，可以先點一整排放有小試喝杯的啤酒來尋找你最愛的口味。千萬記得一定要點得過獎的泰姬瑪哈印度艾爾啤酒（Raj Mahal India Ale）。

周邊景點

商業路（Commercial Drive）

位在溫哥華最具波西米亞風格的街道上，這條可以漫步、到處是獨立小店和餐廳的街道，值得任何人在此度過悠閒的一天。

www.thedrive.ca

Crème de la Crumb

在你拜訪東溫哥華釀酒廠品酒之前，可以先來這家麵包店填飽肚子。這座深受當地人喜愛的烘焙坊用的是全天然食材，千萬不要錯過巧克力梨子麵包蛋糕。

www.cremedelacrumb.com

鮑威爾街精釀啤酒廠（POWELL STREET CRAFT BREWERY）

1357 Powell St, Vancouver, British Columbia;
www.powellbeer.com; +1 604 558 2537

◆ 酒吧 ◆ 交通便利 ◆ 外帶

溫哥華作為精釀啤酒朝聖之城，大部分應該歸功於他們草根性十足的自釀啤酒文化。許多城市裡頂尖的艾爾啤酒釀造師，都是為了熱情的朋友，從手工自釀啤酒走上經營小規模製造的微型精釀酒廠之路，而這當中的翹楚就屬 Powell Street 精釀啤酒廠。

然而在幾年前，David Bowkett 及其夫人 Nicole 開設結合精釀酒廠的小型店面之前，他們遭遇了一個嚴重的難題——啤酒受到熱烈歡迎，尤其是在驚為天人 Old Jalopy 淡色艾爾啤酒贏得當年度加拿大啤酒釀造大獎後，他們的儲酒槽常常賣到見底。為了解決這個問題，他們沿著同一條街將啤酒廠搬遷到新的地方（釀酒廠的名字可能限制了可以選擇的搬遷地），將釀酒廠升級成一個更大型的微釀啤酒經營場地。這樣的改變也提升了內部容納客人的數量，啤酒屋變得更寬敞，也讓 Bowkett 夫婦有機會實驗更多不同種類的啤酒。除了 Old Jalopy 之外，還有一些相當棒、帶有濃厚啤酒花香氣的印度淡色艾爾啤酒。也就是說，掛在啤酒屋吧台後的黑板酒單，除了供應創新的酸啤酒外，也提供一些都很吸引人的季節性酒款。但如果你是深色啤酒的粉絲，應該讓你的味蕾嚐嚐味道濃郁、絲絨般順口且迷人的 Dive Bomb 斯陶特啤酒。

© John Lee

周邊景點

奇異社團烈酒店（Odd Society Spirits）

這家烈酒店呈現出加拿大不同於精釀啤酒的風景。在溫哥華有許多烈酒試喝室，包括這家供有琴酒、伏特加以及白威士忌的製造商。*www.oddsocietyspirits.com*

Princeton 酒吧

這家走懷舊風格的酒吧吸引了許多附近碼頭工作的工人。這是被上層階級遺忘的溫哥華酒吧，千萬不要錯過週日的卡拉 OK 之夜。*www.theprincetonpub.ca*

Bistro Wagon Rouge 餐廳

這裡不需要預約、氣氛輕鬆、供應法式經典菜餚，是此區最棒的餐廳，推薦由香腸、白豆熬製的法式鄉土菜餚 cassoulet。
www.bistrowagonrouge.com

新布萊頓公園（New Brighton Park）

往東邊再開一會兒，就可以看到這個沿著布勒內灣（Burrard Inlet）綿延的綠洲海岸線，還可以見到飢餓瞄準海底生物的蒼鷺、中型及大型老鷹。

厄瓜多

如何用當地語言點啤酒？ Una cerveza, por favor

如何說乾杯？ Salud!

必嚐特色啤酒？手工精釀的美式艾爾啤酒及印度淡色艾爾。

當地酒吧下酒菜？烘烤鹽漬過的堅果粒（Canchas），常搭配辣味莎莎醬。

貼心提醒：除了出售自釀啤酒的酒吧外，不要期待可以在眾多的餐廳或普通酒吧買到精釀啤酒，繁瑣的手續讓精釀啤酒的銷售在這裡仍深具挑戰。

厄瓜多的精釀啤酒運動才剛在萌芽階段，尚未完全發展成熟。過去十幾年來，在這裡點杯啤酒，不是會喝到皮爾森就是 Club Premium，這兩款啤酒都由同一家位於厄瓜多最大城瓜亞基爾（Guayaquil）、獨占啤酒市場的 Cervecería Nacional Ecuador 啤酒廠所釀製。這家釀酒廠的啤酒解渴沒問題，但是種類卻相當單調。對啤酒愛好者來說，直到最近，厄瓜多仍是一個在口味上不願冒險的國度。

但是這個彈丸之地還是吸引了許多外來遊客來此定居，有限且乏味的啤酒選擇，使一些移居到此的企業家興起從頭建立精釀啤酒文化的念頭。由於大部分外來人口來自美國，美國人對厄瓜多啤酒運動影響甚深。基多（Quito）的 Bandido 釀酒廠創立者來自美國西部，Montaňita 釀酒廠則由一對加州夫婦所經營，一名德州人則在洛哈（Loja）經營了 Zarza 釀酒公司。此外，也有許多由德國人打造的精釀啤酒廠，令人興奮的是，一些厄瓜多本地人經營的釀酒廠也開始投入這波精釀啤酒運動。

厄瓜多啤酒業仍處於起步階段，當地法令也尚未跟上精釀啤酒最精髓的實驗精神。直到最近，推出新款啤酒仍需經過曠日廢時的審核，但現在卻是厄瓜多好好發揮精釀啤酒特色的時刻。這個國家以地球上最豐富的生物多樣性聞名，獨特的植物種類也為新啤酒提供了不同風味的選擇，這也顯示未來厄瓜多的精釀啤酒文化，可能會和其豐富的自然生態一樣多元。

ZARZA釀酒公司

Cnr Puerto Bolívar & Esmeraldas, Loja;
www.zarzabrewing.com; +593 7 257 1413

◆ 餐點 ◆ 酒吧 ◆ 導覽 ◆ 外帶

由移居到厄瓜多的德州人所創立，憑藉著對高品質精釀啤酒的熱切渴望（在此之前啤酒選擇並不多）。這家販售自釀啤酒的酒吧提供高達 20 多種款式的啤酒，卻依然保有新興小企業的個人風格，你可以看到創辦人兼釀酒師親自在吧台後忙著招呼客人。搭配由特製莎莎醬點綴的拉丁美洲食譜（例如烤肉莎莎醬是由酒廠的斯陶特啤酒所調製），有助於啤酒的吸收。Zarza 自製酵母，並用全世界最好的穀類釀造口味獨特的印度淡色艾爾、比利時風味的艾爾啤酒、美式黃金艾爾，以及古銅煙燻英式特製啤酒（English Special Ale，ESA），但是帶有摩卡咖啡底韻的斯陶特還是最受歡迎。

周邊景點

Puerta de la Ciudad

洛哈城堡式的城門是一個多層的博物館、美術館兼觀景台，展示關於這座城市的豐富資訊，遊客可從上層陽台看到美麗的市區全景。

Podocarpus 國家公園

距洛哈南部 10 公里左右，有著大片雨林及低地森林，還有 1000 多種特有植物及許多條健行步道。

BANDIDO釀酒廠

Cnr Olmedo E1-136 & Fermin Cevallos, Quito;
www.bandidobrewing.com; +593 2 228 6504

◆ 餐點 ◆ 外帶 ◆ 酒吧 ◆ 交通便利

「冒險者及煉金術師」是酒廠員工自封稱號，這些厄瓜多釀酒師樹立了這一行的高標準。釀酒廠替基多老城區增添了不少光彩，除了販售自釀啤酒的酒吧，甚至還有專屬小教堂。創立者們最自豪的是印度淡色艾爾啤酒，還可以嚐到具有創意、加入本地原料以及酒廠特選啤酒花的各種款式，試試帶有厄瓜多可可豆風味的 Rio Negro 斯陶特，或是蜂蜜薑汁季節啤酒——帶有甜味，用蜂蜜和薑調味的淡色艾爾啤酒。La Gua.p.a 啤酒則會把你引領到未知領域，這款帶有花香和大地氣息的美式淡色艾爾，混合了創辦人美國奧勒岡州家鄉的 Willamette 啤酒花，以及亞馬遜盆地富含咖啡因的 guayusa 葉。

周邊景點

Banco Central 博物館

位在 El Ejido 公園以及老城區東北方附近，也許是厄瓜多最重要的博物館，所收藏的藝術品是無與倫比的。

TeleferiQo

拜訪厄瓜多首都基多，一定要搭纜車上到高達 4100 公尺的 Pichincha 活火山斜坡，一覽令人歎為觀止的火山美景。

美國

如何用當地語言點啤酒？ A beer, please

如何說乾杯？ Cheers!

必嚐特色啤酒？在眾多種類中，可選雙倍印度淡色艾爾。

當地酒吧下酒菜？ 3P：peanuts（花生）、pretzels（椒鹽蝴蝶餅）和 potato chips（洋芋片）。

貼心提醒：請在帳單上多加 15% 以上的費用，許多酒保只靠這些小費維生。

如果事情已壞到谷底，沒辦法再更壞了，那就是反彈回升的時候。以美國啤酒為例，事情的發展就是如此不可思議。根據美國釀造協會的資料，1983 年全美 50 州只剩 80 間釀酒廠在運作，6 家大型啤酒商主宰了 92% 的市場（具體來說，1983 年這 80 家釀酒廠供應超過 2.265 億人口。而 1873 年美國人口數只有 3900 萬時，供應的啤酒種類反而相當多元，高峰期甚至有 4131 家啤酒廠活躍於美國啤酒版圖）。1980 年代不但只剩下極為少數的釀酒廠，且依國際標準來看，啤酒種類及口味都乏善可陳。美國啤酒文化似乎已走到了盡頭。

但是 1978 年聯邦政府將自釀啤酒合法化後，自釀啤酒開始興起，並且出現了第一家精釀啤酒廠及販售自釀啤酒的酒吧。80 和 90 年代才開始出現的零星新啤酒製造商，在 2000 年代時形成一股全面的風潮，一直延續至今。2016 年，全美的啤酒廠總數終於超過了 1873 年的 4131 家，更棒的是，這些釀酒廠所釀的啤酒，從多元、趣味性及美味來說都是世界一流。

全球精釀啤酒現象可能是從美國開始的。以創造新釀造風格及技術來說，美國仍居領先地位，如果全世界精釀啤酒愛好者務必要造訪一個國家，那麼非美國莫屬。如果你剛好來自於此，可就近參訪許多精釀啤酒廠。但是去哪裡好呢？美國國土相當大，該拜訪哪座釀酒廠取決於你想嚐試什麼啤酒，隨便任何一家，你便可以嚐到不同風格、口味相當傑出的啤酒。有些地區還有特製啤酒，在美國東北部，會喝到帶有濃厚水果香氣及顏色混濁的 New England IPAs，或像備受推崇、來自 The Alchemist 釀酒廠的 Heady Topper 啤酒和來自 Lawson's Finest Liquids 的 Sip of Sunshine 啤酒。在奧勒岡州，你會找到許多味道濃烈的黑色 IPA，比如像是 Cascadian Dark Ales、來自 Deschutes 的 Hop in the Dark CDA 或是來自 Rogue 的 Dad's Little Helper 啤酒。也許是氣候炎熱，佛羅里達州則發展出一種天然帶有水果酸味

酒吧語錄：GREG KOCH

帶有濃厚啤酒花苦澀香氣的西海岸 IPA，至今已經成為全世界精釀啤酒類型的翹楚之一。

TOP 5 啤酒推薦

- **Lord Sorachi：**Brooklyn 釀酒廠
- **Kentucky Breakfast 斯陶特：**Founders 釀酒公司
- **Go to IPA：**Green Flash 釀酒公司
- **Zombie Dust：**3 Floyds 釀酒公司
- **La Roja：**Jolly Pumpkin 工匠艾爾

的啤酒文化，箇中翹楚當屬 Cigar City, Funky Buddha 和 Cycle Brewing 這些釀酒廠。在南加州則以帶有強烈苦味的啤酒種類為主，像是 Green Flash 釀酒廠的 West Coast IPA 和鼎鼎有名 Stone Brewing 釀酒廠的 Arrogant Bastard。

時至今日，美式精釀啤酒的發展相當蓬勃，幾乎每座城市或鄉鎮都有相當棒的啤酒種類可選擇，從販售自釀啤酒的酒吧、精釀啤酒廠到供應特調啤酒的酒吧，或是啤酒主題餐廳都有。如果認為如今啤酒產業已在美國發展到高峰，先別急著下結論，未來幾年還有數千家精釀啤酒廠將會在此亮相。

MARBLE釀酒廠

111 Marble Ave NW, Albuquerque, New Mexico;
www.marblebrewery.com; +1 505 243 2739

◆ 餐點 ◆ 導覽 ◆ 交通便利
◆ 家庭聚餐 ◆ 酒吧

這家釀酒廠一定是全世界地處最中心的釀酒廠之一。Marble 原始釀酒廠及酒吧就位在新墨西哥州首府阿布奎基（Albuquerque）市中心，一處由暖通空調倉庫改裝而成的地點。創立於 2008 年，這家釀酒廠的啤酒在新墨西哥州分布最為廣泛，也是將帶有濃厚啤酒花香氣、高酒精濃度的精釀啤酒引進美國的第一家精釀啤酒廠之一。位在市中心的飲酒空間相當舒適、大受酒客歡迎。你可以從酒館的吧台看到釀造桶，或是可以參加每週四下午免費的導覽行程。在酒廠外頭有一處戶外的飲酒露臺及一個戶外舞台，夏日時節，這裡經常舉辦美國南部藍草鄉村音樂（bluegrass）演奏及當地樂團表演。

這幾年，Marble 釀酒廠以收購酒吧的方式來拓展他們的經營，其中包括位於首府阿布奎基西部的一家酒館，以及位在東北高地的酒吧。當美劇《絕命毒師》（Breaking Bad）在此拍攝時，Marble 釀酒廠位在市區的酒吧是劇組人員最愛流連忘返的地方。在這個酒吧裡，你可以好幾個晚上看到演員布萊恩．克萊斯頓（Bryan Cranston）。這裡永遠都會供應一至兩款特調啤酒，但是不要錯過由新墨西哥野花蜜所釀製的 Wildflower Wheat，以及帶有焦糖香氣、以冷泡技術釀造的紅色艾爾啤酒。

周邊景點

老城區

自從 1700 年代建城後，新墨西哥州首府阿布奎基歷史悠久的露天廣場一直都是商店、美術館的匯集地，也是 San Felipe de Neri 教堂所在地。

《絕命毒師》拍攝現場腳踏車之行

在當地人 Heather 和 Josh Arnold 的帶領下，這趟拍攝現場之旅可以騎腳踏車經過主角 Jesse Pinkman 的住所和 Tuco 的藏身地。
www.routesrentals.com

桑迪亞峰（Sandia Peak）纜車

你可以乘坐全美最長的空中纜車登上 3163 公尺的桑迪亞峰，一覽引人入勝的阿布奎基市景色，也提供許多登山健行路線。
www. sandiapeak.com

Duran 中央藥廠

千萬不要錯過這座供應新墨西哥風味美食的當地藥廠，藥廠後的一處隱密用餐地點可以嚐到墨西哥玉米粉捲餅、辣肉餡捲餅和油炸蜜包（sopaipillas）。*www.durancentralpharmacy.com*

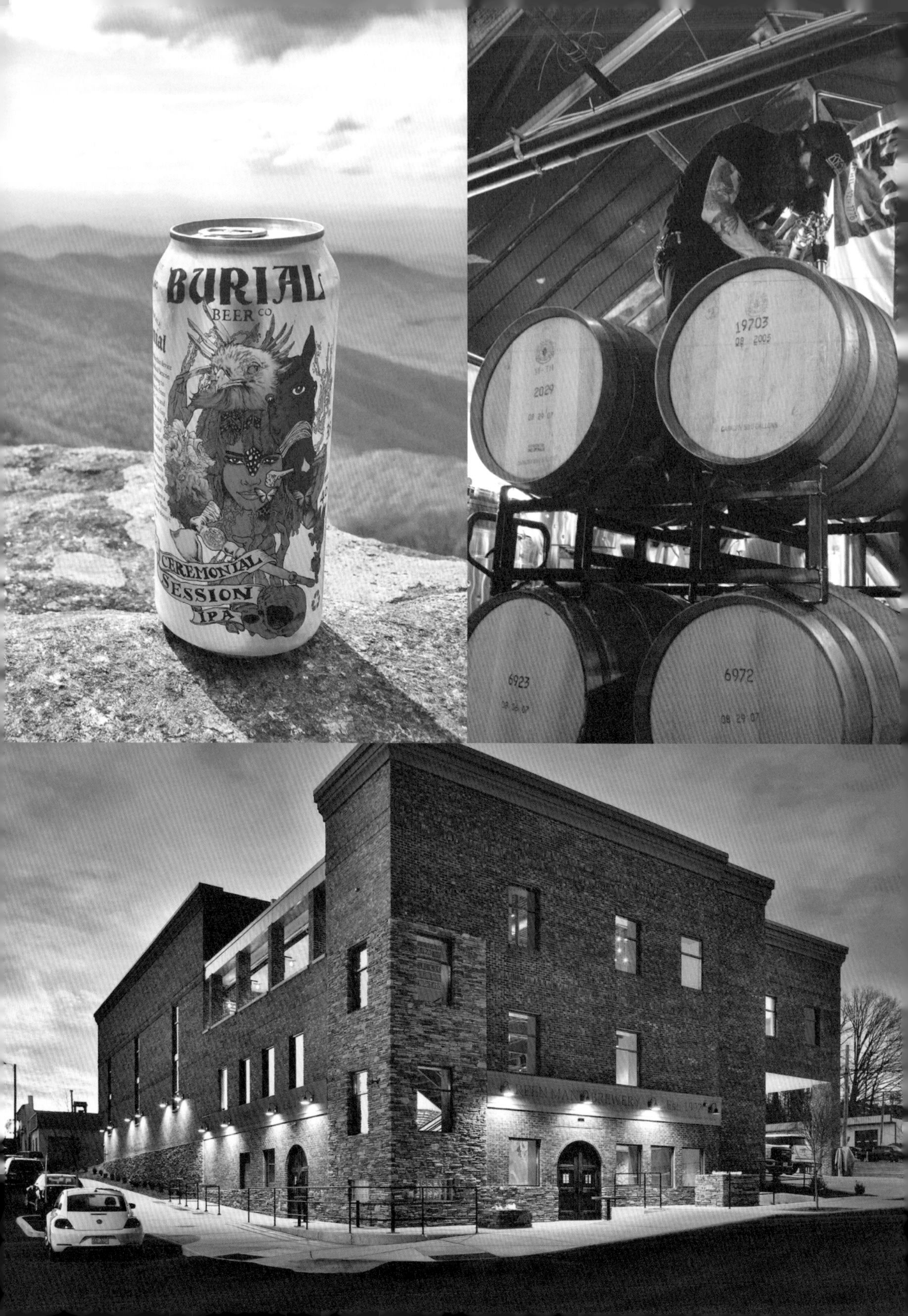

BURIAL
BEER CO
CEREMONIAL
SESSION
IPA
19703
08 2005
2029
08 29 07
6923
6972
08 29 07

57

BURIAL釀酒公司

40 Collier Ave, Asheville, North Carolina;
www.burialbeer.com; +1 828 475 2739

◆ 餐點 ◆ 導覽 ◆ 外帶
◆ 家庭聚餐 ◆ 酒吧 ◆ 交通便利

位於北卡艾許維爾（Asheville）的 Burial 釀酒廠，只提供不斷更新的季節啤酒、特調以及比利時啤酒，他們將世人遺忘的啤酒風格和釀造技術復興、再現，現代釀造技術只用來釀一些特殊的啤酒。2014 年，三個來自西雅圖的朋友來到此地實現對釀造啤酒的想法，努力很快就有看果，第二家靠近比特摩爾莊園（Biltmore Estate）的釀酒廠於 2017 年開幕，位在 1930 年代建造藍嶺公路（Blue Ridge Parkway）的平民保育團（Civilian Conservation Corps）工人營區裡。這棟名為 Dubbed Forestry Camp 的大樓重新復甦，並以精釀啤酒吧、雞尾酒吧和餐廳作為號召。你可試試許多人喜愛的 Skillet Donut South 斯陶特啤酒。

周邊景點

比特摩爾莊園

1895 年竣工，喬治范德堡二世夫婦（George and Edith Vanderbilt）浮華的私人莊園，21 公尺高的宴會廳屋頂是這裡的看點。*www.biltmore.com*

藍嶺公路

這條蓊鬱的偏僻小路蜿蜒穿過藍嶺山脈（Blue Ridge Mountains），連接維吉尼亞州的仙納度國家公園（Shenandoah National Park）和阿許維爾的大煙山國家公園（Great Smoky Mountains National Park）。*www. routesrentals.com*

GREEN MAN釀酒廠

27 Buxton Ave, Asheville, North Carolina;
www.greenmanbrewery.com; +1 828-252-5502

◆ 導覽 ◆ 外帶 ◆ 酒吧 ◆ 交通便利

這是一家受當地社區喜愛的釀酒廠，1997 年開幕時也為艾許維爾精釀啤酒業的發展獻上一臂之力。位於 South Slope 名為 Dirty Jack's 的品酒屋，長年都是足球迷聚集觀看足球賽和痛飲英式艾爾啤酒的地方。對 Green Man 釀酒廠而言，這個空間是一處綠樹成蔭、廣納酒客、結合歡樂及飲酒的地點。

如今，Dirty Jack's 品酒屋遷到新蓋的 Greenmansion 大樓內。這棟在 2016 年聖派翠克節（St Patrick's Day）開幕，三層樓高的啤酒廠建築內有包裝大廳、啤酒精品零售區和室內／外的品酒室。從頂樓往外眺望 Pisgah 山脈時，最好來上一杯由英國麥芽、啤酒花所釀製，帶有一絲焦糖、太妃糖及巧克力口味的 Green Man ESB 啤酒。

周邊景點

Cúrate 餐廳

位於時髦的市中心、主廚 Katie Button 的西班牙餐廳，以安排西班牙式的晚餐派對為主。除非時間相當晚，不然一定要事先預約。*www.heirloomhg.com/curate*

Lazoom 巴士之旅

想欣賞一齣喜劇、體驗被鬼嚇，還是聽樂團演奏並喝啤酒？你可以選擇任何一種行程，然後登上這輛大型紫色巴士，滑稽地行經這座城市。*www.lazoomtours.com*

Beautiful & Belgian
Juniper Saison
Pu-er Saison
Old Fashioned
Gemütlichkeit
Bock
Weizenbock
Hefeweizen

59

WICKED WEED釀酒廠

91 Biltmore Ave, Asheville, North Carolina;
https://wickedweedbrewing.com; +1 828 575 9599

◆ 餐點 ◆ 導覽 ◆ 外帶
◆ 家庭聚餐 ◆ 酒吧 ◆ 交通便利

一整牆亨利八世的畫像正凝視著Wicked Weed 釀酒廠。這是一處位在South Slope 釀酒區、氣氛歡樂、販售自釀啤酒的酒吧。為什麼牆上壁畫是亨利八世？根據當地傳說，這位喜怒無常的英國君主曾說啤酒花是破壞啤酒味道的「邪惡種子」。Wicked Weed 釀酒廠所出產帶有濃厚啤酒花香氣的艾爾啤酒，卻證明是這位國王錯了，只要問問樓上、樓下及戶外露臺續點這款啤酒的顧客你就會知道。這些人是誰？他們是剛從附近藍嶺山脈健行下山的年輕（或不年輕）背包客、一小撮潮客也許也會從附近的Aloft 旅館偷溜進啤酒廠，而一些家庭也會為了體驗一下優質的酒吧氛圍而光臨。推薦一處我們最喜愛的地點？前方露臺，可以觀察市區熙攘人群的地方是首選。每到週末，這裡會舉辦單身派對或是只限女性參與的活動。一些年輕的狂歡者在樓下的啤酒吧台摩肩擦踵、緊鄰彼此喝著啤酒。在零售商店買件紀念 T-shirt 及外帶瓶啤酒吧！幾個街區外，位於 Funkatorium 區 147 Coxe 大道上有家分店，那裡的團隊提供了導覽行程以及香氣四溢的農莊酸艾爾啤酒。千萬不要忘記嚐嚐 Wicked Weed 釀酒廠的招牌 Pernicious IPA，這是一款帶有西海岸風味的印度淡色艾爾啤酒，它會狠狠打臉國王亨利八世的。

周邊景點

酒廠導覽

艾許維爾或 South Slope 的導覽行程著重幾家精釀啤酒廠，如果想參加可參閱網站：*www.ashevillealetrail.com*

打鼓團

氣候溫暖的月份可以去位在市中心Pritchard 公園，固定每週五晚上 5 點會有十幾名打鼓團成員開始表演。

法式巧克力沙龍（French Broad Chocolate Lounge）

走進位在市中心這間巧克力專賣店，從鹽佐焦糖蜂蜜松露黑巧克力到布朗尼薄荷巧克力片等不同口味的巧克力都能嘗到。

www.frenchbroadchocolates.com

Omni Grove Park Inn

在這處百年歷史的經典酒店啜飲歇息，以石牆、山景及地下溫泉 Spa 而著名，雄偉的大廳更是嘆為觀止。

www.omnihotels.com/hotels/asheville-grovepark

SPON
1

JESTER KING釀酒廠

13005 Fitzhugh Rd, Austin, Texas;
www.jesterkingbrewery.com; +1 512 537 5100

◆ 餐點　◆ 導覽　◆ 外帶
◆ 家庭聚餐　◆ 酒吧

這座走鄉村農莊風格的釀酒廠就位在德州奧斯汀（Austin）郊外、風景秀麗的 Hill Country 村一處牧場上，牛隻偶而會在佔地廣大的牧場內漫步。這家酒廠釀造的大部分啤酒都在桶內發酵，採用自製的酵母混合當地的細菌來進行，這些菌種有的來自附近蘋果榨汁廠的蘋果渣，有的則是將未發酵過的啤酒渣置於外頭過夜所產生。這種作法使得啤酒的口味嚐起來相當狂野，常常帶有酸味，而且相當具有魅力，比如說非常爽口的 Le Petit Prince Farmhouse Table 啤酒。這家釀酒廠還和當地製造商合作釀酒，包括 Snörkel 啤酒——一款用 Logro Farms 的杏鮑菇（oyster mushrooms）和 Jester King 釀酒廠用剩的穀粒所釀製的 Gose 風味酸艾爾啤酒。在釀酒廠的酒桶陳放室及啤酒花園都有供應啤酒，你還可以搭配柴燒披薩及隔壁 Stanley 烘焙坊賣的素食杯子蛋糕。雖然營業時間只限每週五及週末，但是這裡卻提供了免費的導覽行程。顧客可以在此喝到一些剛開幕沒多久的釀酒廠的啤酒，包括 Funkwerks 以及 Jolly Pumpkin，但 Jester King 釀酒廠裡獨家釀製的啤酒款式，像是 Buddha's Brew，或者用紅茶菌再次發酵的 Farmhouse Ale，都使得這家釀酒廠成為來到德州中部的必訪之地。自製的過桶陳釀覆盆莓酸艾爾啤酒，則是必嚐酒款。

周邊景點

Alamo Drafthouse 另類電影院

這家另類電影連鎖店的發源地，提供了令人驚訝的 B 級片連續放映、打上經典台詞的電影（quote-alongs）以及提供玩具槍讓你邊看邊射擊敵人，還有好喝的啤酒和零食。

www.drafthouse.com

國會大橋下的蝙蝠

黃昏群眾總會在此聚集觀看北美洲最大的都市蝙蝠聚落，約 150 萬隻墨西哥無尾蝙蝠會從國會大道橋（Congress Avenue Bridge）下的洞穴傾巢而出。*www.batcon.org/congress*

德州奧斯汀當代藝術博物館（Contemporary Austin）

這座前衛藝術博物館有兩家分館，一家位於市中心的 Jones Center，另一家則位於 Laguna Gloria 雕塑公園及別墅區。

www.thecontemporaryaustin.org

Continental Club

1955 年開業以來這家酒吧便在 South Congress 享有名氣，達拉斯藍調吉他手 Stevie Ray Vaughn、the Replacements 樂團以及齊柏林飛船樂團主唱 Robert Plant 都曾在此演出。*www.continentalclub.com*

63

DESCHUTES BREWERY & PUBLIC HOUSE

DESCHUTES BREWERY & PUBLIC HOUSE

1044 NW Bond St, Bend, Oregon;

www.deschutesbrewery.com; +1 541 382 9242

◆ 餐點 ◆ 導覽 ◆ 外帶

◆ 家庭聚餐 ◆ 酒吧 ◆ 交通便利

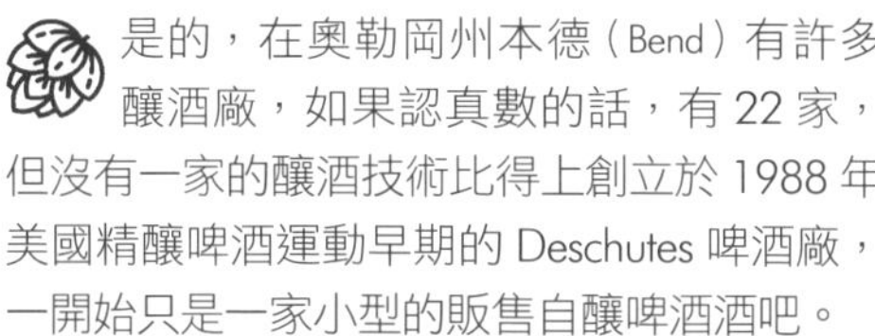

是的，在奧勒岡州本德（Bend）有許多釀酒廠，如果認真數的話，有 22 家，但沒有一家的釀酒技術比得上創立於 1988 年美國精釀啤酒運動早期的 Deschutes 啤酒廠，一開始只是一家小型的販售自釀啤酒酒吧。

後來，這家啤酒廠變成全美最大型的精釀啤酒廠之一。當你走進大門時，就可以感受的到它的規模。這是一處人聲嘈雜，擠滿來自山城當地人及訪客的空間，這些人常常在附近健行、攀繩、水上運動及攀岩等活動結束後，想來此地用啤酒解渴。你可以坐在吧台旁觀察啤酒槽，釀酒師會在那裡進行實驗性質的啤酒釀造。這裡一小部分的釀造設備也幫助了奧勒岡州頂級專業的釀酒師，很多人都是在 Deschutes 啤酒廠起家，然後學會釀酒的訣竅。

許多啤酒都是以附近的自然奇觀來命名，像啤酒廠的名字便是以 Deschutes 河來取名。這家釀酒廠就位於河邊，距市中心的自釀酒吧不到 3 公里處。想要知道更多酒廠內幕，你可以參加免費的導覽行程。

經典 Deschutes 啤酒包含 Black Butte 波特啤酒、Mirror Pond 淡色艾爾和 Fresh Squeezed IPA。如果你有口福，可以試試 2006 年出產的 The Abyss，這是一款在陳年波本威士卡酒（bourbon）和黑比諾（pinot noir）酒桶中發酵過，香氣濃郁、酒精濃度高的頂級斯陶特啤酒。

周邊景點

McMenamins Old St Francis School Soaking Pool

飛快地滑進這座鋪有青綠色瓷磚的水蒸加熱池，當光線透過彩色玻璃窗投射到水池時，景色絕美。*www.mcmenamins.com*

Deschutes 河水上運動

租用一組站立式衝浪板、橡皮船、獨木舟或是輕艇，然後在 Riverbend 海灘公園開啟航程，好好享受這趟水上之旅。

Phil 健行步道

可以騎登山自行車穿梭在本德區最容易抵達且最多元的越野單車道，蜿蜒地穿越乾燥的森林。從本德鎮過來只要幾分鐘。

Chow 餐廳

在鎮上最棒的早午餐廳裡用個餐吧！這裡以友善服務和季節食材而聞名，從班尼迪克蛋到南瓜薑汁鬆餅，都可在此嚐到。

www.chowbend.com

GIANT
FIELDWORK
1160

65

FIELDWORK啤酒公司

1160 Sixth Street, Berkeley, California;
www.fieldworkbrewing.com; +1 510 898 1203

◆ 餐點 ◆ 酒吧 ◆ 外帶
◆ 家庭聚餐 ◆ 交通便利

就讓啤酒香氣帶領你來到這家位在加州柏克萊（Berkeley）寧靜西北角落、靠近高速公路的釀酒廠及酒館。首席釀酒師及共同創辦人 Alex Tweet（曾在加州聖地牙哥的 Ballast Point 和 Modern Times 釀酒廠服務過，見 89 頁）釀造啤酒時著重香氣，採購啤酒花之前他很在意所散發的強烈誘鼻香味，這種嗅覺上的高標準也反映在他釀的啤酒上。試試一整排提供試喝、具有不同香調的啤酒來體驗各種啤酒香氣，主要偏向酸味及季節啤酒，但也有很多印度淡色艾爾啤酒，通常還有一兩款深色啤酒。這裡供應的啤酒選項不斷在變化（顧客可用 growler 外帶啤酒瓶來續杯），包含許多奇特的啤酒種類，最受歡迎、清涼解渴的一種是帶有柑橘風味的 Farmhouse Wheat 季節啤酒，以及帶有陣陣鳳梨香氣、由 Galaxy 啤酒花品種所釀製的 Galaxy Juice。

走簡約時尚風格的內部裝潢，充滿自然光線，每逢週末便擠滿人潮，但戶外區減緩了擁擠人潮的壓力。幸好裡頭沒有電視，但這裡畢竟是加州柏克萊東灣，所以我們拜訪時大屏幕上仍轉播著金洲勇士隊（Golden State Warriors）的籃球比賽。如果你往後看，便可以看到一些釀造啤酒過程的幕後活動。自 2016 年起，Fieldwork 釀酒廠便在沙加緬都郡（Sacramento）經營了另一家啤酒屋分店。

周邊景點

魚雷房（Torpedo Room）

內華達山脈（見 69 頁）在 Fourth Street 的酒吧，供應稀奇且有異國情調的啤酒，像是口味重而驚人的 Narwhal 頂級斯陶特。*www.sierranevada.com*

加州柏克萊大學

來這所著名學府體驗一下校園生活，可以登上 Campanile 鐘塔一覽灣區美景、探索公園及花園，或在言論自由咖啡廳（Free Speech Movement cafe）裡啜飲咖啡。

農夫市集

在市中心的農夫市集瀏覽販賣當地產品的不同攤位，你會發現烘焙點心、果醬、有機水果、起司、各種食用油以及其他林林總總許多東西。每週二、四、六營業。

Westbrae 啤酒花園

這家位在北柏克萊一處安靜角落、提供當地啤酒及餐點推車（有些日子還供應烤肉 BBQ）的小型戶外啤酒花園，吸引了許多家庭前往。*www.westbraebiergarten.com*

Ale ABV 6.5%
IPA ABV 6.5% $2.00 $5.00 $6.00
Joe's ABV 4.7% $2 $5 $6
W.W.J.B. Rye
Cloud 9
Hog Heaven
Reverend
Czar Imperial Stout
MAHARAJA
Rumpkin
Salvation
Twenty-Two
Collaboration Not Litigation
AVERY BREWING Co

AVERY釀酒廠

4910 Nautilus Ct, Boulder, Colorado;
www.averybrewing.com; +1 303 440 4324

◆ 餐點 ◆ 導覽 ◆ 外帶
◆ 家庭聚餐 ◆ 酒吧 ◆ 交通便利

Avery 釀酒廠的啤酒風格很像所在地：獨特、具理想性，帶有一種與眾不同、吸引人的特質，由 Adam Avery 於 1993 年在科羅拉多州的波德（Boulder）創立。在創辦轉換跑道，回應他對自釀啤酒的熱情和想在戶外久待的渴望前，原本是一名憤世嫉俗的法律系學生。不按牌理出牌的個性使他的啤酒並不總是迎合主流市場口味，因此釀酒廠初期進展的速度很慢。打響這座釀酒廠名聲的第一炮是名為「豬天堂」（Hog Heaven）的大麥酒，名稱來自於 Avery 當時認為或許只有豬在天上飛，大家才會喜歡他的啤酒。這樣的想法可能有點偏激，但這份得來不易的成功卻奠定了他對與眾不同啤酒風格的偏好。

在 2015 年新開幕的釀酒廠裡，你會找到 30 多款的啤酒，包括令人忍不住噘嘴的酸啤酒、味道濃烈的混和萊姆酒、威士忌過桶陳釀的新啤酒等等創意款。共有兩處用餐區，一處是可以曬日光浴和烤肉的戶外酒館露台，另一處則是樓上的餐廳，都有供應從椒鹽蝴蝶餅（pretzels）到墨西哥玉米濃湯（pozole）等各式各樣的餐點，標榜從科羅拉多農場直送。你可以用一瓶 White Rascal 生啤來慶祝一天充實的旅程，這是一款帶有香菜及柑橘香氣，美味的比利時式白啤（witbier）。

周邊景點

Chautauqua 公園

如果來到科羅拉多州的波德市，卻沒有造訪 Chautauqua 公園的戶外草原、美國黃松森林以及被稱為 Flatirons 的巨大砂板岩山，那旅程就不算完整。*www.chautauqua.com*

珍珠道（Pearl Street）

這條波德市中心的人行步道因為街頭藝人的表演、標榜農產直送餐桌的餐廳、不勝枚舉的當地精品店，以及可攀爬的藝術雕像和可供玩耍的噴泉，而顯得生機盎然。

落磯山國家公園

在這裡可以欣賞到世界第一的壯觀美景，像是大陸分水嶺（the Continental Divide）、雄偉的花崗岩山峰，以及美國其中一條海拔最高的道路和許多動植物。*www.nps.gov/romo*

波德溪（Boulder Creek）

乘著橡皮筏穿過波德市是夏日最受歡迎的活動，或者也可以沿著河邊小徑步行，或在波德峽谷（Boulder Canyon）的花崗岩山峰圓頂下騎腳踏車。*www.westbraebiergarten.com*

SIERRA
SIERRA NEVADA
SIERRA NEVADA BREWERY

69

內華達山脈釀酒公司（SIERRA NEVADA BREWING CO.）

1075 East 20th Street, Chico, California;
www.sierranevada.com; +1 530 893 3520

◆ 餐點 ◆ 導覽 ◆ 外帶
◆ 家庭聚餐 ◆ 酒吧

這家釀酒公司使得現代美式淡色艾爾啤酒廣受歡迎，並主導現今世界精釀啤酒的風格，絕對可以在啤酒名人堂占有一席之地。第一桶啤酒釀造於 1980 年，貼有綠色標籤的啤酒瓶現在則行銷全世界。所以參訪內華達山脈釀酒廠，就像是在進行一場啤酒朝聖之旅。會在這裡發現什麼呢？有精美的銅製蒸餾瓶、多達 10500 片的太陽能板、令人沉醉於酒香的蒸餾室，這裡新舊交融，卻又不斷尋求改變。

和其他啤酒廠相比，這座位在加州的釀酒總部（北卡羅萊納的 Mills River 還有另一處分部）比較有大公司集體經營的經驗，但卻不減其趣味性。每日的主題式導覽（有些免費，有些則是要美金 10-30 元）包含了釀酒廠的各個面向：工程技術導覽帶你一覽高科技啤酒制冷系統；啤酒花導覽則涵蓋啤酒花的歷史和生物學，還可拜訪實驗性質的啤酒花田；永續主題的導覽則會看到堆肥機器；或在以啤酒怪客為號召的行程，可以直接從啤酒缸裡生飲啤酒。這裡提供的活動總能取悅每一個來訪的客人，至於啤酒……也許你已在許多地方嚐過淡色艾爾啤酒，但是這裡卻釀造出獨特的種類，你可在試飲室裡一一品嚐。Torpedo 就是一款極富魅力的印度淡色艾爾。

周邊景點

登山自行車

釀酒廠位在內華達山脈區域，也就是說，這裡很適合騎登山自行車。最好的地點是開車約兩個小時的 Downieville。

www.yubaexpeditions.com

The Big Room

釀酒公司在加州奇科（Chico）有一處音樂表演場所——the Big Room，常常舉辦美國文化及民間音樂的演出，像是爵士、藍調、民謠或是鄉村音樂，日程表上有各式各樣的音樂節目並供應美味啤酒。

農夫市集

奇科農夫市集每週六及週三早晨營業，這裡一年到頭都可以找到當令及當地農產品，還有麵包、醃漬品及點心。

www.chicofarmersmarket.com

Gateway 科學博物館

成立宗旨為「打開訪客對科學奇觀的眼界」，這座加州大學博物館的展覽涵蓋了小行星到昆蟲等不同主題。*www.csuchico.edu*

黑襯衫釀酒公司（BLACK SHIRT BREWING CO.）

3719 Walnut St, Denver, Colorado;

www.blackshirtbrewingco.com; +1 303 993 2799

◆ 餐點　◆ 導覽　◆ 外帶

◆ 家庭聚餐　◆ 酒吧　◆ 交通便利

Chad 和 Branden Miller 兄弟檔 1999 年在家中走廊上創立了這座釀酒廠，位於科羅拉多州的維斯特克里夫（Westcliffe）。他們尤其對紅色艾爾有很大的興趣，直至今日，為了向所在的州致敬（「科羅拉多」在西班牙文有「染紅」之意），也只釀造這款啤酒。黑襯衫釀酒廠的手工精釀艾爾，釀造期從兩個月到三年都有，範圍從印度淡色艾爾啤酒到斯陶特啤酒。

酒館也同樣注重細節。穿著黑襯衫的員工（向非主流文化致敬）、傾斜一側的高腳玻璃杯（為了展現啤酒香氣）、專屬的吉他以及現場演奏音樂（這是一扇了解這裡的窗口）。來此地一定要試喝的是 Red Evelyn，這是兄弟倆向外婆致敬的一款啤酒。

周邊景點

The Source 市場

這座由鑄鐵廠改建的市場專賣手工麵包、啤酒、當地農產品和肉品，還有一家鎮上最棒的餐廳——Acorn。*www.thesourcedenver.com*

Infinite Monkey Theorum

這座都會酒館帶有一種令人放鬆的氛圍，室內、室外都有許多座位。美味的啤酒會盛在玻璃酒杯、酒罐，甚至是製造雪花冰的機器裡。*www.theinfinitemonkeytheorem.com*

71

RENEGADE釀酒公司

925 W 9th Ave, Denver, Colorado;
www.renegadebrewing.com; +1 720 401 4089

◆ 餐點 ◆ 酒吧 ◆ 交通便利
◆ 導覽 ◆ 外帶

2011 年 Renegade 釀酒公司開幕時，為丹佛（Denver）發展迅速的釀酒市場帶來轟動，其手工釀造啤酒及酒館也贏得許多獎項。五年後，丹佛市又多了 46 家新開張的釀酒廠，但是 Renegade 啤酒廠依然最炙手可熱。富有創意、口味多層的啤酒，融合了像檸檬草、咖哩以及甜菜根的風味，當然也少不了科羅拉多州人最愛的黑麥艾爾啤酒和喝過就難忘的三倍印度淡色艾爾啤酒。

這家釀酒廠由 Brian 和 Khara O'Connell 夫婦所創辦，起因來自於他們收到一份自釀啤酒工具的聖誕禮物。原本只是對自釀啤酒有興趣，但後來產生了熱情，幾年之後，他們便在 Santa Fe 路有個性的藝術區創立了這家啤酒廠，也經營酒館。這是一處有著蜿蜒吧台及可通往臨街露臺的寬敞空間，沒有電視和其他干擾物，只有幾名對啤酒有研究的專家、藝術家以及學生會聚集在此享用高品質的啤酒。週一至週五酒館都很忙碌，週末更是人聲鼎沸，每月第一個週五則是轟趴日。桌子會被挪到一旁，酒吧大排長龍，有時玻璃杯用完還得用塑膠杯來裝酒，儘管如此，酒館還是維持了一定的品質和喝酒氛圍。一定要嚐嚐 Redacted，這是開業第一天便供應至今且銷售一路長紅、口味均衡的黑麥印度淡色艾爾啤酒。

周邊景點

每月第一個週五

每個月一次，沿著 Santa Fe 路的美術館會延長開館時間，所以可以參觀一家又一家美術館並放縱大吃餐車所供應的美食。*www.artdistrictonsantafe.com;www.rivernorthart.com*

丹佛美術館（Denver Art Museum）

這裡有著驚人的館藏，包括高達 2 萬多件史前時代的美國印地安文物。
www.denverartmuseum.org

美國鑄幣局（United States Mint）

參觀鑄幣局，你會了解口袋裡的每一分錢是如何被鑄造出來的。45 分鐘的免費導覽要事先預約。*www.usmint.gov*

櫻桃溪地方步道（Cherry Creek Regional Trail）

沿著 64 公里長的步道騎腳踏車或是步行相當愜意。這座鋪設完善的步道始於丹佛市中心，蜿蜒穿過許多都會景觀及州立公園。

HOODOO釀酒公司

1951 Fox Ave, Fairbanks, Alaska;
www.hoodoobrew.com; +1 907 459 2337

◆ 餐點 ◆ 導覽 ◆ 外帶
◆ 家庭聚餐 ◆ 酒吧

隱身在阿拉斯加州通往北極的費爾班克斯（Fairbanks），Hoodoo 釀酒廠算是北美第二靠北邊的釀酒廠。正如同阿拉斯加總帶給人古怪的印象，這裡也差不多。除了時尚工業風的酒館及德式啤酒花園，還有一座不定時在週六營業的酒吧，同時會開設瑜伽課程，並以健康因素（或者控制酒癮）為由限定訪客最多只能喝兩瓶，幸好沒有限制外帶的量。Hoodoo 釀酒廠最棒的啤酒總是帶有濃濃的日耳曼風情，酒館還會熱情慶祝慕尼黑啤酒節（Oktoberfest），口味清爽的德國科隆啤酒及特別款巴伐利亞白啤很受歡迎。為了提醒你這是家美國釀酒廠，一定要試試犀利的 Northwest IPA 啤酒——口味強烈、酒精濃度高達 7.2%。

周邊景點

阿拉斯加大學（University of Alaska）
北方極地博物館（Museum of the North）

相互連通的展館有阿拉斯加地理、歷史、文化等等方面的豐富館藏，這是阿拉斯加最棒的博物館。*www.uaf.edu/museum*

Morris Thompson 文化及遊客中心

這座巧妙結合阿拉斯加歷史博物館、遊客中心及文化中心的場所，位於費爾班克斯市中心一處低調的現代化建築。
www.morristhompsoncenter.org

73

新比利時釀酒廠（NEW BELGIUM BREWERY）

500 Linden St, Fort Collins, Colorado;
www.newbelgium.com; +1 970 221 0524

◆ 餐點 ◆ 導覽 ◆ 外帶
◆ 家庭聚餐 ◆ 酒吧 ◆ 交通便利

1998 年，來自科羅拉多州科林斯堡（Fort Collins）的 Jeff Lebesch，帶著一輛登山腳踏車及一本啤酒愛好者的口袋指南，環遊了整個比利時。旅途中他記下了一些比利時啤酒的釀造訣竅，操著法蘭德斯語（Flemish）的人們則對他的登山自行車——fat tires——留下深刻印象。三年後，他和友人 Kim Jordan 在地下室共同創辦了新比利時釀酒廠，標誌則是由鄰居所設計。試試來自那次腳踏車之旅的啤酒？那就嚐嚐他們的修道院啤酒（Trappist Dubbel Abbey），另外還有招牌的「Fat Tire」啤酒。

今日，以永續經營為號召、員工可持股的這家釀酒公司，已是遊客必訪之處，無時無刻不擠滿了人。奇特的導覽行程會在幾週前就預約額滿，這也難怪，因為訪客會以啤酒開啟他們的一天，中途休息再來一瓶，行程結束也得來上一瓶。沒錯，直到最後都會被啤酒愉悅地糾纏著，但你還是得保持清醒留意最精采的部分，特別是令人頭暈目眩的發酵室，野生艾爾酵母會被置放在葡萄酒桶中陳釀發酵。另外還有實驗性質的釀酒室，就是帶有實驗風格的 Lips of Faith 啤酒出產地，一定要嚐嚐從啤酒桶中新鮮取出的麥芽琥珀 Fat Tire 啤酒。此外，酒廠還會舉辦結合啤酒、腳踏車及音樂的 Tour de Fat 活動。

周邊景點

科林斯堡共享單車

用共享單車探索這座城鎮的市中心和河濱步道，當然，也可以騎車到釀酒廠去。
bike.zagster.com/fortcollins

Cache la Poudre 河

近洛磯山脈風景最秀麗的一段，可進行湍流探險、垂釣、健行和其他戶外活動。
www.poudreheritage.org

Horsetooth 山及水庫

來到這兒，請準備好進行消耗體力的戶外活動：衝浪、健行、攀岩，或單程長達 48 公里的登山自行車運動。汗流浹背的你可以到水庫邊歇息。*www.co.larimer.co.us*

Colorado Room 餐館

這是科林斯堡單車行程中的絕佳休息站。餐館提供了美味的小三明治（試試野牛肉口味）、洛磯山生蠔和可口的肉汁奶酪薯條。
www.thecoloradoroom.com

ODELL釀酒公司

800 E Lincoln Ave, Fort Collins, Colorado;
www.odellbrewing.com; +1 970 498 9070

◆ 餐點 ◆ 導覽 ◆ 外帶
◆ 家庭聚餐 ◆ 酒吧 ◆ 交通便利

如果喜歡啤酒花在指尖碾碎發出的味道，你會愛上這座西部的小酒廠。Odell 創立於 1989 年，是科林斯堡第一座小型釀酒企業，Doug 和 Wynne 夫婦用黃色小貨車載運小桶裝啤酒供應當地酒吧。25 年後，啤酒釀造的重心仍放在濃厚的啤酒花香氣（這裡有號稱全美最大的啤酒花浸泡機）以及沒有殺菌過但口味極佳的艾爾啤酒。

只要你願意花心思去了解他們以試驗計畫、經典路線以及當地喜愛所區分並供應的 21 款啤酒，令人感到放鬆的酒館、戶外露臺以及食物餐車一定會吸引你的目光。很難下決定要喝哪一款嗎？你可以先從 Odell 釀酒廠大瓶裝、酒精含量 7%、極其順口的艾爾啤酒開始。

周邊景點

Soapstone 草原

可以騎登山腳踏車或是騎馬穿越這座科羅拉多的草原，你會看到野牛及羚羊在草原漫步，洛磯山脈則成為這壯麗景觀的一抹背景。*www.fcgov.com/naturalareas/finder/soapstone*

Phantom 峽谷保護區

在科林斯堡西北方這處鮮為人知、人煙稀少的保護區，可以看到禿鷹及紅尾老鷹盤旋。進入峽谷只有兩種方式，透過導覽行程，或者成為這裡的志工。

STUMPTOWN釀酒廠

15045 River Rd, Guerneville, California;
www.stumptown.com; +1 707 869 0705

◆ 餐點 ◆ 酒吧 ◆ 家庭聚餐
◆ 交通便利

在這裡工作的員工將販售自釀啤酒的小型酒吧營造出一股玩世不恭的態度。洗手間用生殖器大小（Chicks 或是 Dicks）來區分，一些啤酒的名稱則帶有種族歧視的意味。如果你是容易被冒犯的人，這裡也許不適合你，但如果你位心胸開闊的啤酒探險者，這座有著樹樁鎮（Stumptown）最大亮點——戶外露臺——的啤酒廠，就是你一定要造訪的。這座可以享受陽光灑落的啤酒花園也是加州根恩維爾（Guerneville）規模最大，你可以俯瞰沿著俄羅斯河（Russian River）延伸的翠綠河岸線。會不定期舉辦兒童足壘球賽以及許多大型露天園遊會，像是一年一度的俄羅斯河啤酒復興節（Russian River Beer Revival）以及 BBQ 戶外烤肉活動。回到燈光昏暗的啤酒廠內有供應各種酒類飲品的吧台，以四種自釀生啤以及許多來自當地釀酒廠的啤酒為主。廚房則提供豐盛菜餚，像是煙燻牛胸肉三明治、蒜味 Asiago 乳酪薯條，以及一大盤用來搭配血腥瑪麗的酥脆培根。前來享用早午餐的喧鬧人群對餐點和口味均衡的啤酒都相當滿意。英式淡色艾爾啤酒 Rat Bastard 是當地人的最愛，酒精濃度為 5.8% 的 Rat Bastard，雖然不是可以用來豪飲的社交型啤酒，但是它的口感滑順，適合一整天在河邊消磨時光時啜飲。

周邊景點

Nimble & Finn's 冰淇淋店

供應奢華的甜點，每一季的口味都不同，顧客可以期待新穎的甜點選項，像是香草蜂蜜以及草莓奶油牛奶冰淇淋。

www.nimbleandfinns.com

Johnson 海灘

喜愛海灘的人一定會非常享受這片沿著河流延伸的沙地，可在這裡租用獨木舟、槳船、橡皮筏以及遮陽傘，也是露營的理想之處。*www.johnsonsbeach.com*

Armstrong 紅木州立自然保護區

因為大量伐木的關係，根恩維爾又被稱為樹樁鎮。儘管如此，Armstrong 自然保護區仍有幸免於樹林被砍伐的命運，這裡蓊鬱的紅木提供了一處漫步乘涼之處。*www.parks.ca.gov*

Rainbow Cattle Company 餐廳

從 70 年代開始，根恩維爾便成為灣區（Bay Area）多元性取向（LGBT）人士的鍾愛之地，可以在這家充滿愛及友善氛圍的同志酒吧了解歷史、玩彈珠及沙壺球（shuffleboard）遊戲。*www.queersteer.com*

DOUBLE MOUNTAIN釀酒廠

8 Fourth St, Hood River, Oregon;
www.doublemountainbrewery.com; +1 541 387 0042

◆ 餐點　◆ 酒吧　◆ 交通便利
◆ 家庭聚餐　◆ 外帶

位在胡德里弗（Hood River）的這座釀酒廠，持續不斷在此地和波特蘭的新廠址釀造帶有濃郁啤酒花香氣的啤酒。胡德河畔的自釀啤酒屋總是擠滿從事戶外活動的訪客，尤其是週末現場音樂表演時。儘管等候時間漫長、人聲吵雜，但氣氛仍然相當友善而放鬆。也有機會嚐到從磚窯出爐的美味窯烤披薩，在哥倫比亞河峽谷（Columbia River Gorge）滑雪或健行完之後，來試試 Truffle Shuffle 披薩以補充體力，最好再搭上 The Vaporizer——這款奧勒岡最棒的啤酒之一，是以冷泡方式釀造的淡色艾爾。如果有口福還可以嚐嚐 Killer Green 啤酒，一款由新鮮啤酒花釀造而成的印度淡色艾爾，只在秋天時供應短短幾週而已。

周邊景點

哥倫比亞河峽谷

這裡有許多穿梭在壯麗峽谷中的步道可供健行，峽谷是大約 1.5 萬年以前由河流及冰川侵蝕所造成的。

教堂屋脊酒莊（Cathedral Ridge Winery）

在此稍作停留並品嚐一杯葡萄酒（可搭配起司），了解一下這個區域的葡萄酒商。導覽行程需事先預約。

www.cathedralridgewinery.com

77

PFRIEM釀酒廠

707 Portway Ave, Ste 101, Hood River, Oregon;
www.pfriembeer.com; +1 541 321 0490

◆ 餐點 ◆ 酒吧 ◆ 家庭聚餐 ◆ 外帶

Pfriem 釀酒廠 2012 年開幕後，已為奧勒岡州的啤酒釀造設下新的標準。令人推崇備至的比利時風格啤酒啟發了他們，當你踏進他們的品酒室，可以感受到他們對啤酒的熱忱。儘管龐大、閃亮、裝滿不同酒精濃度的啤酒發酵缸就近在咫尺，但依然可以感到品酒室像家一樣溫暖和諧的氣氛。

共同創辦人及釀酒師 Josh Pfriem 表示，他的啤酒受到比利時和美國西北部釀酒廠的影響，這說法讓人對其啤酒風格留下許多詮釋的空間。儘管如此，Josh Pfriem 最擅長的還是經典啤酒，像是這裡最順口及帶有花香的皮爾森啤酒。可以在戶外備有火爐的露臺來一杯啤酒，並且從略微受到比利時影響的菜單點東西來吃，這裡供應的菜餚不容小覷，許多食物都跟啤酒是絕配。一邊欣賞對街 Tom McCall 濱海公園的美景，一邊大快朵頤影山（Mt Shadow）產的豬肉塊配上加拿大育空區（Yukon）的馬鈴薯、冬季南瓜、甘藍、蘋果肉末馬鈴薯泥以及濃醬蘑菇。這座濱海公園也和壯麗的哥倫比亞河接壤，是風帆衝浪、風箏衝浪愛好者以及鮭魚和海豹的遊樂場。也可以點杯比利時風格的 Strong Blonde Ale 來為美味佳餚作結，這款啤酒帶有丁香的香氣，喝起來令人感到溫暖順口，並略帶點甜甜的尾韻。

周邊景點

胡德里弗水果攤（Hood River Fruit Loop）

可以自駕參觀這區的農田及水果攤，販賣的東西從櫻桃、鬱金香到南瓜、葡萄酒應有盡有。*www. hoodriverfruitloop.com*

Cooper Spur 步道

在緩慢陡升、由冰河覆蓋的胡德山（Mt Hood）側峰健行，沿路會看到 Eliot 冰河邊緣的壯觀景色。

Big Winds

可在這裡租用站立式划槳板、風箏衝浪板或是一組風帆衝浪板，然後前往哥倫比亞河從事水上運動，這個世界數一數二的大風浪，絕對讓你一玩就上癮。*www.bigwinds.com*

胡德山草原滑雪場（Mt Hood Meadows Ski Resort）

距離城鎮只有 56 公里，這座有電梯的滑雪勝地只在 11 月到 5 月營業。請留意活動訊息，包括何時供應季節啤酒。

www.skihood.com

LANIKAI釀酒公司

175 Hamakua Dr, Kailua, Hawaii;
www.facebook.com/lanikaibrewing

◆ 酒吧　◆ 交通便利　◆ 外帶

當你試著想像夏威夷的小型手工精釀啤酒廠會是什麼模樣，你的想像大概會相當接近這座時髦的啤酒廠。Lanikai 釀酒廠位在歐胡島（O'ahu）上卡魯瓦（Kailua）鎮的一條偏僻小巷。這座啤酒廠沒有電話號碼，門前也相當簡約，只有一個小標誌，讓我們知道飄散在街道上的美味莓果香氣，原來就是來自於這家啤酒廠所在地。

啤酒廠的後面可以遠眺翠綠的山谷。你也許極有機會遇到啤酒廠的主人 Steve，正在小心翼翼呵護著他那閃亮全新的釀酒缸。他的頭髮可能還因為早上的衝浪活動而濕漉漉的。啤酒廠的空間不大，但是你可以在小型的試喝室裡嚐嚐 Lanikai 釀酒廠所釀造的啤酒，這些啤酒全是使用夏威夷獨特的花草植物手工釀製的。酒精濃度高達 8.1%，但是入口卻像花蜜一樣順口的 Moku Imperial IPA，是帶有當地木槿花及蜂蜜口味的季節啤酒。這款啤酒是由常見的夏威夷白色花環──當地原生茉莉花（pikake）所提煉釀造而成。但是也不要錯過口感如絲綢般柔順的 Pillbox Porter 啤酒，這是一款由兩種分別來自大島（The Big Island）及大溪地（Tahiti）香草品種所釀造而成的啤酒。

周邊景點

福特野馬車（Mustang）遊東海岸

從威基基海灘（Waikiki）北部往南駛，發動引擎出發上路吧！沿著歐胡島穿梭在東海岸線，並且沿途欣賞壯麗的景色。

www.mustang-hire.com/Waikiki.aspx

Mokulua 島獨木舟之旅

請你準備好探索這些從卡魯瓦海岸划獨木舟需費時 5 個鐘頭的小島。在你參觀啤酒廠之前，這是一定要嘗試的活動。

www.twogoodkayaks.com/guided-tour.html

卡魯瓦海灘公園（Kailua Beach Park）

這座廣闊的白色弧形沙灘，就覆蓋在翠綠的卡魯瓦灣海水上。這座海灣面靠火山陸岬，沿路種植著搖曳的棕櫚樹，是一處休憩乘涼的絕佳去處。

鑽石頭山（Diamond Head）

這座神山以美麗的威基基海灘為背景，山頂上是最適合觀賞日出日落，或是欣賞壯麗海岸線的地點。

79

MAUI釀酒公司

605 Lipoa Parkway, Kihei, Hawaii;
www.mauibrewingco.com; +1 808 213 3002

◆ 餐點 ◆ 酒吧 ◆ 導覽 ◆ 外帶

當訪客參訪位在夏威夷基黑（Kihei）的釀酒公司時，他們真的會戴著啤酒眼鏡。這是對前往占地 3.9 萬平方公尺釀造廠的參訪團體，一項有趣的保護措施。2015 年，這家釀酒廠正式對外開放參觀，座落在 5 英畝大 Haleakalā 火山腳下的科技園區裡，這家光鮮亮麗的啤酒廠一點都不走夏威夷風格。但是踏進內部必須要換穿夾腳拖鞋（夏威夷稱為 slippahs），而夏威夷語的招呼詞「alohas」，聽起來也很熱情。至於啤酒呢？從鳳梨味的 Mana 小麥啤酒到椰子味的 Hiwa 波特啤酒，全都採用了當地的食材。這裡供應超過 20 種不同的啤酒，所以你將不會感到口渴。供應食物的餐車就停在附近，在熱帶地區探險一天下來，這是歇息以及體驗島嶼生活的好地方。

創辦人 Garrett Marrero 最初創立 Maui 釀酒廠的目的，是為了此地撲天蓋地的夏威夷風情。在 2000 年代中期旅行夏威夷 Maui 島期間，來自加州聖地牙哥的 Marrero 決定要在 Valley Isle 這個渡假勝地創立一間自己的釀酒廠。在結束他金融諮詢的事業之後，Marrero 著手進行釀酒廠事業的計畫。這家釀酒廠以製造高品質啤酒、永續經營、尊重當地社區以及鼓勵享受生活為目標。用一款受歡迎、容易入口的拉格啤酒 Bikini Blonde 作為起點，開始享受此地生活。

周邊景點

浮潛

在 Maui 的海浪中會看到許多烏龜及熱帶魚。你可以租用浮潛面具及設備，從岸邊展開旅程。浮潛最佳地點還包括 Ulua 和 Maluaka 海灘。

Da Kitchen Express 餐廳

想嚐嚐夏威夷式的午餐又不想花太多錢，可以前往這家餐廳，卡魯哇（Kalua）豬肉是一道不錯的選擇。*www.dakitchen.com*

夏威夷群島座頭鯨國家海洋保護區
（Humpback Whale National Marine Sanctuary）

座頭鯨會在每年 11 月到 4 月在海岸邊繁殖，來到這裡可以學到與牠們相關的知識，並有機會從海濱碼頭看到出沒的蹤影。

Keawakapu 海灘

這座海灘從南基黑延伸到 Wailea 的 Mokapu 海灘，這裡比較不擁擠，可以散散步，或在落日餘暉的柔軟沙灘上做做瑜伽。

DOGFISH HEAD釀酒廠

6 Cannery Village Center, Milton, Delaware;
www.dogfish.com; +1 302 684 1000

◆ 餐點 ◆ 酒吧 ◆ 導覽 ◆ 外帶

Dogfish Head 釀酒廠能掌控整個米爾頓的啤酒版圖，要歸功創辦人 Sam Calagione，他從 2010 年開始上電視節目《釀酒大師（Brew Masters）》，也源源不絕地推出一些奇特又富創意的特調啤酒，比如 Beer for Breakfast 斯陶特是用瓜地馬拉的冷萃咖啡（這個 OK）、麻塞諸塞州的楓糖漿（還能接受）以及德拉瓦州的豬肉香腸 scrapple（認真的嗎？）釀造而成，但還是有人買單。酒廠也會和義大利夥伴或美國名廚 Mario Batali 合作，創造出獨特的影響力。參加免費導覽，更能體會創辦人 20 年來的成果，他的 90 Minute IPA 是所有釀造啤酒的翹楚之一，是款帶有松樹香氣啤酒花及果香味道的啤酒。

周邊景點

Edward H McCabe 自然保護區

從米爾頓鎮沿著 Broadkill 河划獨木舟，用手持望遠鏡觀察過境的禽鳥，牠們就聚集在保護區中的原生樹林。

www.nature.org

米爾頓農夫市集

農夫市集是觀察地方脈動的好地方，在米爾頓你可以發現從牡蠣到蘑菇以及美味義式冰淇淋等琳琅滿目的產品。

www.miltondefarmersmarket.org

BIG SKY釀酒公司

5417 Trumpeter Way, Missoula, Montana;
www.bigskybrew.com; +1 406 549 2777

◆ 導覽 ◆ 外帶 ◆ 酒吧

米蘇拉地處美國西部群山綿延、歷史悠久的市中心大學城，被森林、平原及洛磯山脈包圍，是美國前緣地帶。1995 年，Neal Leathers、Bjorn Nabozney 及 Brad Robinson 創辦了 Big Sky 釀酒公司，並製造出第一桶啤酒 Whistle Pig 紅色艾爾，如今搬到米蘇拉機場附近交通便利之處。最著名的是具有麥芽香氣的 Moose Drool 咖啡色艾爾，酒廠的酒館會供應四杯免費試喝啤酒，外加可一窺內部釀酒設備的機會。千萬不要錯過在啤酒業設立新釀造里程碑的 Ivan the Terrible 啤酒，這是一款酒精濃度 10%，由英國啤酒花及美國麥芽所釀，並在波本（bourbon）紅酒桶中發酵四個月之久的俄羅斯頂級斯陶特。

周邊景點

空降消防員遊客中心

（Smokejumper Visitor Center）

全美最大的空降消防員基地，整個夏天跳傘進到野地打火的英雄，他們的基地就在這裡。你可以免費參加導覽，並了解他們英勇的事蹟。

Draught Works 酒吧

可順道拜訪這家位在市中心、販售自釀啤酒的酒吧來上一兩杯，室內戶外都有許多座位、很棒的啤酒以及溫暖充滿活力的氛圍，是必訪的城市酒吧。

www.draughtworksbrewery.com

SURLY釀酒公司

520 Malcolm Ave SE, Minneapolis, Minnesota;
www.surlybrewing.com, +1 763 999 4040

◆ 餐點 ◆ 導覽 ◆ 交通便利
◆ 家庭聚餐 ◆ 酒吧

位於火車工廠及鐵製儲糧塔旁，Surly 啤酒廠時髦而工業化的巨大建築令人目瞪口呆。在具備 300 席座位的啤酒廳後面，擺放許多長形可共飲啤酒的餐桌，推開玻璃門，外頭則是一大片露臺，昂貴的火爐則分布在露臺上。這裡有一大片的翠綠草坪可供寵物及孩童嬉鬧玩耍，每週還會舉辦飛盤高爾夫聯賽。占地廣大的建築一半位在明尼亞波利斯（Minneapolis），另一半則位於雙子城市聖保羅（St Paul），但人多的時候依然是一位難求。啤酒廠於 2005 年創立，2014 年擴張到現今規模。據説公司的名字來自於「沒辦法找到好啤酒的憤怒」所引發的靈感（英文 surly 有憤怒、心情不好之意）。Surly 釀酒廠的啤酒總是味道濃烈、帶有嗆鼻的啤酒花香氣，供應的啤酒種類超過二十種，包括一款比利時風味的季節啤酒 CynicAle，以及一款走西岸風格的印度淡色艾爾啤酒 Todd The Axe Man——以當地金屬樂團吉他手身兼首席釀酒師的名字來命名。Surly 釀酒廠也在美國啤酒歷史上佔有一席之地，他們促使明尼蘇達州改變法律，所以釀酒廠也可以設置酒館，這條法律就稱之為「Surly 法案」。千萬不要錯過嚐嚐這裡的 Furious 啤酒，這是一款混合美式印度淡色艾爾以及英式 ESB 啤酒的招牌。

周邊景點

魏斯曼美術館（Weisman Art Museum）

這棟線條利索的銀色建築由美國建築師 Frank Gehry 所設計，收藏琳瑯滿目的 20 世紀美國藝術品、陶器和韓國家具。
www.wam.umn.edu

石拱橋（Stone Arch Bridge）

這座古色古香的橋梁橫跨密西西比河，為遊客提供絕佳的美景，也是健行或自行車路線的一部分，會經過許多小瀑布、磨坊遺跡和公園。*www.stonearchbridge.com*

Guthrie 劇院

在明尼亞波利斯最棒的劇院觀賞一齣戲劇，或只是走進這棟藍綠色建築欣賞設計，尤其是懸臂橋。*www.guthrietheater.org*

Glam Doll 甜甜圈

來這家走龐克風格的粉紅色店鋪，一嚐鎮上最受歡迎且獨特的甜甜圈，可試試鹹味焦糖 Kudos 和巧克力 Calendar Girl 口味。
www.glamdolldonuts.com

GUM-
BALL-
HEAD
WHEAT BEER
FLOYDS

3 FLOYDS釀酒公司

9750 Indiana Parkway, Munster, Indiana;

www.3floyds.com, +1 219 922 4425

◆餐點 ◆酒吧 ◆導覽 ◆外帶

當我們抵達這座位在人跡罕至的工業區水塔下、單調灰色的啤酒廠時，實在很難想像世界上最熱門之一的啤酒竟出自這裡。

如同啤酒廠的座右銘，這裡「非比尋常」。重金屬的刺耳音樂、霓虹燈色調、牆上掛著奇幻桌遊「龍與地下城（Dungeons & Dragons）」風革的藝術品。這裡沒有鄉村穀倉會用的木製餐桌或是啤酒瓶製的溫馨水晶燈。相反的，到處充斥著蓄鬍、身材魁梧、手臂布滿刺青的人，還有帶有濃厚啤酒花香氣的酒。

因為釀造過程使用許多奇特的啤酒花，3 Floyds 釀酒廠已蔚為風潮。啤酒狂熱者會不辭千里只為了喝上一杯他們所釀帶有花香的淡色艾爾啤酒 Zombie Dust，或是一款帶有柑橘風味的小麥艾爾啤酒 Gumballhead。Nick 和 Simon 兄弟檔以及他們的父親 Mike Floyd 在 1996 年創立了這家釀酒廠，為了能夠每年都生產 10 萬桶啤酒，以及蒸餾包括 Dark Lord 威士忌在內的烈酒，他們止在擴建廠房。

3 Floyds 釀酒廠最重要的節日是四月最後一個週六的 Dark Lord Day。你可以試著將啤酒朝聖之旅安排在這一個為了慶祝販售 Dark Lord 啤酒所舉辦的狂歡啤酒節日，這是一款由咖啡、墨西哥香草以及印度糖所釀製的俄羅斯頂級斯陶特啤酒，一年只在這一天販售，而且幾分鐘之內便售罄。

周邊景點

18 Street 啤酒廠

這是另一家工業化、到處充滿塗鴉的釀酒廠，位於 3 Floyds 釀酒廠北方 11 公里處，是啤酒愛好者最愛拜訪的地點之一。非常推薦他們自製的煙燻香腸及雙倍印度淡色艾爾。*www.18thstreetbrewery.com*

聖衣會聖堂（Carmelite Shrines）

二戰期間被迫離開的波蘭修道士在芒斯特（Munster）的聖衣會修道院建了許多螢光色的海綿岩石聖堂。4 月到 10 月每週日對外開放，其他時間需事先預約。

www.nature.orgwww.stonearchbridge.com

Pullman 國家紀念館

來到這裡可一窺鐵路資本家 George Pullman 失落的烏托邦。工業區的設計及建築參觀起來十分有趣，導覽行程也包括許多歷史景點。*www.nps.gov/pull*

Burnham 草原自然保護區

占地 32 萬平方公尺的自然保護區有許多短程步道，是健行及觀賞鳥類的理想去處，有蒼鷺、白鷺鶯及刺嘴鷹。

LAGUNITAS釀酒公司

1280 North McDowell Blvd, Petaluma, California;
www.lagunitas.com; +1 707 778 8776

◆ 餐點 ◆ 導覽 ◆ 外帶
◆ 家庭聚餐 ◆ 酒吧

你很難想像在這樣美化過的郊區停車場裡能找到世界一流的酒館，但是 Lagunitas 啤酒廠卻顛覆了你的想像。草創於 1993 年，這座啤酒廠現已成為釀酒巨擘。儘管如此，他們仍試圖完整維持其慷慨及有趣的精神。在活力十足的佩塔盧馬（Petaluma）酒館裡，友善的員工會提供富有啤酒花香氣的啤酒和美食，這些牛肉及羊肉全來自隔壁釀酒廠自己的農場「Lagu-meat-as」。在可以帶狗進入的啤酒花園裡，正當許多訪客及狗兒正沐浴於陽光下時，樂團也正在演奏。酒館週一及週二不營業，為的是將空間讓給當地的非營利組織，但是釀酒廠的導覽行程還是天天進行。如果可能的話，你可以在週間安排參加導覽，並駐足停留於酒廠最原始的酒館，這是一處倉促擺設但很有情調的閣樓空間，時鐘則永遠設定在 4:20。在參觀完酒廠設備後，巨大的喇叭會在大麥麥芽啤酒缸旁播放出吵雜的搖滾樂，你可以回頭來到主要的景點——吧台。這裡有數十種啤酒可供選擇，足以滿足每張嗷嗷待哺的嘴。Lagunitas 啤酒廠是第一家將印度淡色艾爾啤酒做為招牌啤酒款的微型釀酒廠，而濃厚啤酒花香氣的混和啤酒仍是啤酒迷的最愛，也是開喝的絕佳選項。

周邊景點

Marin 法式起司公司

造訪這座可愛的起司店，體驗一下佩塔盧馬的農業氛圍。這裡不走實驗風格，只販售一些常見的濃郁布里（Brie）起司、卡蒙貝爾（Camembert）起司以及適合早餐的小點。

marinfrenchcheese.com

佩塔盧馬歷史城中心

1906 年的地震摧毀了鄰鎮許多歷史建築，但佩塔盧馬卻倖免於難，使這座購物區成為維多利亞建築的獨特範例。

Helen Putnam 州立公園

穿過州立公園綠色山丘的簡易步道，就是可以解解酒氣、消化漢堡的好地方。就像 Lagunitas 啤酒廠一樣，這裡也很適合遛狗。

parks.sonomacounty.ca.gov

中央市場

市場內走鄉村風格的高檔餐廳，供應的菜餚都標榜來自餐廳老闆的農場直送，所有的菜餚也都自製。*www.centralmarketpetaluma.com*

ALLAGASH釀酒公司

50 Industrial Way, Portland, Maine;
www.allagash.com; +1 207 878 5385

◆ 導覽　◆ 外帶

有多少釀酒廠擁有自產的酒香酵母（Brettanomyces yeast）？專門釀造比利時風格啤酒，常常使用野生酵母的 Allagash 釀酒廠便擁有這樣的酵母。緬因州波特蘭（Portland, Maine）的啤酒廠和西岸啤酒廠的區別就在於，波特蘭城中最美味的啤酒只有在此才找得到。為了能喝到這種美味的啤酒，我們值得來一趟美國東北海岸的旅程，特別是當試喝的啤酒選項包括美味、一生只能嚐一次的啤酒，比如說經過冷泡、在橡木桶裡發酵陳釀的 Golden Brett 艾爾啤酒。波特蘭也有全美人口平均最多數量的手工精釀啤酒廠，這打敗了奧勒岡州的艾許維爾及波特蘭城。在這些精釀啤酒廠中，最赫赫有名的就是 Allagash 釀酒廠。這家釀酒廠長期在釀造酸啤酒及比利時風格啤酒上引領風潮。在波特蘭北部郊區，釀酒廠內部無趣的工業部門裡，有著一個存放野生酵母的酒桶室，裡頭存放著各式各樣不同種類的啤酒。有一些啤酒是用當地水果，像是覆盆莓及櫻桃來調味。但是這裡卻沒有像神祕的修道院一般有所謂的祕密釀酒配方，一個禮拜七天，天天都有免費導覽行程（請先上網預約），包括四種啤酒的試喝。你可以在商店中買（但是不是喝）更多的啤酒，這些啤酒都很有趣，但是你可以特別找找這款味道獨特的 Cuvee d'Industrial 啤酒——一款放置於法式及美式橡木桶中陳釀發酵釀造出來的啤酒。

周邊景點

Novare Res 啤酒咖啡廳

你可以在波特蘭老港區（Old Port District）最令人推崇的酒吧裡品嚐一些「發酵飲料」。三十多種的飲料選擇，讓你永遠都有有趣的選項可嚐試。*www.novareresbiercafe.com*

腳踏車啤酒廠之旅

做為全美最適合騎腳踏車的城市之一，Summer Feet Cycling 公司提供了騎腳踏車遊波特蘭釀酒廠及蒸餾廠的行程，其中也包括歷史解說及試喝活動。*www.summerfeet.net*

波特蘭燈塔（Portland Head Lighthouse）

這座位在港口、緬因州最古老的燈塔，不但包含了內戰歷史展和一座導航博物館，也是活力旺盛的地點。*www.portlandheadlight.com*

卡斯科灣（Casco Bay）

在卡斯科灣松林覆蓋的島嶼上，有許多店家提供海上划獨木舟的行程（視天氣情況），是了解當地海洋文化以及發現龍蝦的好機會。

BISSELL BROTHERS釀酒公司

4 Thompsons Point, Portland, Maine;
www.bissellbrothers.com; +1 207 808 8258

◆ 酒吧 ◆ 外帶 ◆ 交通便利

Bissell Brothers 啤酒廠位在 Thompsons Point 的新址，可以容納一個廣大又寬敞、裝飾有街頭藝術壁畫及木梁的酒吧（酒吧有一個夾層樓板，可以俯視整個啤酒廠），還有可以停放食物餐車的戶外區域及空間。這家釀酒廠位在距波特蘭市中心大約 4.8 公里的地方，如果騎腳踏車前往，你可以利用 Fore River Parkway 林間小道。啤酒廠選擇在此設址，鞏固了緬因州成為參觀啤酒廠必訪地點的名聲。

首席釀酒師 Noah Bissell 似乎明白，專精少數幾款釀造啤酒，比起樣樣通、樣樣鬆要來得好。因此，Bissell Brothers 釀酒廠的啤酒供應種類非常的少，但是卻很精良。最熱門的、帶有濃厚啤酒花香氣的印度淡色艾爾啤酒 The Substance，是當地啤酒業的支柱。The Reciprocal 則是一款顏色混濁、帶有美國東北部特色的另類印度淡色艾爾啤酒，這款啤酒嚐起來很乾澀，由於採用來自南半球的啤酒花，因此帶有濃郁的熱帶水果香氣，像是鳳梨、芒果以及葡萄柚。The Swish 則是一款只在 10 月到 4 月供應，總是讓很多人引頸期盼的雙倍印度淡色艾爾啤酒。這些啤酒都很棒，更重要的是，你很難在緬因州以外的地方找到它們。

周邊景點

國際神祕動物學博物館

（International Cryptozoology Museum）

你對尼斯湖水怪、大腳怪以及其他難以描繪的生物感興趣嗎？那麼這座位在 Thompsons Point 的博物館很適合你參觀，你將學到全世界獨一無二尼斯湖水怪的知識。

藝術區

新開的餐廳、美術館、博物館（包括最棒的波特蘭藝術博物館）為波特蘭市中心的藝術區帶來不少活力。這裡的社區也不斷在成長，很有朝氣。

LL Bean 購物中心

凌晨三點想要找雙新穎又保暖的鞋子？你可以前往從波特蘭北部開車 20 分鐘的自由港（Freeport）LL Bean 暢貨旗艦店，這裡 24 小時營業。*www.llbean.com*

OTTO 披薩店

喝完啤酒後想來片美味脆皮的披薩？位在波特蘭市中心的 OTTO 披薩店有許多分店，供應許多美味又具原創精神的披薩。
www.ottoportland.com

BREAKSIDE釀酒廠

820 NE Dekum St, Portland, Oregon;

www.breakside.com; +1 503 719 6475

◆ 餐點 ◆ 酒吧 ◆ 交通便利

◆ 家庭聚餐 ◆ 外帶

Breakside 釀酒廠的首席釀酒師 Ben Edmunds 從來不畏懼在啤酒釀造上實驗創新，他曾將新鮮的乾燥啤酒花冷凍，釀出令人驚豔的鮮啤酒花艾爾啤酒，也曾和主廚合作、加入黑胡椒及番茄等食材釀出只產一次的限定款啤酒，還嘗試透過啤酒來仿造冰淇淋的口感。

他也釀造出一些奧勒岡州（Oregon）最多汁、最均衡的印度淡色艾爾啤酒，包括 Breakside 以及 Wanderlust。在 Dekum 酒吧可以嚐嚐他新發明的啤酒，這裡狹小但走道有一張可供用的木製野餐桌，也適合騎完腳踏車來或方便家庭攜帶外食及塗鴉的場所。千萬不要錯過一款味道很像鹽漬焦糖甜點的斯陶特啤酒。

周邊景點

Bushwacker 蘋果酒

位在 Breakside 的對街，是蘋果酒愛好者朝聖之處，有兩百種罐裝及十二種桶裝蘋果酒。可以點一杯蘋果酒，再玩一輪撞球。

www.bushwhackercider.com

Tamale Boy

熟練地用玉米殼或是香蕉葉包裹著，這是奧勒岡州波特蘭版的美味主食墨西哥粽（tamales），千萬不要錯過在戶外的火爐旁享用這道美食。*www.tamaleboy.com*

COMMONS釀酒廠

630 SE Belmont St, Portland, Oregon;

www.commonsbrewery.com; +1 503-343-5501

◆ 餐點 ◆ 外帶 ◆ 酒吧 ◆ 交通便利

這裡是波特蘭最棒的釀酒廠之一，試飲室的十三款啤酒會讓你忍不住想再續杯。即使大部分都是由歐洲酵母釀造的低酒精艾爾（抱歉，這裡並沒有印度淡色艾爾啤酒），如果只來一次還是沒有辦法全喝完所有種類，但是你卻會想這麼做。試飲室流淌著一股精密分工的氛圍，有外露的磚牆、挑高的天花板還有起司商 Steve Jones 幫忙處理、適合用來搭配啤酒的乳酪，饕客不會空手而回。因為離市中心只隔一條河，人很多、很擁擠，特別是週末。但為了一嚐有名的 Urban Farmhouse Ale 還是值得一訪，這是一款帶有花草氣息，尾韻相當順口的啤酒。

周邊景點

Nong's Khao Man Gai

這家餐廳由食物餐車起家，現在已經變成一家泰式雞肉飯的名店，這正是你所需要的。

www.khaomangai.com

Eastbank Esplanade 行人步道區

漫步在將波特蘭市劃分為東西兩邊的 Willamette 河，這裡提供遊客可一覽城市波光粼粼美景的機會，夜幕低垂時景色最美。

ECLIPTIC釀酒廠

825 North Cook St, Portland, Oregon;

www.eclipticbrewing.com; +1 503 265 8002

◆ 餐點　◆ 導覽　◆ 外帶

◆ 家庭聚餐　◆ 酒吧　◆ 交通便利

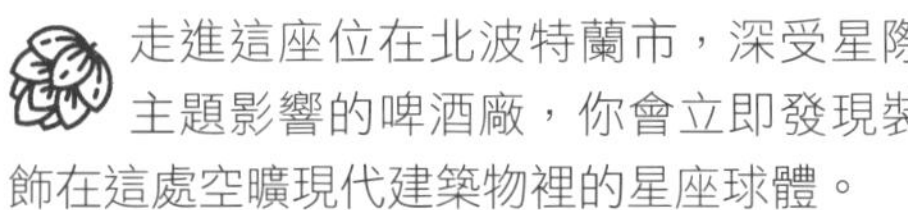

走進這座位在北波特蘭市，深受星際主題影響的啤酒廠，你會立即發現裝飾在這處空曠現代建築物裡的星座球體。

奧勒岡州的傳奇釀酒師 John Harris（他在 63 頁提過的 Deschutes 釀酒廠起家，也為 McMenamins 和 Full Sail 酒廠釀過啤酒）是這家釀酒廠的老闆兼釀酒師，他特別喜歡天文學。你可以來幾杯（或是盛在螺旋狀試喝托盤上）以星際來命名的啤酒，這其實通常就相當於點了一份列有斯陶特啤酒、過桶陳釀酸啤以及不可或缺的印度淡色艾爾啤酒的酒單。在氣候寒冷的月份，你可以試試濃郁帶有巧克力風味的 Capella Porter，或是在陽光和煦的日子，來一款帶有柑橘味道爽口的 Zenith Grapefruit Gose 啤酒。

從戶外的露臺，你可以看到以西岸閃爍燈光為背景，在 Fremont 拱橋上呼嘯而過的車輛。在這座釀酒廠，你將發現你身處在背景多元的人群裡，這些人有的是趕往觀賞波特蘭開拓者（Portland Trailblazer）籃球賽的球迷，有的是沉浸在酒館特價歡樂時刻的同事，或者用餐區中提早來用餐的家庭。千萬不要錯過過桶陳釀的 Orange Giant Barleywine 啤酒，這是一款在潮濕又黑暗的波特蘭冬天，可以有效暖胃的啤酒。

周邊景點

Por Que No 餐廳

這家餐廳可以嚐到令人垂涎三尺的墨西哥豬肉玉米捲（carnitas tacos）、光滑細緻的西班牙杏仁露（horchata）、令人驚豔的瑪格麗特雞尾酒以及濃稠的墨西哥酪梨醬（guacamole）。Bryan's Bowl 套餐會將上述餐點完美融合在一起。*www. porquenotacos.com*

腳踏車城

波特蘭市從 2015 年開始推動腳踏車共騎，這些亮橘色腳踏車是探索這座城市的最佳方式。記得要自備安全帽。

www. biketownpdx.com

Widmer Brothers 釀酒廠

波特蘭市其中一家創始精釀啤酒廠就位在山丘下，可試試最有名的美式小麥酵母啤酒（Hefeweizen），這是一款就在對街現釀的啤酒，再新鮮也不過了。*www.widmerbrothers.com*

Loyly

可以在這處充滿北歐風情的的漂亮公共桑拿及蒸氣室裡放鬆歇息，如果想體驗更多，你還可以試試瑞典按摩的水療。*www.loyly.net*

89

BALLAST POINT品酒室及廚房

2215 India Street, San Diego, California;
www.ballastpoint.com; +1 619 255 7213

◆ 餐點 ◆ 導覽 ◆ 外帶
◆ 家庭聚餐 ◆ 酒吧 ◆ 交通便利

位在聖地牙哥（San Diego）北部的小義大利區長期聚集許多饕客，但這裡不是只有義大利美食和披薩。雖然2016年創辦人Jack White（不是搖滾歌手）賣掉並離開了公司另創蒸餾廠，但是Ballast Point釀酒廠還是慶祝成立20周年。由於地利之便（位於市中心），Ballast Point釀酒廠成為聖地牙哥最受歡迎的闔家光臨暢飲啤酒之處。提供品嚐的啤酒種類繁多，菜單包括漢堡、墨西哥煎玉米餅（tacos）及許多下酒點心。經典啤酒是帶有芒果及水蜜桃果香的美味印度淡色艾爾Sculpin，據稱是全美最棒的啤酒。「sculpin」其實是一種帶有硬刺的魚類，請小心7%的酒精含量。

周邊景點

農夫市集

週六早晨到聖地牙哥小義大利區的農夫市集，享用手工食物及當地的農產品（North Park的市集則是週四下午營業）。
www.sdweeklymarkets.com

中途島號航空母艦博物館
（USS Midway Museum）

絕對不能錯過這架停靠在市中心的巨大航空母艦，現在是座博物館，艦上停有許多飛機。這裡是來到聖地牙哥這座海軍城的首選拜訪之地。*www.biketownpdx.com*

MODERN TIMES釀酒廠

3000 Upas St, San Diego, California;
www.moderntimesbeer.com; +1 619 269 5222

◆ 家庭聚餐 ◆ 外帶
◆ 酒吧 ◆ 交通便利

Modern Times 釀酒廠也許最近才剛加入聖地牙哥令人稱羨的啤酒業，但是已經在開業第一年便從 RateBeer 啤酒評比賽中獲得「最佳啤酒廠」的殊榮。創辦人 Jacob McKean 自稱其使命便是經營一家全世界最棒的啤酒廠之一，他從 Stone 啤酒廠（見下頁）開始他的啤酒事業，一直被視為是行動派。雖然 McKean 是一名積極又熱情的自釀啤酒師，但是他卻不涉入 Modern Times 釀酒廠的釀造過程，而把釀造啤酒交給專業人士——包括啤酒大師，有瘋狂釀造師之稱的 Michael Tonsmeire（你可以查看關於他如何使用祕訣來自釀啤酒的部落格文章）。他們已經研發出許多備受尊崇、耗時四年釀造的啤酒，加上隨著季節不段推陳出新的啤酒種類，比如說適合夏天飲用的淡色艾爾啤酒，以及秋日的黑麥印度淡色艾爾啤酒。

Modern Times 釀酒廠的原始酒吧 Point Loma Fermentorium，內部裝潢走的是爵士風，但是卻位在城鎮的偏僻之處。最近新開張的品酒室 Flavordome 則位在時髦的 North Park，相比之下，這裡附近周圍比較熱鬧。你問有什麼一定要試喝的啤酒款式？可以試試 The Black House 燕麥咖啡斯陶特啤酒，這款啤酒是由 Modern Times 釀酒廠自己烘焙的咖啡豆所釀造而成。如果你想在家試著釀造，一磅的咖啡便足以釀造出 46 加侖的啤酒。

周邊景點

聖地牙哥動物園

這座動物園被視為是全世界最好的動物園。但是它首創的戶外、無圍欄場地，還是無法避免發生 2014 年 Mundu 無尾熊逃跑的事件。*zoo.sandiegozoo.org*

聖地牙哥自然歷史博物館

位於巴爾波亞公園（Balboa Park）的這座超棒博物館，可以在此學到當地生態系統及南加州野生動物的知識，也有露營、健行以及賞鯨的行程。*www.sdnhm.org*

North Park 啤酒公司

為數可觀的手工藝品搭配自釀啤酒，包括紅艾爾、淡色艾爾以及斯陶特啤酒。Mastiff 香腸公司則為此地供應了以豬肉為主的食物料理。*www.northparkbeerco.com*

聖地牙哥自行車館（Velodrome）

對啤酒感興趣嗎？那你或許也剛好喜歡騎腳踏車。可以查看在美國西南部三座自行車館其中之一——巴爾波亞公園舉行的自行車比賽。*www.sdvelodrome.com*

STONE釀酒廠

1999 Citracado Parkway, Escondido, San Diego, California; www.stonebrewing.com; +1 760 294-7899

◆ 餐點　◆ 酒吧　◆ 交通便利
◆ 導覽　◆ 外帶

Stone 釀酒廠的故事始於 1990 年代初兩位自釀釀酒師 Greg Koch 和 Steve Wagner，1996 年這對朋友創立了他們的第一座精釀啤酒廠，並且是現在大受歡迎、較大瓶裝、啤酒花香氣濃厚的印度淡色艾爾風格啤酒的推手。Greg Koch 表示：「這完全是出自於熱情。」然而要銷售這些啤酒卻不容易，但是堅持終究有了代價。Stone 釀酒廠是美國第十大精釀啤酒製造商，也是釀造出經典西岸印度淡色艾爾的先驅之一。Stone 釀酒廠王國旗下還包括 World Bistro&Gardens 酒吧（他們的菜餚比啤酒還有名）、一間在德國柏林的酒吧分店（見 171 頁），以及 2018 年在加州埃斯孔迪多（Escondido）開幕、有 99 個房間的 Stone 精品旅館，客房服務還包括遞送用 growler 外帶啤酒瓶裝的啤酒。

Greg Koch 形容 Stone 釀酒廠，就像是個時時不斷革新且、具有深遠影響力的樂團，樂團的暢銷曲包括帶有極受歡迎啤酒花香氣的 Ruination Double IPA。Greg Koch 表示：「我們一直在挑戰極限，開發啤酒花苦澀中所帶有的美味香氣。」Stone 釀酒廠也會使用一些當地食材，像是 Dogfish Head、Victory、Stone Saison du BUFF 啤酒中的西芹、鼠尾草、迷迭香以及百里香。最近，有名的 Arrogant Bastard Ale 啤酒巡迴上市，並向全世界的小型精釀啤酒廠（如 247 頁的 Bootleg 釀酒廠）分享他們釀造此酒的方法。

周邊景點

加州藝術中心（California Center for the Arts）

這座位在埃斯孔迪多的音樂廳、劇院及博物館舉辦了許多有趣的活動，包括定期的即興爵士演奏以及亡靈節（Day of the Dead Festival）。*www.artcenter.org*

Cruisin' Grand

4 月到 9 月的溫暖週五夜晚，埃斯孔迪多的壯麗大道（Grand Avenue）總會擠滿了 1970 年代以前的汽車，從改裝高速汽車到經典老爺車都有。*www.cruisingrand.com*

Encinitas 衝浪小鎮

距離埃斯孔迪多 32 公里的迷人小鎮 Encinitas，是加州典型的衝浪小鎮，家家戶戶的車庫都有衝浪板。著名海浪包括 Cardiff Reef、Swamis 和 D Street，但沿岸各地都有精采浪頭。

加州樂高樂園（Legoland California）

這座 30 公里外、位於 Carlsbad 加州樂高主題樂園，一定很適合喜歡用小積木堆疊出酷炫東西的家庭或成人。*www.legoland.com*

RUSSIAN RIVER
BREWING COMPANY
Elder

93

俄羅斯河釀酒公司（RUSSIAN RIVER BREWING COMPANY）

725 4th St, Santa Rosa, California;

www.russianriverbrewing.com; +1 707 545 2337

◆ 餐點 ◆ 酒吧 ◆ 交通便利

◆ 家庭聚餐 ◆ 外帶

在加州索諾瑪（Sonoma），啤酒和葡萄酒在釀造的世界裡和諧並存，俄羅斯河釀酒廠尤其能明顯地體現這句話。這家酒廠是由氣泡酒製造商 Korbel 創立，釀酒大師 Vinnie Cilurzo 及其妻子 Natalie 則在 2003 年買下來，並釀出許多令人印象深刻的斯陶特啤酒、受到比利時影響的艾爾啤酒、過桶陳釀酸啤，以及印度淡色艾爾啤酒。

迷人的聖塔羅莎（Santa Rosa）市中心喧鬧酒吧裡都有供應這些啤酒，另外還有披薩、三明治以及其他啤酒選項。雖然菜單適合葷食與素食者，但是我們誠實點，來這裡是為了喝啤酒的。不知道該喝什麼的酒客，可以在這裡放鬆並好好地享受許多不同種類的啤酒。這裡號稱有 18 種生啤酒，其中最令人聞風喪膽的是一款三倍印度淡色艾爾啤酒 Pliny the Younger，每年二月當這款酒推出時，總掀起一股空前的熱潮。為了一嚐味道，排隊的人龍總會擠滿了整個區。雖然 Pliny the Younger 只限期發行，但是招牌款雙倍印度淡色艾爾啤酒卻一整年都喝得到，Pliny the Elder 是一款帶有柑橘及松木香氣以及一股清新尾韻的啤酒，以古羅馬哲學家來命名，其所含的香氣和味道，絕對可以解釋為什麼這款啤酒總有一群細心體貼的追隨者。一定要喝喝看你喜不喜歡！

周邊景點

Kunde 家族酒莊

準備外出野餐的話可以拜訪這家酒莊，在占地 7.4 平方公里的土地上參加 4 個小時的「健行兼品酒」導覽行程。*www.kunde.com*

史努比博物館（Charles M Schulz Museum）

在這座可愛的博物館可以看到史努比、查理布朗以及漫畫中的一幫人，這裡是全世界收藏原稿漫畫《Peanuts》最豐富的地方。*schulzmuseum.org*

Luther Burbank Home & Gardens

若想以漫步的方式體驗大自然，可以來這座令人驚豔的 Luther Burbank 花園。Luther Burbank 是一名創造出 800 多種新植物品種的著名園藝家。*www. lutherburbank.org*

Spinster Sisters 餐廳

這家典雅的餐廳供應來自當地的新鮮食材，牆上裝飾著當地藝術家的作品。可以借書的圖書館則是這裡的特色。

thespinstersisters.com

PIKE酒吧 & 釀酒廠

1415 1st Ave, Seattle, Washington;
www.pikebrewing.com; +1 206 622 6044

◆ 餐點 ◆ 導覽 ◆ 外帶
◆ 家庭聚餐 ◆ 酒吧 ◆ 交通便利

身為北美精釀啤酒廠革新的先鋒部隊，家族經營的 Pike 酒吧及釀酒廠在 1980 年代末的派克市場（Pike Place Market）開幕營業。那時，頭頂及兩側短、後面長的狼尾髮型（mullet）相當流行，酒客喜歡的下酒菜是香菸，而不是中間夾著幾片有機生菜、不含麩質的漢堡。為了體現市場簡單但又不斷貫徹「和製造商面對面」的宗旨理念，Pike 啤酒廠不但提供了免費的導覽行程，自開幕後也不斷在口味上推陳出新。其手工釀製的啤酒混合了來自供應商 Yakima Valley 的啤酒花，那是一處多角化經營的空間，結合啤酒釀造設備的販售、牆上懸掛著一輛奇特的腳踏車，以及一座講述 9000 年來啤酒歷史的獨特博物館，這座博物館也呈現出精釀啤酒在國際蔚為風潮的現象。為了展現日趨精良的手工釀造技術，Pike 啤酒廠的專業酒保也表現得像是經驗老道的酒類學家，當他們正幫你找出經典啤酒款式適合的酒吧美食時，也會帶你仔細品味啤酒。如果想從預設的淡色艾爾中選一款啤酒來嚐嚐，可試試 Pike's XXXXX 斯陶特，這是一款口感濃厚像健力士黑啤（Guinness），帶有誘人黑巧克力香的啤酒，不但能抵銷西雅圖綿綿細雨所帶來的潺氣，和當地普吉特海灣（Puget Sound）的生蠔也很搭。

周邊景點

派克市場

西雅圖繁忙的市集就座落在 Pike 啤酒廠門外，魚販、街頭藝人、賣花、製作手工起司的小販及擁擠的人群天天都絡繹不絕。

www.pikeplacemarket.org

口香糖牆（Gum Wall）

西雅圖最噁心但也最吸引人的景點，是一個時時刻刻都在變化的公共藝術展覽，邀請所有嚼口香糖的人一起用嚼過的口香糖裝飾這面牆。

西雅圖美術館

這座被低估的西雅圖美術館有三個展館，市中心的總館以展出抽象原始美國及西北太平洋藝術作品為主。*www.seattleartmuseum.org*

西雅圖摩天輪（Seattle Great Wheel）

觀賞西雅圖海濱、島嶼和山巒美景的絕佳地點，選個空艙來趟摩天輪之旅吧！

www.seattlegreatwheel.com

POPULUXE釀酒廠

826b NW 49th St, Seattle, Washington;
www.populuxebrewing.com; +1 206 706 3400

◆ 餐點 ◆ 酒吧 ◆ 交通便利
◆ 家庭聚餐 ◆ 外帶

精釀啤酒廠還是太大？西雅圖啤酒文化的最新潮流是仿效創新咖啡館，把啤酒廠也縮小。極小型釀酒廠的運動是由啤酒愛好者及週末活動參與者發起，滿腔熱血只想釀出高品質，強調趣味及創意而非獲利的小桶啤酒。其中受此風潮啟發最大的，便是位在西雅圖 Ballard 區的 Populuxe 迷你釀酒廠，有許多專業的追隨者。進到這個限定時刻、只供應十來種啤酒但隨時更新的酒吧，會覺得好像闖入下班後的酒吧派對。這裡幾乎人人認識彼此。拉把凳子在停在外頭的當地食物餐車前排隊，如果天氣允許，還可以玩一把戶外沙包遊戲（cornhole）。

周邊景點

北歐傳統博物館（Nordic Heritage Museum）

儘管酒吧林立，西雅圖 Ballard 區並非靠啤酒起家，而是靠一群辛勤工作的北歐移民。這座博物館便是講述他們初到美國的故事。*www.nordicmuseum.org*

Hiram M Chittenden 水閘門

陽光和煦的傍晚可以在 Carl English Jr 植物園綠草如茵的河邊，觀看禽鳥、漁船、電動遊艇、獨木舟以及在水閘門逆流而上的鮭魚群，真是人生一大享受。

COPPERTAIL釀酒廠

2601 East 2nd Ave, Tampa, Florida;
www.coppertailbrewing.com; 1 813 247 1500

◆ 餐點 ◆ 導覽 ◆ 外帶
◆ 家庭聚餐 ◆ 酒吧 ◆ 交通便利

酒廠名稱 Coppertail 是住在坦帕（Tampa）的一種海怪，2013 年由創辦人五歲女兒所發想，並啟發了印在酒瓶及酒吧牆上的圖案。設立宗旨是替佛羅里達州的生活方式製造出一款香氣四溢的啤酒，試著想像用柑橘汁解渴，再配上海鮮、香料及烤肉。你也許會發現帶有柑橘香味的美式小麥艾爾啤酒 Wheat Stroke 或是 Dark Swim，一款讓你彷彿沉醉在溫暖墨西哥灣海水般的斯陶特啤酒。這裡喜歡用舊歐洲大陸的釀造技術——加入天然碳酸、整顆啤酒花而且不過濾。空間寬廣的 Ybor City 酒吧是人群聚集地，可試試帶有柑橘風味及松木香氣的 Free Dive 印度淡色艾爾。

周邊景點

站立式槳板

這是一種具有禪意、滑行穿越坦帕港的方式，可以感受如泡澡般溫暖的海水穿過趾間，也許還能一窺魟魚及海豚的蹤跡。

www.urbankai.com

釀酒巴士

報名參加三到四間當地釀酒廠的導覽行程，或是選擇搭乘每週日行駛在 Ybor City 及 Seminole Heights 之間隨招即停的當地觀光巴士。*www.brewbususa.com*

當我們設想用來搭配食物的酒精飲料，啤酒通常不是第一選擇。但是除了啤酒配熱狗，其實還有一些意想不到的完美組合。

蘭比克水果啤酒 & 黑巧克力

這款帶有強烈酸味、苦澀的蘭比克（Lambic）水果啤酒（可以選擇櫻桃或是覆盆莓，但避免其他香甜的選項），很對巧克力濃厚的味道，巧克力在舌尖軟化時兩者簡直絕配。如果做成巧克力軟糖，你將擁有一座甜點天堂。

咖哩 & 印度淡色艾爾啤酒

帶有一丁點兒醋味香料的 Vindaloo 咖哩，算是非主流的料理。但以其人之道還治其人之身，開瓶濃烈的美式印度淡色艾爾啤酒（來自加州的 Stone 印度淡色艾爾是個好選擇）搭配，啤酒中鮮活啤酒花的苦澀感和口感香濃豐富的咖哩很相襯。

波特啤酒 & 勃根地紅酒燉牛肉

葡萄酒和啤酒終於在一起了。這道豐厚濃稠的法式燉肉配上帶有微微烘焙麥芽香氣的波特啤酒（何不試試 Sierra Nevada 波特啤酒）簡直絕配，也許是菜餚中帶有一絲酒香和溫暖的啤酒呈現出絕佳組合，這是現代的經典搭配。

天造地設的搭配

MARRIAGES M

庫柏淡色艾爾啤酒 & 澳洲餡餅塔

綠色標籤配綠色湯汁，夥伴關係就這麼形成並且延續。混濁淡黃色澤的庫柏（Coopers）淡色艾爾啤酒味道清淡，很搭澳洲肉派（pie floater）和濃稠豌豆湯。

德式小麥啤酒 & 牙買加香辣雞

香辣雞是熱帶地區的提神品，現在終於找到德式小麥啤酒這位摯友。試試 Schöfferhofer 啤酒你會訝異，啤酒中細緻的香蕉香氣竟然讓香辣雞嚐起來更美味，彷彿身處加勒比海小島。

比利時淡色艾爾啤酒 & 超硬起司

英式超硬巧達起司（cheddar）或是來自法國的陳年康提起司（Comté），很配乾澀、濃烈的比利時淡色艾爾啤酒。督威（Duvel）啤酒便有辦法施展這樣的魔力，豐厚的口感不會搶走起司的風采，尾韻則讓你齒頰留香，真是人間美味。

+

德式深色小麥啤酒＆松露

任何添加松露的食物，像是炒蛋、義大利麵或奢華的漢堡……那股土腥味總需要其他食物來中和一下，但松露的深層口感又需要濃厚的啤酒來做搭配。此時，Weihenstephaner 深色小麥啤酒就成為不可或缺的選擇，溫暖又不失清爽的口感帶有細緻的花香，提升了松露的口感層次。

DE IN HEAVEN

農夫午餐＆英式艾爾啤酒

有些東西就是互搭，組合並不令人驚艷，但就是能完美配合、不搶彼此風采並讓你感到愉悅。要找到一款啤酒搭配農夫午餐（ploughman's lunch， 起司、醃菜、麵包、火腿及洋蔥）是個挑戰，也許可以試試 St Peter 英式艾爾啤酒，將會全然讚嘆這種渾然天成的組合。

椒鹽魷魚＆海錨蒸氣啤酒

裹上麵粉的香酥魷魚配上辣椒、香菜、五香粉、白胡椒及鹽巴，這道越南終極下酒菜可以搭上一杯冰冷的海錨蒸氣啤酒（Anchor Steam）解解油膩，絕對是炎炎夏日一大享受。

健力士啤酒＆原味生蠔

這可能是難以想像的組合，但是厚重的斯陶特啤酒和帶有碘及海水鹹味的生蠔非常相配，會產生不可思議的化學反應，絕對要試試看！

亞洲

AS

東京 TOKYO

日本早已擁抱精釀啤酒，首都到處都是販售全國最棒啤酒的迷你酒吧。旅程中可以參觀一條微型酒吧街，這不全然是為了喝到不同種類的啤酒，而是為了體驗啤酒所帶來的美好時光與氛圍。位在澀谷區的醉漢街（Nonbei Yokocho）會是個獨特的體驗。

胡志明市 HO CHI MINH CITY

每年精釀啤酒節，許多精釀啤酒廠（包括130頁的Pasteur Street釀酒公司，以及新開幕的East West釀酒廠）和迷人的小酒吧帶動了高品質啤酒革命，為胡志明市的啤酒市場重新注入不少活力。來此品嚐啤酒的觀光客也會被美味的點心給寵壞。

北京

中國開始釀造精釀啤酒的腳步並不算慢，主要都集中在首都北京，大躍啤酒廠（見103頁）帶動了這股精釀啤酒的新興風潮。這家酒廠就位於北京別具歷史的胡同裡，象徵著新與舊的融合。

中國

如何用當地語言點啤酒？請給我一杯啤酒。

如何說乾杯？乾杯！

必嚐特色啤酒？淡色拉格啤酒。

當地酒吧下酒菜？碳烤肉串。

貼心提醒：如果一群人一起喝酒，不要自己斟滿酒杯，而是讓你的同伴幫你倒滿，然後你再斟滿其他人的。

就像許多事物一樣，啤酒在中國也有悠久的歷史，有些人甚至認為啤酒的歷史和中國歷史一樣淵遠流長。2016 年，考古學家從山西省出土的陶瓶遺跡中證實，大約 5000 年前，中國人就已開始釀造以大麥為主原料的啤酒。出土的甲骨文顯示，早在大約西元 1600 年前的夏朝，祭祀及喪禮上便已經使用啤酒。中國的現代化釀酒廠則由俄羅斯人、日本人、捷克人及德國人所創立，而之後德國人則在中國建立了最成功的青島啤酒廠。在 1970 年代到 1980 年代，中國向西方列強打開門戶期間，首屈一指、最成功的國際企業便是釀酒廠，這也是中國幾乎每個角落都有許多在地製酒場所的原因。雖然以啤酒風格來說並不多元（幾乎大部分都是 2% ～ 4% 的淡色拉格啤酒），但是在中國的正式宴會上，啤酒卻成為不可或缺的飲料。每個城市及地區都自豪地表示，當地釀造的啤酒是全中國最好的啤酒。

過了一段時間，從西方來到中國的移居者越來越深入風土民情，也渴望喝到不同種類的啤酒，一些啤酒商，像是美國人 Carl Setzer 的大躍啤酒廠便開始自釀啤酒，並和當地對啤酒有熱情的人合作。這股風潮最能在北京感受到，雖然空間並不是很充足，但他們將閒置廢棄的胡同轉換成極小型的奈米釀酒廠及品酒室。隨著中國經濟持續發展，

TOP 5
啤酒推薦

- **閻王四川黑啤：**門神啤酒廠
- **滇琥珀：**大躍啤酒
- **第一仙雙倍印度淡色艾爾：**悠行鮮啤
- **英水帝江淡色艾爾：**高大師精釀啤酒屋
- **香郁銅啤：**拳擊貓

啤酒業也跟著蓬勃，釀酒師開始使用當地原料，甚至業務擴展到生產啤酒花。

可以理解的是，精釀啤酒風潮容易在有許多西方移民的大城市興起，北京、上海、成都及深圳已經是啤酒業的領頭羊，但中國人對不同啤酒的品味只有中產階級擴張時才隨著成長。現在，人們會發現喜愛飲用精釀啤酒的西方人，旁邊也跟著一群年輕並懂得享受的中國人，他們甚至佔據了全國各地許多精釀啤酒吧。

中國的第一款精釀啤酒借鑑德國所留下的釀造遺產，之後精釀啤酒廠所主要是走美式風格，比起深啤及高酒精濃度的種類，帶有水果風味的印度淡色艾爾以及淡色艾爾啤酒更容易銷售。但隨著釀酒業發展，釀酒師也大展身手，結合許多在地材料，像是四川胡椒、當地的蜂蜜、菊花以及茶葉，釀出許多令人感到興奮的啤酒。現在連中國的遙遠省分，像是青康藏高原的青海省及四川省、戈壁沙漠的甘肅省，都可以發現當地人所釀造的小桶啤酒。他們利用新鮮的山泉水、大麥以及枸杞之類的特別果實，釀造出世界上最獨一無二、令人為之振奮的啤酒。

大躍啤酒
GREAT LEAP
BREWING

103

大躍啤酒

北京市東城區地安門外大街豆角胡同 6 號；
www.greatleapbrewing.com；+86 010 5717 1399

◆ 餐點　◆ 交通便利　◆ 酒吧

2010 年由 Carl Setzer 及劉芳夫婦倆所創辦，大躍啤酒是北京第一家成功經營的精釀啤酒廠。「大躍」這個名字來自宋朝的一首詩，詩裡頭説到年輕時應該勇於跨出大步去冒險，如果失敗了，你還可以輕易地再站起來。當這對夫婦決定辭去高薪工作並開啟精釀啤酒事業時（Carl 原本是自釀啤酒師，他所釀製的啤酒在當地很有名），劉芳的祖父堅持將這座啤酒廠取名為「大躍」。

大躍啤酒的創始店——大躍 6 號——位於一座擁有 110 年歷史的四合院，也曾經是清朝的一座圖書館。這處隱密狹窄的北京胡同連停車都很困難，院落裡有座可以一窺北京街區光影的庭院，這麼迷你的酒吧只販售大躍的自釀啤酒（外加他們自製的薑汁啤酒）。最受歡迎的啤酒品項包括一款用鐵觀音烏龍茶所釀製的金色鐵觀音啤酒，以及少帥和啤酒花仙兩款印度淡色艾爾啤酒，這兩款印度淡色艾爾全都用中國本地的原料所釀造，包括來自甘肅省的啤酒花——青島大花。如果喜歡辛辣口味，你可以試試甫子啤酒，是由四川花椒及慕田峪長城下的野生蜂蜜所釀造而成。

周邊景點

紫禁城

全世界最大的古老宮殿，也是北京必訪之地。在清朝及明朝，紫禁城是帝王及隨從的居住場所。*www.dpm.org.cn*

北京鼓樓、鐘樓

這座塔樓始建於 1272 年，當時北京還在被元朝統治。這兩座華麗的鼓樓及鐘樓，是當時北京官方的報時器。

南鑼鼓巷胡同

以前這裡是一處破舊的住宅巷弄，現在這個胡同則充斥著許多咖啡廳、酒吧及商店。你也可走進僻靜的巷弄，探訪傳統的北京生活。

後海湖

你可以在前海、後海及西海划船、騎腳踏車，冬天時還可以滑雪。這三座相連的湖泊，是北京戶外活動的中心場地。

門神啤酒廠

香港九龍觀塘成業街 18 號新怡生工業大廈 2 樓 A 室；www.moonzen.hk；+852 611 305 51

◆ 導覽　◆ 交通便利

Laszlo 和 Michele Raphae 這對墨西哥裔的香港夫婦，2006 年於北京相遇之後，便展開他們自釀啤酒師的身分。

在寸土寸金的香港，他們的啤酒廠是由一處位於二樓倉庫的工業空間所改建而成，原本在家用自釀啤酒工具箱則變成廁所的洗手台。登上一座大型的貨物專用電梯，你會來到這個世界上少數經營在樓上的啤酒廠。在這樣的啤酒廠裡，通風及排水設備的安置都是挑戰。

啤酒廠可以預約參觀，擺設了由夫婦倆親自收集的傳統中國裝飾品，現場提供了四種不同的啤酒。這座啤酒廠的名字「Moonzen」，是來自中國民間故事的「門神」，人們相信這種守護神可以趨吉避凶。門神啤酒廠的啤酒都以神祈為主題，比如「閻王四川黑啤」是以掌管陰間的王者來命名，使用煙燻櫻桃木麥芽，以及會讓人舌頭發麻的四川花椒和辣椒所釀造而成。千萬不要錯過「龍王福建柚子啤酒」，這是一款以海龍王為名、帶有海水鹹味的印度淡色艾爾啤酒，其中令人喜愛的果香，則是來自於福建省的蜜香柚子。

周邊景點

世界地質公園

在這座被聯合國教科文組織列入世界遺產，位於香港新界的地質公園裡，可以在奇形怪狀的火山岩石間健行，或是登上山脊觀賞美麗的南海景色。*www.geopark. gov.hk*

志蓮淨苑

這處 1930 年代所建的寺廟，是 1998 年依照唐朝的木造建築風格重建，全部都是不用釘子的榫卯結構。你可以在位於瀑布後方，寺內最著名的素食餐廳裡享用午膳。

九龍寨城公園

這處綠樹成蔭的公園是 19 世紀的城牆戍守之地。在英國統治香港期間，這裡曾是當地華人聚居的一塊法外之地，主權隸屬於中國。

女人街

在這個紛擾但很有氣氛的街市，你可以鍛鍊一下殺價技巧。在這裡，可供挑選的東西應有盡有，從襪子到俗豔便宜的香港紀念品都看得到。

高大師精釀啤酒屋

南京市玄武區長江後街 8 號博愛廣場；
http://mastergaobeer.com；+86 25 8452 0589

◆ 餐點　◆ 酒吧　◆ 外帶　◆ 交通便利

創辦人高岩花了 14 年的時間在英格蘭及美國學習釀造啤酒原理，並將所學帶回家鄉南京。後來他謄寫了許多關於自釀啤酒的說明，並創辦「高大師精釀啤酒屋」。早期營業困難，政府兩度勒令停業，但是現在高岩旗下一年釀造超過 10 萬箱的茉莉綠茶拉格以及「嬰兒肥」印度淡色艾爾，並且有希望出口到美國去。高大師在南京的酒吧值得一訪，我們很喜歡博愛廣場分店的庭院造景，天氣不錯時可以在外頭拉把木椅，嚐嚐略帶啤酒花香氣的「嬰兒肥」印度淡色艾爾之前，可以先沉浸在微帶茉莉綠茶香氣的拉格啤酒裡。

周邊景點

紫金山區

佔地廣大的紫金山地區有許多重要景點，像是中山陵寢和寧靜的紫霞湖。

南京大屠殺紀念館

這一座莊嚴但引人深思的博物館，為了紀念 1937 年日本侵略南京時大屠殺的受難者。*www.nj1937.org*

拳擊貓

上海黃浦區復興中路 519 號思南公館 26A；
www.boxingcatbrewery.com

◆ 餐點　◆ 酒吧
◆ 家庭聚餐　◆ 交通便利

創立於 2008 年，在上海有三家分店和一家餐廳 Liquid Laundry。雖然啤酒並非現釀，但是位在原法租界的思南公館酒吧，還是品嚐啤酒的好地點。氛圍走美式風格，菜單上有美國南方的秋葵及炸雞，內部裝飾也受到美國自釀啤酒吧影響。釀酒師 Michael Jordan 也來自美國，之前在波特蘭及丹麥累積了豐富的釀酒經驗，他的混調啤酒以及特殊的艾爾啤酒，包括一款加了四川花椒、讓舌頭麻木的啤酒，都讓拳擊貓成為亞洲最令人感到興奮的酒廠之一。至於那些不適應嗆辣啤酒的人，可以試試 TKO IPA，這是一款帶有一絲美國啤酒花香氣和苦味的啤酒。

周邊景點

上海宣傳海報藝術中心

在這座小型藝廊裡展出了數以千件從 1950、60 到 70 年代的原始宣傳海報，收藏量非常驚人。*www.shanghai propagandaart.com*

上海博物館

如果想造訪這座博物館需要花費數小時，還需要縝密的造訪規畫。館中展出許多你想看的作品，例如書法、藝術品、家具、雕像、陶瓷，或不同時期的服裝。
www.shanghai museum.net

日本

如何用當地語言點啤酒？ Biru kudasai（如果知道確切名稱，可以用來取代「Biru」）

如何說乾杯？ Kanpai!

必嚐特色啤酒？淡色拉格啤酒隨處可見。

當地酒吧下酒菜？毛豆。

貼心提醒：如果和一群人共飲時，不要為自己斟酒。請替別人斟酒，然後讓其他人來斟滿你的。

日本也許並沒有悠久的啤酒釀造歷史，但是除了商業的釀酒廠外，「職人」精神也被運用在我們喜愛的釀酒行業上。

什麼是「職人」精神？也許有人會翻成「手工」或是「匠人」，但是這個稱號很難簡單用一個詞彙來定義。如果你曾經體驗過日本的工藝或食物，應該可以體會這個字的涵義，代表的是專注、關懷、一種正確做事的原則、一種尊重及品質……無庸置疑地，這就是釀造啤酒所需要的特質。

大約 400 年前，啤酒傳到日本。接下來的兩個世紀，因為荷蘭貿易商的關係，日本的啤酒業主要以銷往國外為主。但是在 19 世紀末，三家現在主導日本啤酒貿易的啤酒廠誕生了——麒麟啤酒廠（Kirin）、朝日啤酒廠（Asahi）和札幌啤酒廠（Sapporo）。

就像大部分的國營啤酒廠一樣，這些日本的啤酒大廠（連同最近熱門的三得利 Suntory 啤酒廠），主要都以釀造淡色拉格啤酒作為謀生的啤酒款，但是最近幾年，他們也跟上世界精釀啤酒的風潮，開始釀造一些季節性的特製啤酒。

但是這只是為了行銷，對嗎？

別忘了我們可是身在強調「職人」精神的匠人國度裡。直到 1990 年代初期，日本的啤酒釀造都還只限於大量製造，釀酒執照只限於發給那些一年製造數百萬公升的啤酒巨擘。但是當釀造啤酒所規定的容量降低，並且准許小型釀酒廠進入市場，自由放任導致了釀酒毫無章法可言，並且製造出需多低品質的「精釀」啤酒，這些都讓小型釀酒廠名聲蒙塵。直到 2000 年代初期，精釀啤酒的名聲才又被擦亮，真正進入「職人」精神的時代。

在日本，對於啤酒釀造的喜好不因地區而有明顯不同，但是釀酒廠卻深受美國和德國釀酒廠所影響。換句話說，很多啤酒廠都同時供應德式小麥啤酒和美式印度淡色艾爾啤酒。

在日本，歷史久遠的美式風格精釀啤酒，可能來自 Baird 啤酒。從許多方面來說，他們自身的釀造旅程也是日本精釀啤酒發展的縮影。你可以參觀這家啤酒廠、面對面聽聽他們所述說的故事，當然還要嚐嚐口感均衡的美味啤酒。這裡供應的季節啤酒中，一定要嚐嚐 Rising Sun 淡色啤酒及 Suruga Bay 頂級印度淡色艾爾啤酒。

© Matt Munro / Lonely Planet Images

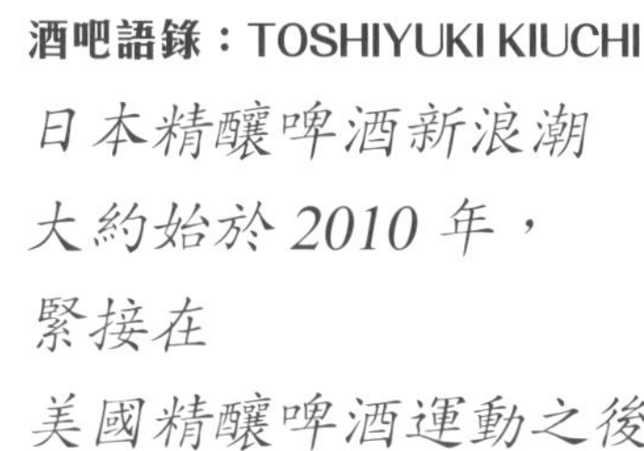

酒吧語錄：TOSHIYUKI KIUCHI

日本精釀啤酒新浪潮大約始於 2010 年，緊接在美國精釀啤酒運動之後。

TOP 5 啤酒推薦

- **Wabi-Sabi 日式淡色艾爾：**Baird 啤酒
- **Aooni 淡色啤酒：**Yo-Ho 釀酒公司
- **箕面斯陶特啤酒：**AJI 啤酒公司
- **常陸野貓頭鷹濃縮咖啡斯陶特：**木內酒造
- **Coedo 漆黑德式深啤：**Coedo 釀酒廠

相對的，得過獎的富士櫻（Fujizakura）啤酒廠則展現了德式啤酒廠的風貌，一定要試試他們的德式煙燻啤酒，那是一款濃烈帶有煙燻味道的啤酒。

出人意料地，日本最北邊的北海道則是許多釀酒師的家鄉（也是札幌啤酒廠的精神故鄉）。北海道的釀酒廠供應了許多兼容並蓄的水果啤酒，以及一些傳統的艾爾啤酒。回到日本本州，我們很難略過木內酒造（Kiuchi Brewing）及其常陸野貓頭鷹（Hitachino Nest）啤酒。也可以想像一下將日本傳統文化和原料結合的成果，例如在燒酒桶中進行陳釀，用柚子及紅米釀出的一款西方風格啤酒……不得不說這真的是一款獨特又美味的啤酒。

現在日本釀酒師的數目成長迅速，日本酒吧都是由第一波高品質釀酒師所創立的，這是一個充滿活力與熱情的族群，但是說到要具備「職人」精神的話，就還需要智慧及耐心來慢慢成就。

ビア小町（BEER KOMACHI）

444 Hachikencho, Higashiyama-ki, Kyoto;
www.beerkomachi.com; +81 75 746 6152

◆ 餐點 ◆ 交通便利 ◆ 酒吧

位在東山觀光區中央的古川町商店街拱廊內，ビア小町是一家小型且隱蔽的居酒屋，並對推廣日本精釀啤酒有所貢獻。內部只有寥寥幾個座位，簡單的水泥內裝，入口處掛著塑膠薄布試圖用來擋住廚房飄散出來的油煙。這是一處很隨意的場所，裡頭混雜了愛喝啤酒的觀光客及當地人，通常會供應七款日本啤酒，其中總是會有一款來自京都本地的釀酒廠，例如京都釀造株式社最受歡迎的比利時小麥艾爾啤酒。所供應的酒單幾乎天天都在更新，其他受到喜愛的啤酒品項也許還包括從城崎（Kinosaki）來的 Hyogo 斯陶特啤酒，或是來自大阪箕面釀酒廠所釀造的 Ozaru 印度淡色艾爾啤酒，你也會發現有將近 20 款從美國進口來的罐裝啤酒。友善且知識豐富的員工，傳承著他們的經驗還有美味的酒吧餐點，顧客可以在菜單上發現沾裹啤酒麵衣的炸雞、炸豆腐披薩、用啤酒麵糊製成的蔬菜天婦羅，甚至以斯陶特啤酒巧克力蛋糕作為點心。你可以問問是否還有使用三重縣的啤酒花、麥芽味濃郁的伊勢角屋（Ise Kadoya）頂級紅色艾爾啤酒。

周邊景點

知恩院（Chion-in）

想要一窺日本佛教的話，可以探索這座寺院，體驗僧侶的誦經聲，以及空氣中裊裊香燭所帶來的精神氛圍。*www.chion-in.or.jp/e/*

青蓮院（Shoren-in）

這座僻靜的寺廟是南東山區可以慢慢參觀的景點，可以來一碗抹茶、欣賞令人驚豔的花園美景。

京都國立博物館

這座歷史悠久的博物館位於岡崎公園（Okazaki Park），會定期展出一流的藝術作品。博物館後的池塘是坐下來野餐的好地點。

丸山公園（Maruyama-kōen）

在這座美麗的公園中散散步，走過蜿蜒的步道探訪花園、紀念品店，以及一座位在公園中央、充滿錦鯉的池塘。

京都釀造株式会社（KYOTO BREWING COMPANY）

25-1 Nishikujyo, Takahatacho, Minami-ku, Kyoto;
www.kyotobrewing.com; +81 75 574 7820

◆餐點 ◆酒吧 ◆家庭聚餐 ◆交通便利

這座京都釀造株式会社的小型品酒室，距離十條（Kintetsu Jyujyo）火車站走路只要 15 分鐘，很值得一訪，你會在京都許多精釀啤酒吧發現他們家的啤酒。來到這裡，你可以親自和英文流利、知識豐富的員工交談，透過玻璃窗一窺釀酒桶並體驗友善的氛圍。受美式及比利時啤酒的影響，酒廠通常供應六款啤酒，包括一些整年都有的種類和一些期間限定版和季節限定的啤酒，外面通常會有餐車。品酒室大部分夏日週末都有營業，可以先上官網查看。試試 Ichigo Ichie 啤酒吧！是由美國及紐西蘭啤酒花釀造，口味清爽的比利時風格季節啤酒。

周邊景點

東寺（Tō-ji）

這座寺廟是為了保衛京都而建於西元 794 年，有著全日本最高的五層寶塔，建築精美、值得一遊。

京都塔

這座造型復古、如同火箭的塔樓，可以搭電梯直上 15 層樓高的觀景台一覽美景，還可以用免費的觀景望遠鏡看到最南邊的大阪市。

木内
酒造
P

常陸野貓頭鷹（HITACHINO NEST）

1257 Kounsou, Naka-shi;
www.hitachino.cc/en; +81 (0)29 298 0 105

◆ 餐點 ◆ 酒吧 ◆ 導覽 ◆ 交通便利

常陸野啤酒罐上的貓頭鷹幸運標誌揭示了他們的野心。2016 年，木內酒造（Kiuchi brewery）在舊金山開設了一家酒吧，但是如果想要嚐嚐他們所釀造的常陸野貓頭鷹啤酒、體驗當地的文化，你必須拜訪這座位在茨城縣，從東京往東北方開車需要數小時（或是轉好幾次火車），沒有什麼高樓大廈的小城市——那珂市（Naka-shi）。這裡所釀造的啤酒很值得前往拜訪，供應有美味的印度淡色艾爾啤酒、拉格啤酒、季節啤酒、斯陶特啤酒，以及許多不同的啤酒品項。現任常陸野貓頭鷹的社長，以及木內酒造第八代掌門人 Toshiyuki Kiuchi 說明，他們所釀造的啤酒使用了當地的材料以及日本傳統的釀製法，並表示「我們不是只有單純模仿西方的啤酒釀造法。」

木內酒造裡頭也為訪客設置品酒吧及蕎麥麵餐廳。在日本，這家釀造廠在冬天釀製的清酒比常陸野貓頭鷹還要有名，訪客也可以嚐嚐他們所釀造的米酒。最棒的是，你還可以有機會成為半日釀酒師。不過可能需要多一點經驗，才能手工釀造出得過金牌獎的白色艾爾，這是一款添加有些許香菜、肉桂、橘子皮，外加五種不同啤酒花的小麥啤酒，這款酒喝起來相當順口。

周邊景點

講道館（Kodokan School）

茨城縣的首府水戶市（Mito），是日本江戶時期（1603 ～ 1868 年，為文化鼎盛時期）統治宗族的權力所在地，主要景點包括江戶時期最大的講道館。

Kairaku-en 花園

位於水戶，是日本三大花園之一，由偏愛梅花的水戶宗族大家長下令建造而成，共栽種了 100 多種、合計 3000 株的梅樹。

True Brew 酒吧

位在火車站裡，是常陸野貓頭鷹的水戶分店，供應從附近廠區新鮮直送的啤酒，還有來自世界各地的精釀啤酒。*www.truebrew.cc*

海灘

茨城縣的太平洋沿岸是日本著名最佳衝浪海灘之一，像是可從水戶市搭火車抵達的 Oarai 海灘，其他還有好幾處地點，大部分都有寬闊沙地。

瓢湖屋敷之森釀酒廠
(HYOUKO YASHIKI NO MORI BREWERY)

345-1 Kanaya, Agano, Niigata Prefecture;
www.swanlake.co.jp; +81 250 63 2000

◆ 餐點　◆ 外帶　◆ 酒吧

融雪經過土壤的天然過濾，滲入新潟縣（Niigata Prefecture）肥沃的土壤中，形成許多可以立即飲用泉水的祕密水井。在日本，新潟長久以來便以純淨的水質而聞名，因此該縣出產的稻米、清酒，以及如今的精釀啤酒都有一定的品質保證。Swan Lake 是該縣最有名的啤酒商標，而其出產地便是在這家瓢湖屋敷之森釀酒廠。

全日本都可以買到具有該標誌的啤酒，包括三家在東京的專門酒吧，以及大約距離新潟市中心西邊 30 公里、備受推崇的啤酒廠。新啤酒廠的外觀像一隻天鵝，但是除了這個奇特的建築造型以及位處偏僻之外，啤酒的美味依然不變。年輕的員工小心翼翼地在公共橡木長桌上斟滿一杯啤酒，訪客也許會覺得他們表現得就像是在飲酒比賽中嚴肅謹慎的評審（他們甚至連品酒筆記也沒有忽略）。你可以試試得過獎且帶有無花果及葡萄乾強烈香氣的 Swan Lake Porter。但是當冬季艾爾上市時，請務必特別安排在滑雪旺季來此拜訪，強烈建議你可以嚐嚐透過焦糖提煉出來的 Big Daddy 頂級紅啤酒。

周邊景點

佐渡島（Sado-ga-shima）

搭乘快艇來到距新潟市西方 80 公里的這座壯觀島嶼，每年八月第三週，島上都會慶祝地球日。

古町（Furu-machi）

新潟的夜生活區位在信濃川（Shinano-gawa）北邊，這個傳統社區裡滿街都是餐廳、酒吧及商店。

新潟動漫博物館

在這座博物館可以透過互動式的展覽、迷你劇院以及聲控機器重溫童年，或是提升孩子的想像力。*www.museum.nmam.jp*

越後之酒（Ponshu-kan Sake）**試飲館**

你可以前往這座位在新潟車站西側出口可愛的清酒酒吧，這裡供應了 90 多種該地區的著名清酒。

朝日啤酒廳＆SKY ROOM酒吧

Sumida-ku, Tokyo Azumabashi 1-23-1;
www.asahibeer.co.jp; +81 3 5608 5277
◆ 餐點　◆ 外帶　◆ 酒吧

在東京朝日啤酒廳屋頂的金黃色雕塑，是用來代表新鮮啤酒的泡沫，但是當地人卻可愛地稱呼它為「黃金便便」。作為朝日啤酒總部的一部分，這棟建築物本身的形狀就像是個啤酒杯，但是由於屋頂上的雕塑，當地人又為它取了一個暱稱——「便便建築」。

你可以搭上旁邊略帶金色、擠滿朝日啤酒員工的摩天大樓電梯。這棟摩天大樓頂層裝飾有白色皇冠，看上去就像是由樂高積木堆疊出來的啤酒杯。第 22 層樓是朝日 Sky Room 酒吧的所在地，伴隨著壯麗的城市美景，你可以在此享用一杯清淡、爽口的 Asahi Super Dry 糯米拉格啤酒。

周邊景點

上野公園（Ueno-kōen）

有許多東京博物館、寺廟以及佛塔位於這座公園裡，是藝術及歷史愛好者的天堂。或者你也可以單純來這裡的林間步道散散步。

淺草寺（Sensō-ji）

雖然在二次大戰後經過大規模整修，但這座建於西元七世紀所的佛塔仍然是古色古香。可以向下俯瞰景觀的五層樓佛塔，則是在 1970 年代所修建的。*www.senso-ji.jp*

SINCE 1997
T.Y.HARBOR
BREWERY
RESTAURANT

115

BAIRD啤酒：原宿酒吧 (BAIRD BEER:HARAJUKU TAPROOM)

2nd f l, 1-20-13 Jingūmae, Shibuya-ku, Tokyo;
www.bairdbeer.com; +81 3 6438 0450

◆ 餐點 ◆ 外帶 ◆ 酒吧 ◆ 交通便利

大事都是從小事累積來的。自從 2000 年在日本沼津市（Numazu）魚市場，從年產量 30 公升的迷你釀造廠起家以來，Baird 啤酒已經茁壯成為日本最著名的精釀啤酒廠之一。

沼津酒吧的事業仍蒸蒸日上，Baird 啤酒鮮明的酒標現在則在全世界各地的酒吧都可見到。位在東京的原宿酒吧則讓訪客來到東京時，很輕易地就能拜訪。木造的日式居酒屋中也提供許多下酒菜，你可以試試燒烤（yakitori-style）鮲魚，以及 15 款來自 Baird 啤酒的經典啤酒和季節特調。在我們拜訪時，最愛的則是 Wabi-Sabi 日式淡色艾爾，這是一款巧妙融合日式山葵及綠茶所釀造出來的啤酒。

周邊景點

竹下通（Takeshita-dōri）

距離 Baird 啤酒只有幾步之遙，在這個行人徒步區可以體驗前衛的青少年文化、綠茶混優格的瘋狂飲食，以及許多大開眼界的購物機會。

明治神宮（Meiji-jingū）

參觀這座供奉了明治天皇（1867 ～ 1912）、東京最大的神社之前，記得欣賞一下外面由日本各地運來此地種植、超過 12 萬株樹木的壯觀景象。*www.meijijingu.or.jp*

T.Y. HARBOR釀酒廠

2 -1-3 Higashi-Shinagawa, Tokyo;
www.tysons.jp/tyharbor/en; +81 3 5479 4555

◆ 餐點 ◆ 交通便利 ◆ 酒吧

自從 1997 年釀造出極具親和力的艾爾啤酒之後，T.Y. Harbor 就成為日本經營最久的精釀啤酒廠之一。由倉庫改建、兼營餐廳的酒廠可以欣賞運河美景，可暫時逃離東京喧囂。供應帶有啤酒花香氣的啤酒，印度淡色艾爾一直以來都頗受好評。下酒菜單則有許多不同口味的漢堡和排骨，彷彿置身美式自釀啤酒吧。

經典酒款以小麥啤酒、季節斯陶特、波特啤酒、淡色艾爾、琥珀艾爾和印度淡色艾爾為主，但釀酒師特選總讓老顧客捉摸不透，過去推出過芒果艾爾、Maple Rye Amber 和水蜜桃小麥啤酒，如果有口福的話不妨嚐嚐咖啡印度淡色艾爾。

周邊景點

台場（Odaiba）**& 東京灣**

穿越彩虹橋來到這座位於東京灣的人工島嶼，可以逛逛主題公園、博物館和大型購物商場。

東京塔

這座建於 1958 年的通訊塔是日本第二高的建築。快速電梯可以讓遊客一下子就抵達位於 145 公尺及 250 公尺高的瞭望台，俯瞰迷人的城市夜景。*www.tokyotower.co.jp*

尼泊爾

如何用當地語言點啤酒？

Ek beer dinuhos?（尼泊爾語）

如何說乾杯？尼泊爾並沒有乾杯的傳統，但是說聲「cheers」也可以。

必嚐特色啤酒？色澤清淡、味道濃烈的拉格啤酒，或可試試山區的低濃度糯米啤酒。

當地酒吧下酒菜？ Sukuti（由氂牛或是水牛製成的美味辣肉乾）

貼心提醒：可以問問看是否有供應熱的 tongba 啤酒。這種傳統小米啤酒是冬天的驅寒聖品。

對於直到 20 世紀才對世界打開大門的國家來說，尼泊爾意外地擁有悠久的釀酒歷史。自古以來尼泊爾就自釀飲品，但在 1950 年代登山客以及花花公子般的尼泊爾大君（Maharajas）才引進歐洲啤酒。早期人們翻山越嶺地從印度平原將罐裝啤酒帶入，二十年後首都加德滿都才開了第一家釀酒廠，然後又花了另一個四十年才釀出味道濃烈、活力十足的拉格啤酒「以外」的啤酒。

登山健行的尾聲來瓶冰冷的聖母峰啤酒（Everest beer），就像在登山步道的巨石繫上幡經旗一樣，已經成為在尼泊爾登山必須體驗的一部分。但是聖母峰啤酒和市場競爭對手——Tuborg、Carlsberg 以及 Gorkha 啤酒廠的啤酒，都逐漸面臨位於尼泊爾南部奇特旺（Chitwan）德賴平原的一家釀酒廠——雪巴（Sherpa）釀酒廠——所生產的德式科隆啤酒日益嚴峻的挑戰。此外，加德滿都附近的 Yeti 蒸餾公司雖然才剛起步，所釀造出的新款小麥啤酒，也正在進一步搶占現有市場，削弱尼泊爾人對大型啤酒廠拉格啤酒的過度依賴。

但這個國家最原始的釀酒業卻來自遙遠的山莊，在那裡，鄉村酒吧會供應裝滿 chang 米啤酒、tongba 啤酒和喜瑪拉雅山東部傳統小米酒的蒸氣熱壺，這些酒的味道嚐起來有點像是介於俄羅斯的 kvass 酒和日本清酒。他們把發酵過的糊狀物放進熱水裡，並透過竹稈來吸收並過濾雜質。在高海拔可以增強酒精效果的地方啜飲，這些發酵飲品的後勁出乎意料地強大。

雪巴釀酒廠（SHERPA BREWERY）

Chainpur, Chitwan; www.sherpabrewery.com.np;
+977 981 325 5669

◆ 餐點 ◆ 外帶 ◆ 導覽 ◆ 交通便利

很久很久以前，聖母峰山腳下一名雪巴人厭倦了遊克老是抱怨他的盧卡拉（Lukla）酒吧供應的啤酒過於乏味，於是便從美國進口一些自釀啤酒的工具，Phura Geljen Sherpa 很快地數天之內就將自釀啤酒銷售一空，創立自釀啤酒廠的想法也應運而生。然而營運要步上軌道並不是件容易的事，最後他將這個家族經營的事業從多山的坤布區（Khumbu）搬到平坦、靠近尼泊爾主要鐵路系統及印度邊界的德賴平原（Terai）。

創業初期靠著旅遊業及週遭的稻田及芭蕉林，這座啤酒廠帶著令人耳目一新的低調感，吸引了來自四面八方的遊客。從 20 公里外的婆羅多布爾（Bharatpur）來到此地，大約花費 10 元美金。啤酒廠使用進口的德國麥芽及大麥、中國的啤酒桶以及印度的機器。釀酒廠中經典的科隆啤酒味道爽口清淡，嚐起來並不像任何一款尼泊爾大量製造的啤酒品牌。最近，他們又計畫推出三款只裝在印有冰斧標誌啤酒罐的酒，分別是：Himalayan 紅色艾爾、Summit 斯陶特和 Trekkers 咖啡艾爾啤酒。啤酒廠也會供應簡單的食物，而住宿及當地導覽則還在規劃中，在規劃完成之前，你可以在外頭的棕櫚樹蔭下歇息，欣賞令人歎為觀止的喜瑪拉雅山腳景色，並且好好享用坤布德式科隆啤酒。

周邊景點

奇特旺國家公園

這是尼泊爾最重要的旅遊景點，這個世界遺產有多個保護區，你可以看到許多野生大象和獨角犀牛，如果剛好運氣好，還可以看到皇家孟加拉老虎。

Devghat

位於婆羅多布爾機場 9 公里處、Gandaki 和 Trisuli 河的匯流處，這是一處重要的印度教朝聖地。

藍毗尼園（Lumbini）

佛陀的誕生地。對所有佛教朝聖者來說，這裡具有崇高的宗教意義。這處林立著許多佛堂、寺廟、佛塔及國際寺院的世界遺產，是一個平和的靜修處。

Daman

這裡的風景可以媲美坤布德式科隆啤酒罐上的喜瑪拉雅山全景，經由老是在颳風的特里布萬公路（Tribhuvan Hwy）上、海拔高度 2322 公尺高的山丘站，返回首都加德滿都。

北韓

如何用當地語言點啤酒？ Maekju juseyo

如何說乾杯？ Gon bei

必嚐特色啤酒？爽口的拉格啤酒。

當地酒吧下酒菜？ Ojingeochae，一種乾魷魚。

貼心提醒：如果你的啤酒是來自啤酒壺裡，務必要替別人斟酒。從最年長的酒客開始倒酒，他們也會對你的行為報以回應。

2012 年，《經濟學人》雜誌宣稱北韓的啤酒比大量製造的南韓拉格啤酒要好喝，這對北韓來說是個光榮的時刻。他們的啤酒文化只能回溯到 21 世紀初，這功勞當然要歸功於他們的領袖金正日，2000 年時，他創立了北韓第一家釀酒廠大同江（Taedonggang），他向英國廢棄的釀酒公司購買釀酒廠所需的設備。以大同江來命名的啤酒是一款風味十足、全國都能興致勃勃大口飲用的拉格啤酒。在北韓，雖然將啤酒出口到中國時有所聞，但是人民是不准在外頭喝啤酒的。雖然我們不能說啤酒革命已經在平壤發生，但是現在這裡已經出現了一些精釀啤酒廠。這些啤酒廠所釀造出來的啤酒，大部分是用來迎合遊客口味的特調艾爾啤酒。

來到平壤的遊客幾乎都會參訪位在羊角島國際飯店（Yanggakdo Hotel）的釀酒廠，而啤酒愛好者也應該要求到當地的保齡球館及百貨公司嚐嚐其他口味的啤酒。如果你有口福，可以參加平壤的啤酒節。2016 年，北韓首次在大同江畔，也是全國最受歡迎啤酒名稱來源之地舉辦了這個慶典。政府要員及訪客親密地互相用冰冷的拉格啤酒舉杯慶祝，這也證明只要幾杯精美釀造的啤酒，沒有什麼隔閡是不能打破的。

RAKWON PARADISE微釀酒廠

Rakwon Department Store,

Changgwang St, Pyongyang

◆ 餐點　◆ 酒吧

到北韓旅遊，行程常常要拜訪戰爭遺址和歷史地標，不斷在雄偉的紀念館前鞠躬，能參訪精釀啤酒廠可說是種款待。平壤的精釀啤酒廠沒有輸給南韓首爾，大同江釀酒廠就位於此地。北韓的國民啤酒，一款美味的拉格啤酒便在此釀造。位在 Rakwon 百貨裡的 Paradise 微釀酒廠，是平壤歷史最悠久的精釀啤酒廠，供應淡色拉格啤酒、一款味道極佳的小麥啤酒，以及一些由水果提煉的獨特艾爾啤酒。但是當你精彩地講述著在「北韓精釀啤酒廠喝啤酒的故事」時，誰還管啤酒味道嚐起來如何？

周邊景點

Mansudae Grand 紀念館

遊覽北韓的任何一個行程中，在偉大領袖金日成及敬愛領袖金正日的巨大雕塑前鞠躬是必要的。

祖國解放戰爭勝利博物館

（Victorious Fatherland Liberation War Museum）

這座名稱具有歷史意義的博物館，透過互動式的展覽及大田（Daejon）戰役的立體透視圖，遊客可了解北韓觀點的韓戰故事。

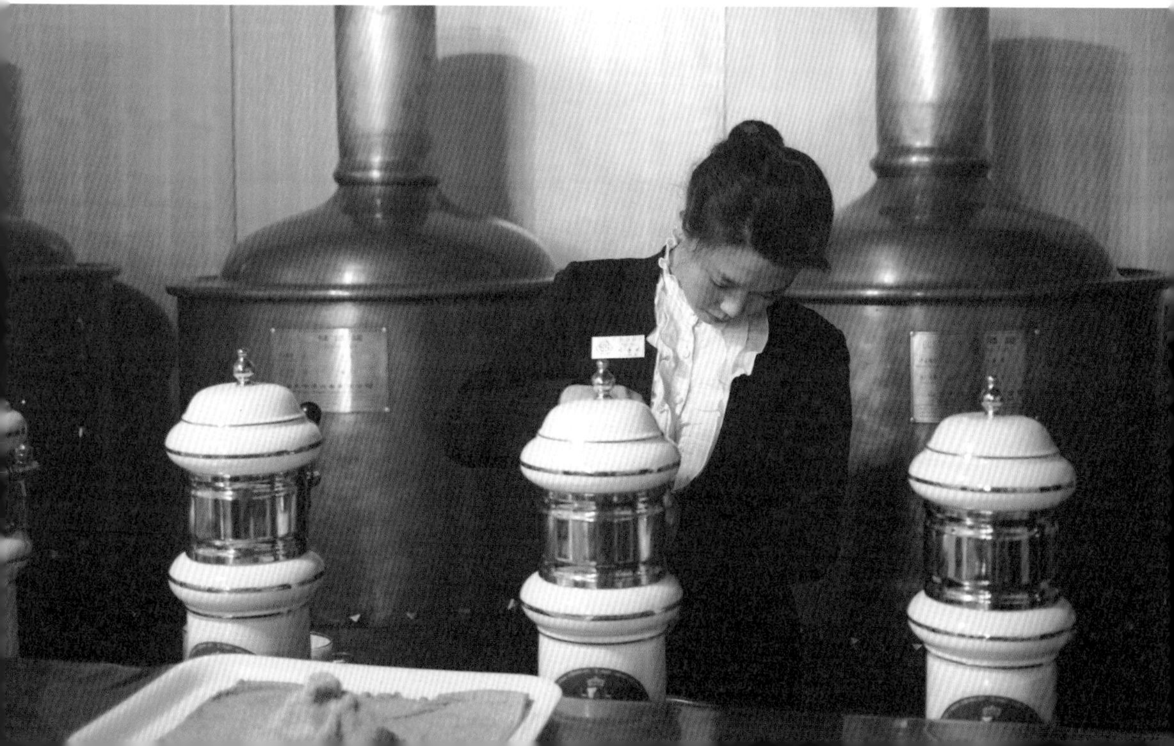

新加坡

如何用當地語言點啤酒？ A beer, please

如何說乾杯？ Cheers! Yum Seng!

必嚐特色啤酒？淡色啤酒配上拉格啤酒。

當地酒吧下酒菜？鹽漬花生、魚乾。

貼心提醒：可以試試在地的虎牌啤酒，然後再用當地的印度淡色艾爾啤酒重新喚醒你對啤酒該有的品味。

也許南亞傳到全世界最有名的啤酒是來自新加坡的虎牌啤酒（Tiger）。1930年代首次亮相，這是一款口味上並無特殊之處的淡色拉格啤酒。儘管如此，炎熱的氣候卻能使這款冰冷的虎牌啤酒成為相當誘人的體驗。

新加坡在精釀啤酒的領域上一直發展得相當順利。這個國家已經發展出當地高級的精釀啤酒產業，而每一年舉辦的亞洲精釀啤酒節——Beerfest Asia——更使得新加坡成為亞洲體驗美味啤酒的中心。最後還有正在蓬勃發展的進口啤酒業，整個島嶼到處都是專門販賣進口啤酒的酒吧。

Brewerkz 啤酒廠是當地少數幾家你可以開始嘗試精釀啤酒的地方，一系列全年供應的啤酒品項和幾款走冒險路線的季節啤酒彼此互相輝映。在定期供應的酒單上，你可以試試印度淡色艾爾啤酒，當然他們也會供應水果口味的季節啤酒。

另一家值得尊崇的精釀啤酒廠是 RedDot 釀造廠，這是新加坡第一家當地人自己開的精釀啤酒廠。這家啤酒廠已經有二十年的歷史，但是生意仍然相當好。你可以試試 RedDot 萊姆小麥啤酒，這是一款有著明顯特色、口味清淡的小麥啤酒。然後你可以更上一層樓，來參觀世界上最高的精釀啤酒廠——LeVel33。這裡供應十幾種經典的啤酒品項。

在出產由稻米所釀造的拉格啤酒的鄰近國家之中，新加坡是供應多種啤酒選項之島，這裡當然值得來一探究竟。

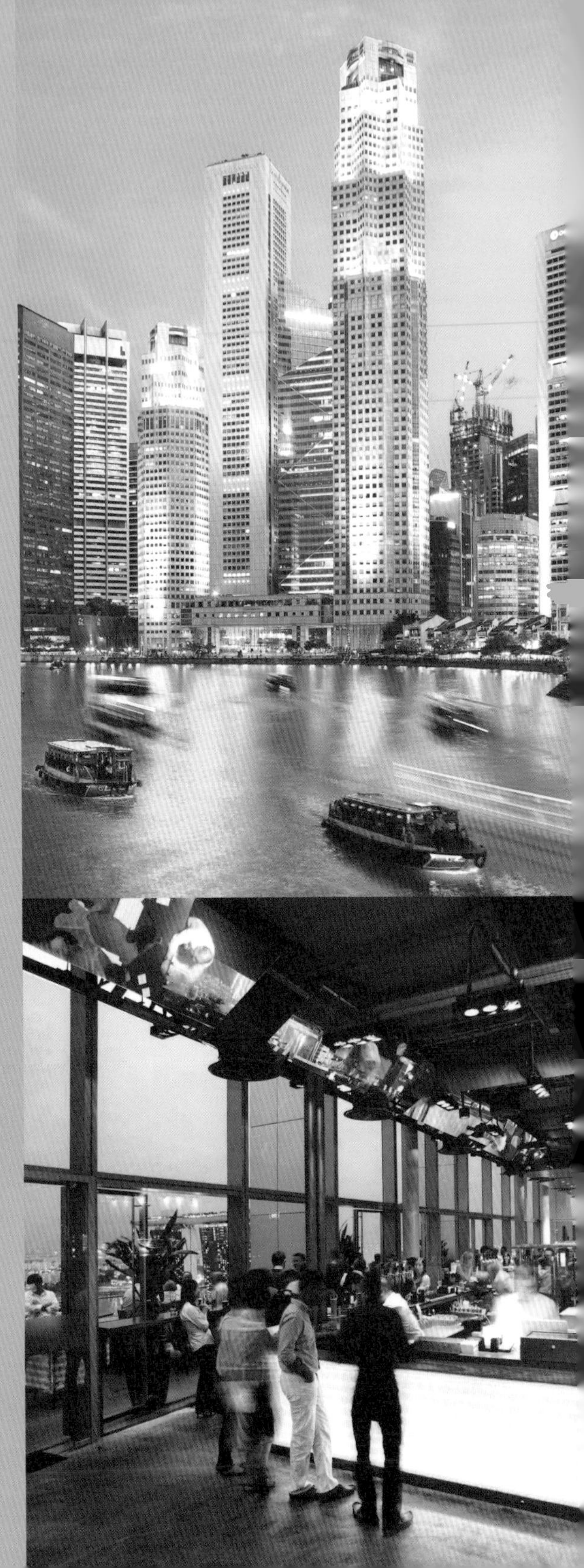

LEVEL33

Level 33, Marina Bay Financial Tower 1, 8 Marina Blvd, Singapore; www.level33.com.sg; +65 6834 3133

◆ 餐點　◆ 交通便利　◆ 酒吧

依照慣例，真正釀造艾爾啤酒的酒廠應該是在本篤修道院或中世紀農家庭院那種歷史悠久的老舊場所。但那已經是上世紀的事了！ LeVel33 釀酒廠位在一棟俯瞰 Marina 海灣流線玻璃摩天大廈的 33 層樓，啤酒嚐起來就像任何一款 16 世紀啤酒屋裡調製出來的，具有濃厚啤酒花香氣而且手工釀造。這裡使用來自奧地利的設備及技術，是全世界最高的都會精釀啤酒廠。裝潢也相當時髦，有閃亮的銅壺、時尚奢華的菜單及戶外盡覽城市風光的露臺。盛裝啤酒的槳板上會放試喝用的淺盤，但是最能搭配城市天際線的，還是清爽的 33.1 Blond Lager。

周邊景點

新加坡濱海灣花園（Gardens by the Bay）

這座面向 Marina 海灣、深具未來感的花園帶有那麼點電影《阿凡達》的味道。從南非的天然灌木林 fynbos 到夜晚展示燈光秀的「超級樹林」，這裡的植物應有盡有。

www.gardensbythebay.com.sg

新加坡藝術科學博物館（ArtScience Museum）

這是另一棟非常具有現代感的建築，博物館有許多展覽，包括藝術品、裝置藝術以及科學主題藝術展。

www.marinabaysands.com/museum

RED DOT微釀酒廠

25A Dempsey Rd, Singapore;
www.reddotbrewhouse.com.sg; +65 6475 0500

◆ 餐點　◆ 酒吧　◆ 交通便利
◆ 家庭聚餐　◆ 外帶

啤酒泡沫、友善氛圍及一絲絲德國風味，Red Do 也許無法代表第一家由當地人開設且獨立運作的精釀啤酒廠，但創立故事卻非常有趣。啤酒廠所有人及釀酒師傅 Ernest Ng，偶然在南非克魯格（Kruger）國家公園遇見兩名正在豪飲自釀啤酒的士兵，於是開啟首次嘗試自釀啤酒的契機，釀酒廠名稱來自購於約翰尼斯堡的釀酒工具標誌。二十多年後，Red Dot 已釀出一些極富口碑的艾爾啤酒，位於 Dempsey 路及駁船碼頭（Boat Quay）的啤酒屋都有供應。下酒 Lager，這款用螺旋藻（Spirulina）調味的啤酒會提醒你正身處新加坡。

周邊景點

新加坡植物園（Singapore Botanic Gardens）

這個被聯合國教科文組織列為世界遺產，並且擁有令人難以置信的綠色植披的植物園（包括國立蘭花園），是 1860 年由熱帶雨林改建而成的。*www.sbg.org.sg*

Chopsuey

回到 Thomas Raffle 英國殖民時期，當吊扇還在 Dempsey Hill 咖啡廳上頭不停轉動時，這座餐廳就因為供應港式飲茶（yum cha）而受到移民者及當地人喜愛。

www.chopsueycafe.com

南韓

如何用當地語言點啤酒？ Maekju han/du byeong butakamnida

如何說乾杯？非正式場合或朋友間可以說：「Jjan！」正式場合或同事長輩間則說：「Gunbae！」

必嚐特色啤酒？亞洲拉格啤酒。

當地酒吧下酒菜？韓國炸雞。

貼心提醒：可試試南韓許多解酒妙方：解酒湯（haejangkook）、醫療用解酒飲，或是到汗蒸幕（jimjil-bang）透過汗水來洗滌因醉酒所產生的罪惡感。

南韓是一個喜愛酒精飲料的國度。歷史上，人們會在儀式慶典中喝酒，隨著時間遞嬗，更發展出一種對長者及上司表示敬意的儒家飲酒禮儀，韓文稱 hyanguemjurye。南韓的烹飪文化裡甚至有專門用來配酒的下酒小吃 anju，啤酒配炸雞的組合也很受歡迎，所以還出現了英文雞隻 chicken 和韓文啤酒 maekju 的組合縮寫 chimaek。

南韓最常見的啤酒是清淡、大量製造的拉格啤酒。Cass 和 Hite 是兩款主要且隨處可見的啤酒品牌。自 2010 年始，加拿大人 Dan Vroon 開始經營南韓第一家精釀啤酒廠 Craftworks，精釀啤酒業便成長驚人。但是還有一個小問題：南韓的法律禁止任何一家年產量不及 100 萬公升的啤酒廠販賣啤酒，於是精釀啤酒廠便想方設法和大規模的啤酒廠簽訂契約，讓這些大型啤酒廠可以用他們的啤酒配方來釀造啤酒。這幾年法律逐漸鬆綁，允許小型啤酒廠也能釀造自己的啤酒。但是很大的後遺症是，許多南韓的精釀啤酒廠依然無法在他們的酒館裡當場釀造他們自己的啤酒。

新的啤酒廠及精釀啤酒吧不斷地如雨後春筍般出現，而大量住在南韓的僑民——特別是來自北美及歐洲——也意味著有足夠的市場可以支撐，當地人也慢慢接受帶有濃厚啤酒花香氣、以及更多風味的精釀啤酒的消費習慣。

123

GALMEGI釀酒公司

58 Gwangnam-ro, Suyeong-gu, Busan;
www.galmegibrewing.com; +82 070 7677 9658

◆ 餐點　◆ 酒吧　◆ 家庭聚餐　◆ 交通便利

近期南韓法令鬆綁，小型啤酒廠也可以開設販售自釀啤酒的酒吧，Galmeg 便是第一家受惠的。Galmeg 啤酒廠始於一群厭倦大眾市場的家庭自釀啤酒師，2014 年，他們擴張成一個商業釀酒廠。

所有的啤酒都是當場在 Galmeg 酒吧釀造，這也是南部釜山第一座如此經營的酒吧。Galmeg 是韓文海鷗的意思，這也是為了向酒吧的所在地致敬。酒吧距離廣安里海灘僅幾條街，前身是販賣滑雪板的店舖。總共供應十種啤酒品項，包含試喝的啤酒、季節啤酒和特調。可以試試帶有濃厚啤酒花香氣的 Moonrise 淡色艾爾，主要由美式啤酒花釀造而成。

周邊景點

廣安里海灘

（Gwangan (Gwangalli) Beach）

距離啤酒廠不遠的這座弧形沙灘廣闊而純淨，滑水運動、水上單車以及風帆衝浪都很受歡迎。

Igidae 公園

你可以花兩小時在這條橫越自然公園的濱海步道上行走，沿途可欣賞海灣的絕佳景色，還能抵達南韓最美麗海灘：海雲臺區（Haeundae）。

PONG DANG
CRAFT BEER COMPANY
Join The Craft Beer Revolution
542-3768
그린아트
일방통행

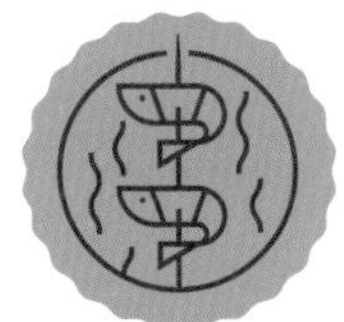

CRAFTWORKS南山酒館

651-1 Itaewon 2-dong, Gyeongridan, Seoul;
www.craftworkstaphouse.com; +82 02 794 2537

◆餐點 ◆酒吧 ◆交通便利 ◆家庭聚餐 ◆外帶

南韓最早的精釀啤酒廠之一，當精釀啤酒還未開始發展時，加拿大僑民Dan Vroon便於2010年創辦了Craftworks。現在主要釀造七款啤酒，所有品項都以南韓著名山峰來命名。梨泰院（Itaewon）的創始酒館影響了周圍出現許多類似的精釀啤酒吧，這個區域變成人人熟知的「精釀啤酒谷」。Craftworks啤酒廠在首爾有許多分店，包含南山（Namsan）的酒館和位在首爾市中心高樓大廈裡的一處舒適地下室空間。Seorak Oatmeal斯陶特啤酒是一款濃郁、美味會令人上癮的啤酒，但是美式Jirisan MoonBear印度淡色艾爾啤酒則是啤酒廠中最經典、帶有濃厚啤酒花香氣的啤酒。

周邊景點

南山首爾塔（N Seoul Tower & Namsan）

你可以搭乘纜車來到南山頂——首爾的最高處，南山首爾塔上有觀景台可以欣賞更壯觀的美景。*www.nseoultower.com*

韓國戰爭紀念館（War Memorial of Korea）

透過精心安排的展覽，這座巨大的博物館回溯了韓戰以及其他衝突的歷史。紀念館外頭則陳列許多戰機和裝甲車輛。

PONGDANG精釀啤酒

517-6 Sinsa-dong, Gangnam-gu; Seoul;
www.pongdangsplash.com; +82 2 790 3875

◆餐點 ◆交通便利 ◆酒吧

這家精釀啤酒廠2011年開始營業，2013年在江南區鄰近新沙（Sinsa）車站一個小角落的樓上開設了第一家酒館，2014年在梨泰院素的「精釀啤酒谷」拓展了第二家分店。創始店的地點還是最棒的，以裸露燈泡裝飾，瓷磚吧台後方用亮粉霓虹色大大地寫著「LOVE BEER」標誌，是個流線又具現代感的空間。啤酒品項分成Pongdang啤酒、韓式及國際啤酒，還有許多帶有啤酒花香氣的淡色啤酒以及印度淡色艾爾（酒精含量為6.5%的Mosaic Bomb啤酒，帶有濃列Mosaic啤酒花和水果香氣）。而帶有燕麥與苦巧克力風味的Breakfast斯陶特啤酒，則可以用來抵禦南韓的冬天。

周邊景點

奉恩寺（Bongeun-sa）

這座綠樹成蔭的佛寺可以回溯至西元794年，這裡和孕育南韓流行文化的江南Style街道完全不同。每周四，住持僧侶會進行燈籠製作教學並舉辦茶道。*www.bongeunsa.org*

Coreanos Kitchen

融和韓國及美國風味的餐廳來自美國德州奧斯汀。餐廳供應韓式墨西哥玉米餅，你可以想像韓式烤牛排及泡菜豬肉就包在新鮮現製的玉米餅裡。*www.coreanos kitchen.com*

泰國

如何用當地語言點啤酒？ Kaw bia krap

如何說乾杯？ Chai yo!

必嚐特色啤酒？由稻米釀製的淡色拉格啤酒。

當地酒吧下酒菜？鹽漬花生、烤魷魚。

貼心提醒：一定要在海灘或泳池旁的輕便摺疊躺椅上，試試這款爽口冰拉格啤酒帶來的簡單享受。

就像許多東南亞國家一樣，泰國的啤酒業主要是以淡色拉格啤酒為主。這是一款帶有淡淡苦味，在濕熱的氣候下很適宜飲用的一款飲料選項。最原始的泰國啤酒是 Singha。這是 1930 年代初期由泰式啤酒廠之父 Boonrawd Sreshthaputra 所創辦的"Boon Rawd"啤酒廠所釀造的。雖然 Chang 啤酒在啤酒業是才剛乍到的新生，但是這種啤酒已經成為另一款國民啤酒。這款啤酒是由 1990 年代初期，具有合作關係的丹麥啤酒廠 Carlsberg 所釀造的。兩款啤酒都展現了這個地區經典稻米拉格啤酒的風格。

當啤酒變得如此唾手可得，人們關心的已經不再是他們能喝到什麼啤酒，反而是喝啤酒的體驗。所以想像你在泰國的海灘上，一把輕便摺疊躺以以及一桶裝滿冰塊及 Singha 罐裝啤酒。這是享受其中一款簡單啤酒的方式。亦或是將這款清爽的啤酒搭配上味道濃烈、火辣的泰式咖哩。這是一種可以用來消暑的解方而辣椒則會讓你滿頭大汗（大部分其他地方也都會用此種方法來消暑）。

那麼精釀啤酒呢？釀造法令的限制意味著精釀啤酒實際上是違法的。在當地釀酒法令出現註釋鬆綁之前也許還需要一點時間，但是於此同時，許多出現在城市的酒吧正從世界各地進口許多高級的精釀啤酒。這是一種除了淡色啤酒外，開始對其他啤酒也產生興趣的信號。

127

CHIT啤酒廠

219/266 Baan Suan Palm, K o Kret, Nonthaburi;
www.facebook.com/Chitbeer; +66 8 9799 1123

◆ 酒吧　◆ 外帶

在以酒令嚴格的城市，釀酒師 P'Chit 一直試圖躲避政府追緝，釀造並販售創新的啤酒，甚至祕密開設釀酒工作坊來鼓勵其他人挑戰現狀。Chit Beer 釀酒廠是一個家庭式工業，位處曼谷北方僻靜陶瓷島（Ko Kret island）的鄉村河畔，但啤酒愛好者還是不遠千里而來，欣賞一簇簇水風信子流淌過昭披耶河（Chao Phraya river），一邊品嚐波特啤酒、皮爾森啤酒以及印度淡色艾爾。也可以喝到具有實驗性質的，像是 Pumpkin Ale，也別錯過充滿夏日風情的科隆啤酒，通常味道清爽或帶有檸檬草香氣。

周邊景點

Wat Poramai Yikawat 佛塔

前往這座位在陶瓷島頂端、具有緬甸風格的佛塔，沿途會經過一些破舊的鄉村式屋子，也和佛寺一樣迷人。

Nonthaburi 市集

早起來到這座位在暖武里碼頭，天天營業、販賣南北雜貨及新鮮蔬果的市集，採買來自鄉村的農產品。早上九點前大部分攤販便會結束營業。

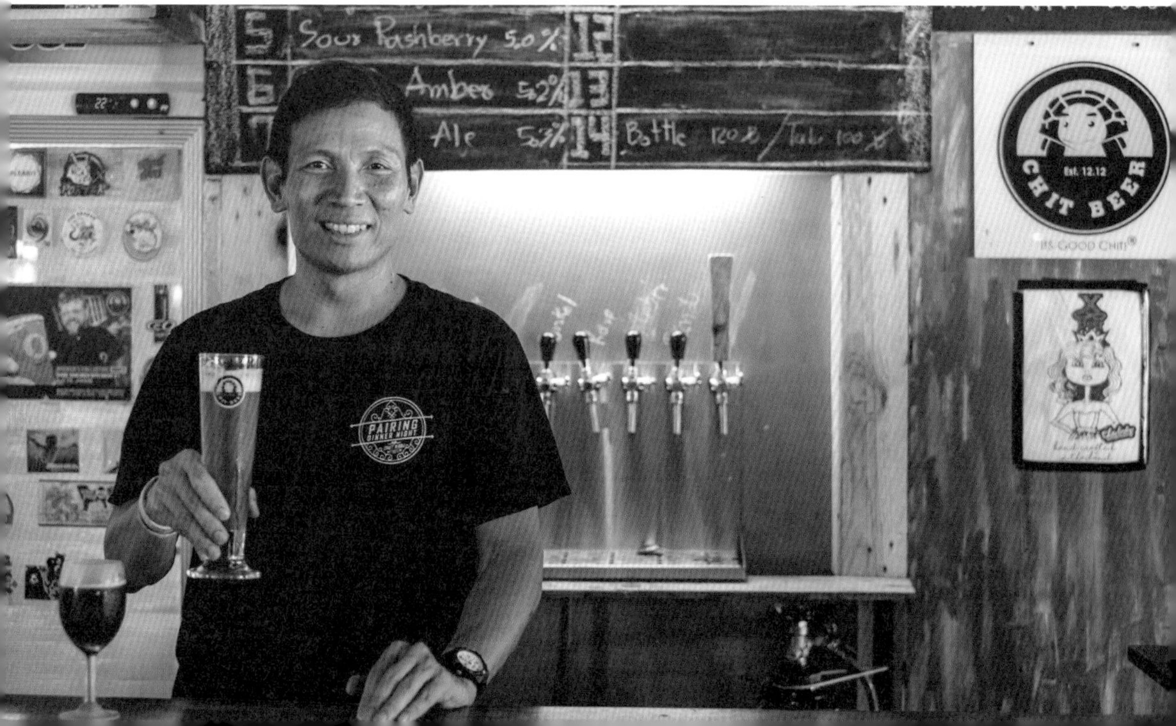

TAWANDANG德式啤酒廠

462/61 Rama 3 Rd, Khwaeng Chongnonsi, Khet Yannawa, Bangkok; www.tawandang.co.th; +66 2 678 1114

◆ 餐點　◆ 交通便利　◆ 酒吧

雖然向德式啤酒致敬，但是曼谷第一家精釀啤酒廠的風格比較像統一前的柏林而非鄉村式的巴伐利亞，但老闆釀的啤酒絕對是正統德式風味。供應多層次口味及混濁色調的自釀小麥啤酒和深色啤酒，彌補了味道濃烈、帶有濃厚啤酒花香氣的拉格啤酒，例如 Singha 和 Chang 啤酒。晚上會有大批酒客在此痛快地豪飲由巴伐利亞釀酒大師 Jochen Neuhaus 嚴格監製、德國配方釀造的啤酒。為了增添餐廳歌舞表演的氣氛，夜晚位於大廳後方的布幕會揭開，以多樣化的服裝來呈現歌舞的華麗感，好好欣賞吧！

周邊景點

泰國水上市場（Bang Nam Pheung Market）

這座鄉村風格的週末水上市場，攤販是乘著船「流動」販賣的，但在路上漫步也很有趣。你會經過鄉村風格的房子、古色古香的寺廟以及蜿蜒的市集攤販。

nahm 餐廳

這家世界排名前 50 名的餐廳供應許多著名澳洲主廚 David Thompson 的料理，他是追隨泰國皇室御廚學得烹飪技巧。

www.comohotels.com

越南

如何用當地語言點啤酒？ Mot bia!

如何說乾杯？ Mot hai ba, vo! (mot hai ba yo)

必嚐特色啤酒？稻米釀製的淡色拉格啤酒。

當地酒吧下酒菜？鹽漬花生。

貼心提醒：一定要喝喝看酒杯裡裝滿冰塊的越南生啤酒（bia hoi）。

對大部分的越南人而言，啤酒在越南是一種時髦且令人感到清爽的事物。所以主流的啤酒色澤清淡、口味清爽，最好是在冰涼時飲用。酒杯裡放些冰塊就夠味了。

啤酒名稱也許有所不同，但是經典的拉格啤酒還是獨霸市場。在胡志明市的南部，333（Ba Ba Ba）據稱是著名啤酒的首選。在河內市（Hanoi），你猜猜看會供應什麼啤酒？沒錯，是 Bia Hanoi。而在中部靠近順內市（Hue），你總是會喝到 Huda 啤酒。

但是比啤酒品牌更重要的是你怎麼品嚐這些啤酒。Bia hoi 生啤酒是一款一直受到喜愛的啤酒品項。在 Bia hoi 餐廳裡，這款生啤會盛在 2 公升的塑膠瓶中、帶柄、頂部有狹窄開口的酒壺裡或是其他啤酒桶裡。而你必須從這些容器中將啤酒取出，並倒進放滿冰塊的酒杯中。（可以供應冰冷的啤酒，但是酒杯中裝滿冰塊的喝法才是王道。）你可以一直喝酒直到面紅耳赤，你也可以食用下酒菜來止飢。這裡供應許多美味的油炸食物。

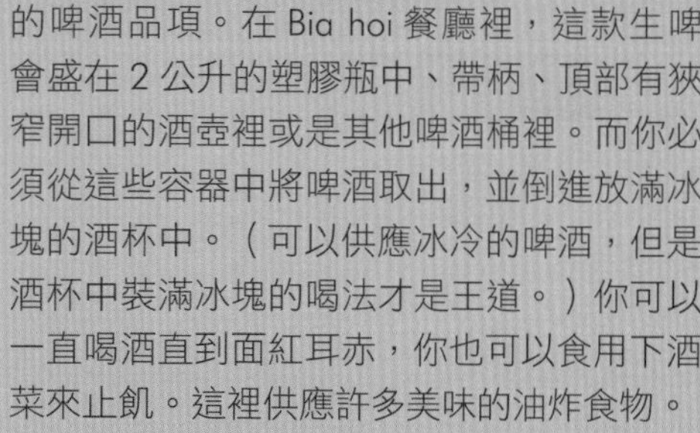

至於精釀啤酒，這裡所謂的“精釀”是指，除了商業釀造所產的淡色拉格啤酒以外的啤酒。在越南，精釀啤酒的歷史不過才短短幾年，還算是全新的領域。在胡志明市，你可以造訪 Pasteur St 釀酒公司並嚐嚐他們的茉莉花印度淡色艾爾啤酒，一窺精釀啤酒業是如何受到當地文化的影響。這是一款風格鮮明、美味並帶點獨特性的啤酒。這是開啟精釀啤酒一天最完美的方式。

CYCLO STOUT

131

PASTEUR STREET釀酒公司

144 Pasteur St, District 1 , Ho Chi Minh City;
www.pasteurstreet.com; +84 8 3823 9562

◆ 餐點　◆ 外帶　◆ 酒吧　◆ 交通便利

啤酒廠的推薦酒款黑板就擺放在胡志明市的繁忙街道上。小心翼翼地穿過一群友善正和無聊保全打牌的腳底按摩師，並設法穿越一條狹窄的階梯，最後終於找到了 Pasteur Street 狹小的試喝室。這座酒廠裝飾有溫暖的林木以及擺有幾張隨意的酒吧餐桌。這處時髦的空間也許可以媲美美國波特蘭或是柏林的啤酒吧。但是所供應的啤酒卻還是帶有濃濃的東南亞風味。

2015 年初，在 Pasteur Street 啤酒廠開幕前的幾個月，釀酒師 Alex Violette 正騎著摩托車到處尋找增添啤酒配方的當地味道與原料。結果就是，他釀造出了幾款亞洲最有趣的啤酒。順口的印度淡色艾爾啤酒是由乾燥的茉莉花、香氣四溢的黑胡椒所提煉而成。而美味的檸檬草則為啤酒廠的 Spice Island Saigon 季節啤酒提供了一種細緻卻又帶勁的風味。來自湄公河三角洲（Mekong Delta）檳椥省（Ben Tre province）的椰子則為烘烤椰果波特啤酒（Toasted Coconut Porter）增添了幾許風味。而其他啤酒則使用了火龍果、泰式紅茶以及百香果。千萬不要錯過將啤酒廠美味的小麥啤酒配上 Nashville 辣炸雞。你也可以詢問他們是否有供應在 2016 年世界啤酒杯，巧克力啤酒項目奪冠的 Cyclo Imperial 巧克力斯陶特啤酒。

周邊景點

偉士牌摩托車探險

坐在復古偉士牌摩托車後座，穿梭在西貢布滿霓虹燈的車潮中，到隱密的酒吧裡喝酒並品嚐世上最美味的街頭小吃。

www.vespaadventures.com

Saigon Outcast

這處波西米亞式的多元空間主要有街頭藝術、現場演奏及戶外電影院，從胡志明市中心搭計程車來很方便。*www.saigonoutcast.com*

戰爭遺跡博物館（War Remnants Museum）

從博物館展出的物品可以了解越戰的悲劇遺跡，又被稱為「中美戰爭罪行博物館」。

www.baotangchungtichchientranh.vn

統一宮（Reunification Palace）

這座 1960 年代的象徵性建築，也是 1975 年越共佔領西貢時的政治中心，可以順便探索位於地下室的南越通訊中心。

www.dinhdoclap.gov.vn

日式醃漬梅干

（日本）

這款醃梅帶有一種嗆人的口感。在快要超過保存期限時，梅子會被做成醃梅，所以會嚐到比啤酒更為濃烈的鹹味和酸味，剛好用來解宿醉。

解酒麵

（泰國）

這是培根三明治的東南亞版本。寬粉、海鮮、蔬菜、辣椒、醬油、魚露及萊姆汁，美味的料理組合一定會讓你遠離宿醉帶來的頭痛。

培根三明治

（英國）

在宿醉的情況下，你只需要決定棕醬（美味！）或是紅醬，然後讓壓扁的白麵包、濃厚的奶油及煙燻鹹味培根來發揮極致功效。只要能吃下這份三明治，宿醉的情況會好很多。

Prairie Oyster 雞尾酒

（美國）

這個解酒方式成立於以下原則：「不能殺死你的將使你更強壯。」這是一種摻了鹽巴、胡椒、塔巴斯科辣醬（Tabasco）及英國黑醋（Worcestershire sauce）的生雞蛋解酒液。想解酒的話就快速（趁它還保持原狀）吞下這顆生雞蛋吧！

解酒妙方

HANGOV

讓我們誠實以對吧！
所謂種什麼因、得什麼果。
一夜豪飲之後
誰能保證隔天早上還能保持頭腦清醒？
但這並不代表只能坐著等酒精退去。
這裡提供了一些還不錯（但沒有科學驗證）的解酒方法。

醃菜汁

（波蘭）

想要補充流失的水分，又酸又鹹的醃菜汁可以對解宿醉發揮點功效。但是對已經出師不利的一天來說，並不是個令人感到舒適的開始。

米粥
（越南）

這是越南當地的萬靈丹，如果身體不適，這道撫慰人心的濃稠米粥（最好是豬肉或海鮮粥）是必點料理。佐上一丁點薑絲、香菜葉、辣椒及魚露，也可用來解宿醉，值得一試。

R CURES

保持清醒

我們知道這句話有點掃興，但你還是必須洗耳恭聽。不喝酒是百分之百避免宿醉的方式，這會讓你外出聚會時一直保持完美的健康狀態。正所謂塞翁失馬，焉知非福啊！

拜維佳（BEROCCA）維生素 B 群發泡飲
（各種品牌皆可）

這種解酒方式在澳洲特別受歡迎。這是一款維他命B發泡飲，當宿醉頭痛欲裂時，將一顆淡橘色發泡碇丟入水中快速溶解，然後大口地喝下。如果一切順利的話，這杯飲料就會消除你因宿醉引發的悔恨。

以酒解酒
（全球皆宜）

這是一種常見的解酒方法，每個國家都有的幽默方式。極端的版本是繼續保持酒醉狀態，但這絕非好辦法，如果你想嚐試的話，建議試試血腥瑪麗，但這只是「死馬當活馬醫」的選項罷了。

歐洲

EUR

OPE

布魯塞爾 BRUSSELS

全世界都可以買到比利時啤酒，但是造訪過布魯塞爾、布魯日和根特之後，會發現比利時釀出許多令人無法置信、味道濃烈的艾爾啤酒，每種都有專屬酒杯。布魯塞爾的酒吧就像愛麗絲夢遊的仙境，你將會大開眼界。

倫敦 LONDON

這座熱愛啤酒的城市替世界釀出兩款核心精釀啤酒：印度淡色艾爾啤酒以及波特啤酒。倫敦一直是大型啤酒廠所在地，如Fuller，這裡的精釀啤酒運動為每個區域帶來令人興奮試飲選擇，只要步行或搭地鐵、巴士就能嚐到。

羅馬 ROME

到處林立著偉大的酒吧，像是Ma Che Siete Venuti a Fà為來訪酒客提供許多選擇。另外還有幾家自豪且熱情的啤酒廠，也展現出義大利精釀啤酒文化。騰出寶貴的時間，在Baladin這樣的啤酒廠裡品嚐獨特的啤酒。

班堡 BAMBERG

德國慕尼黑有個最常被仿效的啤酒節，柏林的酒吧則吸引許多時髦的啤酒客。但如果想一窺獨特迷人的啤酒文化，可以前往風景秀麗的佛蘭肯（Franconian）班堡。三百多座啤酒廠騎腳踏車就可抵達（見168頁）。

雷克雅維克 REYKJAVIK

冰雪覆蓋的北歐許多城市都有啤酒文化，特別是瑞典首都斯德哥爾摩（試試Akkurat酒吧）以及丹麥首都哥本哈根。但冰島狹小的首都卻因輕鬆的夜生活及從未輸出國外的當地啤酒名列歐洲五大啤酒城。

比利時

如何用當地語言點啤酒？

Une bière, s'il vous plaît / Een pintje, alstublieft

如何說乾杯？ Santé!

必嚐特色啤酒？ Gueuze（其他也很棒）

當地酒吧下酒菜？ Kip-kap，一種豬肉凍。

貼心提醒：請勿堅持一定要喝生啤酒。比利時啤酒的多元之處，一部分是因為出於對罐裝啤酒的喜愛。

世界上沒有一個國家像比利時一樣，有這樣多元又具有原創特色的啤酒風格，更遑論是從國外引進、由比利時自己所釀造出的世界一流啤酒風格。比利時大約和美國的馬里蘭州一樣大，只有英國威爾斯的一半大，這個小國家位處法國、德國、荷蘭及盧森堡交界，但是所釀造的啤酒種類卻比這些鄰國加總起來還多，並創造出許多獨特、不斷推陳出新，特別適合用來搭配食物的飲品。事實上，啤酒在比利時備受尊崇，他們甚至是啤酒料理的起源地，用第二種主要的語言法文來說就是 la cuisine à la bière。像是高級的啤酒燉牛肉（carbonade flamande）便是使用啤酒做為原料。同樣地，許多比利時的高級餐廳都有供應種類繁多的啤酒及葡萄酒菜單。

許多家受到喜愛的修道院啤酒廠也位在比利時，從時髦法語 Orval 區往南到講荷蘭語佛蘭德斯（Flanders）區中傳奇的 Westvleteren 啤酒廠。許多原本只為了務農者做為提神飲料而釀造啤酒的農場，像是 Brasserie Dupont，已經變成世界知名的農場啤酒廠。

從酸啤酒的種類，像是 Flemish Red、Oud Bruin 到像糖漿般的 Golden Ales 及修道院啤酒（Trappists and abbey beers），再到苦澀的波特啤酒以及帶有烘烤味道的斯陶特啤酒，比利時可以說是原創啤酒的天堂。儘管你可以在此找到許多種類的啤酒，但是現在比利時的啤酒文化實際上比過去相比，規模要小很多。由於受到工業拉格啤酒的成長以及強勢的商業手段，數以千計的小型釀酒廠在 20 世紀左右紛紛倒閉歇業。世界各地的啤酒迷也許會大聲嚷嚷地要喝 Westvleteren 12 罐裝啤酒，但是比利時最受歡迎的實際

TOP 5
啤酒推薦

- **季節 Dupont 啤酒：**Brasserie Dupont 釀酒廠
- **Taras Boulba 啤酒：**
  Brasserie de la Senne 啤酒廠
- **Goudenband 啤酒：**
  Brouwerij Liefmans 啤酒廠
- **Cantillon Lou Pepe Kriek 啤酒：**
  Brasserie Cantillon 釀酒廠
- **修道院 Rochefort 8 啤酒：**
  Brasserie de Rochefort 釀酒廠

上是 Jupiler 皮爾森啤酒，而最著名的出口啤酒則據說是 Stella Artois，這款啤酒的釀造方式和 Jupiler 雷同，也和 Jupiler 啤酒一樣是由世界最大的釀酒公司所釀造。令人沮喪的是，許多具有歷史背景的啤酒種類，像是 Peeterman 以及 Bière Blanche de Louvain 都已經幾乎滅跡。

但是事情還是回到了正軌。今日，新興的微釀啤酒廠，像是 Brussels Beer Project 以及 Brasserie de la Senne 都為比利時的啤酒業注入不少新的風味。甚至長期被視為是奇特、瀕臨絕跡啤酒種類指標的自然發酵啤酒（Lambic beer）也有反彈回升的跡象。身為一名 15 年來第一位調配自然發酵啤酒的釀酒師，Gueuzerie Tilquin 於 2009 年創立了他的啤酒廠，而許多專門的酒吧也不斷激增，包括位在布魯塞爾傑出的 Moeder Lambic 酒吧。為了復興原本多元的比利時啤酒，地方的啤酒節也應運而生。如果你在四月的 Zythos 啤酒節，八月的街頭啤酒節（Streekbierenfestival）或是十二月的 Kerstbierfestival 來此造訪，你將會有個美妙的啤酒體驗。如果你是一年當中的任何時刻來到比利時，同樣驚豔的啤酒體驗也會發生在你身上。

酒吧語錄：SÉBASTIEN MORVAN

分享即是學習。
在精釀啤酒復興時期，
許多釀酒師遊歷世界各地
並分享釀造啤酒的方式，
他們想要接受挑戰與刺激。

BRASSERIE CANTILLON釀酒廠

56 Rue Gheude, Brussels;
www.cantillon.be; +32 2 521 4928

◆家庭聚餐 ◆酒吧 ◆交通便利
◆導覽 ◆外帶

布魯塞爾過去擁有超過100家啤酒廠，但家族經營的Cantillon是唯一留下的。許多啤酒狂熱者來此參觀從未改變的釀造方式，以及超過一世紀的機器設備。釀酒大師Jean Van Roy以他傳統、有機的自然發酵啤酒為榮，這是一款使用在空氣中自然採集的「野生」酵母釀造的神祕布魯塞爾啤酒。自然發酵啤酒會在老舊木桶中陳釀長達18～36個月，製造出一種未發泡、混濁的啤酒，裝瓶放到地窖後，氣泡會在二次發酵過程中產生，變成一款發泡啤酒（fizzy Gueuze），類似香檳。千萬不要錯過帶有水果香氣，由有機酸櫻桃製成的Kriek 100%自然發酵啤酒。

周邊景點

Restobières 餐廳

就在Place du Jeu-de-Balle跳蚤市場隔壁，每道菜餚都是由啤酒製成，試試用氣泡啤酒燉煮的兔肉或是用Hercule斯陶特啤酒製成的巧克力慕斯。*www.restobieres.eu*

布魯塞爾漫畫藝術博物館

創造出丁丁歷險記（Tintin）、藍色小精靈（the Smurfs）和幸運路克（Lucky Luke）的比利時，建造了一座向這些漫畫致敬的博物館，是一處闔家歡樂的場所。*www.comicscenter.net*

EN STOEMELINGS釀酒廠

1 Rue du Miroir, Brussels;
www.enstoemelings.be; +32 489 495924

◆餐點 ◆導覽 ◆外帶
◆家庭聚餐 ◆酒吧 ◆交通便利

布魯塞爾方言「En Stoemelings」是指「暗中、偷偷」。而這個由Denys van Elewyck和Samuel Languy所發起、令人興奮的啤酒廠計畫也算名符其實。隱身在時髦Marolles街區，這座酒廠比任何一家的客廳都來得小，卻擠滿了啤酒愛好者光臨，試喝最新出爐的季節啤酒以及一款帶有強勁麥芽風味的經典三倍啤酒Curieuse Neus（Nosy Kid）。他們兩人總是用不同的啤酒花、發芽大麥及花草來試驗。Denys堅持：「我們想讓每個人都看到釀造啤酒的過程，了解啤酒是如何製造的，而非保密。」可以先從Chike Madame開始，這是一款帶有一丁點茉莉花香、口味清爽的白色啤酒（Blanche）。

周邊景點

Orybany

就在Stoemelings啤酒廠隔壁，這座彩色精品店展出了造型師及室內設計師利用當地民族風元素所創造出來的時尚流行。

www.orybany.com

大薩布隆廣場（Place du Grand Sablon）

這座雄偉的廣場有許多16至19世紀的房子、美食餐廳以及巧克力大師Pierre Marcolini的精品巧克力店。每週末還有骨董市場。

BRUSSELS BEER PROJECT釀酒廠

188 Rue Antoine Dansaert, Brussels;
www.brusselsbeerproject.be; +32 2 502 2856

◆ 餐點 ◆ 導覽 ◆ 外帶
◆ 家庭聚餐 ◆ 酒吧 ◆ 交通便利

這家位在布魯塞爾市中心、最近剛開幕的啤酒廠，創立的宗旨在撼動傳統的比利時啤酒業。透過熱情的網路捐款，Sébastien Morvan 和 Olivier de Brauwere 開始了他們的計畫，並宣稱：「雖然一些比利時的釀造師對於還能釀造出跟 250 年前一模一樣的啤酒而引以為傲，以至於他們從未思考過改變，但是當這樣徹底翻轉啤酒釀造過程、新的啤酒配方出爐只要 5 個禮拜時間下，我們想要每一個月都推出 3-4 款啤酒。」

座落在一處工業藝術家林立的工作室裡，走極簡風格的酒館供應了 15 款可以試喝的生啤酒。這是啤酒愛好者可以啜飲並享用盛在有著特殊設計、試喝啤酒杯裡奇特及美味艾爾啤酒的地方。在這裡，他們可以討論啤酒該搭配哪種食物甚至是音樂。啤酒廠巨大、先進來自德國有名啤酒設備 Braukon 的啤酒桶就存放在後面。在那裡，Sébastien 和 Olivie 釀造出好幾款令人驚豔的啤酒，像是帶有印度淡色艾爾啤酒風格的 Grosse Bertha、由烘烤過的麥芽所製成的煙燻 Dark Sister 以及適合用來解渴的 Delta 印度淡色艾爾啤酒。這款啤酒帶有濃厚的啤酒花香氣、有點苦，加上還有令人驚訝的荔枝與百香果水果香氣。千萬不要錯過 Babylone 啤酒。這是一款由麵包殘渣所釀製、帶有鮮明、苦澀及濃厚啤酒花香氣味道的啤酒。如同 Sébastien 所說：「精釀啤酒回來了。」

周邊景點

Sainte-Catherine

位在布魯塞爾時尚區的中心，許多時髦精品店展示了比利時前衛設計師的作品，像是 Martin Margiela 和 Dries van Noten。

Mer du Nord

由魚販所經營的戶外海產酒吧，一整天人潮絡繹不絕，供應燒烤干貝、魚湯及蝦丸子。*www.vishandelnoordzee.be*

大皇宮（La Grand Place）

千萬不要錯過這座布魯塞爾的壯麗廣場，裡頭林立許多議會廳及皇宮。可在華麗的 Le Roy d'Espagne 法式餐館裡喝杯啤酒。

À la Bécasse 酒吧

1877 年開幕的 La Bécasse 酒吧，又名「狙擊手酒吧」，以其新釀的 Lambic Blanche 啤酒聞名。傳統上，這種啤酒會盛在石酒壺中，由穿著修士服的服務生倒給客人喝。*www.alabecasse.com*

GRUUT釀酒廠

1 Rembert Dodoensdreef, Ghent;

www.gruut.be; +32 9 269 0269

◆ 餐點 ◆ 導覽 ◆ 外帶
◆ 家庭聚餐 ◆ 酒吧 ◆ 交通便利

自 2009 年始，比利時深具活力的根特市便以自己的精釀啤酒廠引以為傲。這座啤酒廠由 Annick de Splenter 所經營。當她還是學生時，她便在父母親的車庫裡開始釀造她自己的艾爾啤酒。她才剛搬進這處內部廣闊的新廠址。這是一個在鵝卵石巷道裡一家舊的皮革工廠，裡頭擺放著許多長形的公共木桌（很適合當地人聚會）或是舒適的皮製沙發。Annick 解釋：「Gruut 這個名稱指的是混和草藥，這也是我釀造啤酒的方法，而不是只使用啤酒花。我的啤酒味道很美味、順口、香氣四溢，而且我想，我可以説這些啤酒就像催情劑。只是不要要求我洩露祕密啤酒配方裡所使用的藥草。」

酒單上只有五款手工艾爾啤酒。和一般的比利時啤酒相比，這些啤酒並不含高酒精。只有最新出爐濃烈的 Trippel Inferno，酒精含量才高達 9%，並且使用了進口自美國加州的啤酒花。酒廠供應的食物只限點心，但是你可以點美味的麵包。這是由啤酒釀造所剩的麥芽殘渣所烘烤成的麵包，搭配上酸豆橄欖醬（tapenade）及洋蔥美乃滋醬很對味。這裡可以試喝的啤酒是 Gruut Brown。有點類似修道院啤酒，但是後韻帶點煙燻杏仁的味道。

周邊景點

Sint-Jacob 跳蚤市場

每週五及週末早晨，古老的廣場會聚集許多販售骨董和小擺設的攤販，以及許多來殺價的獵奇者。

Herberg de Dulle Griet

這家喧鬧的酒館很適合品嚐經典款比利時啤酒，共有 350 種可供選擇，包括氣泡啤酒（Gueuze）、蘭比克（Lambic），以及許多修道院啤酒。*www.dullegriet.be*

Publiek 餐廳

根特是法蘭德斯美食運動的起源地，試吃比利時創新料理的絕佳地點就是由主廚 Olly Ceulenaere 慢工出細活烹煮的晚餐。

www. publiekgent.be

根特划船

根特浪漫的水道總是擠滿觀光客，但這依然是一覽這座迷人中世紀古城的最佳方式。

www.boatingent.be

TER DOLEN釀酒廠

Eikendreef 21 Houthalen-Helchteren;

www.terdolen.be; +32 11 606 999

◆ 餐點 ◆ 導覽 ◆ 外帶

◆ 家庭聚餐 ◆ 酒吧 ◆ 交通便利

Tel Dolem 是一座位於 16 世紀城堡中，極富情調的比利時釀酒廠。這個城堡其實是中世紀男修道院院長 St Truiden 的夏日避暑之地。

有幾款高級的啤酒產自這家啤酒廠，包括傳統的修道院風格啤酒，像是 Blondes、Tripels 和 Flemish Dark Abbey 啤酒，到 Krieks 和用捧花所冷泡陳釀的艾爾啤酒。隨著季節變化，你可以有口福地嚐到 Ter Dolen Winter 啤酒。這是一款由三種麥芽、兩種啤酒花以及當地所產的蜂蜜及肉桂所釀製的啤酒。每個週末的下午三點都有導覽行程。千萬不要錯過得過獎的 sTer Dolen Dark 啤酒。這是一款帶有濃郁、深色啤酒口味且會令人留下溫暖印象的啤酒。

周邊景點

國立 Jenever 博物館

在這座靠近 Hasselt 城的酒博物館，你可以一邊學習當地人引以為傲的烈酒知識，還可以從 130 種不同種類的比利時琴酒（Jenever）中選幾款來品嚐。

www.jenevermuseum.be

Jessenhofke 啤酒廠

來到這家有機、家族經營的精釀啤酒廠為環保盡點心意，這裡使用再生能源發電，啤酒原料也反映出他們的「綠色理念」。

www.jessenhofke.be/en

3 FONTEINEN釀酒廠

Molenstraat 47, Lot;

www.3fonteinen.be; +32 2 306 71 03

◆ 餐點 ◆ 導覽 ◆ 外帶
◆ 家庭聚餐 ◆ 酒吧 ◆ 交通便利

在災難性地設備裝設錯誤，導致四年停產後，2013 年，當傳奇性的 3 Fonteinen 啤酒廠終於能夠回復量產，全球的啤酒愛好者終於鬆了一口氣。三年後，啤酒廠擴廠，在只距離啤酒廠四公里處的洛特小鎮裝設了全新的攪拌及裝瓶設備。

新的廠址對遊客來說更加方便，裡頭包括商店及一家舒適的啤酒咖啡廳 lambik-O-droom。這家咖啡廳儲藏了 30,000 瓶經典 Geuze、Kriek 和 Framboise 啤酒，以及一些只有這家咖啡廳獨家販售的特製 3 Fonteinen 啤酒。（雖然新址是必訪之處，但是位於 Beersel 啤酒廠也提供導覽行程給事先預約的團體，而原本 3 Fonteinen 啤酒廠餐廳依然在 Beersel 的主廣，供應極佳的比利時菜餚及啤酒。）

Senne（Zenne）河界定了自然發酵啤酒的產區。從洛特車站經過人行橋，你會跨過這條河。從布魯塞爾的中央車站（Gare du Midi）大約是 10 分鐘的車程。當你啜飲第一口在 Oloroso 以及 Pedro Ximénez 雪莉酒桶中陳釀過的自然發酵啤酒 Zenne y Frontera 時，你將會知道，這款啤酒只有這裡才釀造得出來。

周邊景點

Domaine de Huizingen

這家靠近 Beersel，前身是古堡的地方現在設置了遊樂場、彈跳彈簧床、網球場、池塘、划艇、戶外游泳池，以及一處小型可愛動物園區。*www.kasteelvanhuizingen.be*

Oud Beersel 啤酒廠

創立於 1882 年歷史悠久的啤酒廠有紀念品商店，及詳載自然發酵啤酒釀造過程的遊客中心，導覽需事先預約。

www.oudbeersel.com

In de Verzekering Tegen de Grote Dorst

只在每週日及教會休會日營業數小時，這家位於 Eizeringen 的鄉村酒吧號稱有全世界最多的氣泡啤酒及 Kriek 啤酒。*www.dorst.be*

聖修伯特拱廊街（Les Galeries Royales Saint-Hubert）

這座 1847 年開幕、位於布魯塞爾的優雅商場，是歐洲第一座有屋頂覆蓋的購物拱廊街。有許多奢華的商店，也可欣賞美麗的義大利風格建築。*www.grsh.be*

WESTVLETEREN
In de Vrede
WESTVLETEREN

WESTVLETEREN釀酒廠

Donkerstraat 13, Westvleteren;

www.indevrede.be; +32 57 40 03 77

◆ 餐點 ◆ 酒吧 ◆ 家庭聚餐 ◆ 外帶

對啤酒狂熱者來說，Saint Sixtus 修道院是朝聖地，但是他們來此並不是為了修道院，而是為了這裡出產的傳奇艾爾啤酒。這家修道院的修士釀造了三種小桶的啤酒，分別是 Westvleteren Blond、Westvleteren 8 以及備受推崇的 Westvleteren 12。這些啤酒並沒有對外行銷，雖然一些價格高昂的罐裝啤酒的確有市場行銷管道，但是唯一正統可以買到這些啤酒的地方是修道院及其附屬的咖啡廳 In de Vrede。

由於一些法令限制，從修道院購買啤酒相當困難，必須先用電話預約，而接通電話需要極大的耐心。如果你夠幸運能撥通電話，你需要提供車牌號碼以便取貨。而接下來的兩個月不得再次預約取貨。幸運的是，想要購買啤酒還有更簡便的方式。每一天咖啡店都有販售精美六瓶裝的所有啤酒種類。你可以早點到，看能不能碰碰運氣買到兩包裝，然後到咖啡廳去喝杯被許多人公認是世界上最棒的啤酒：Westvleteren 12。這是一款帶有乾果香、李子及糖蜜太妃糖厚實濃郁味道的啤酒。

© Westvleteren

周邊景點

In Flanders Fields

這座互動式博物館透過即時影像及現場展覽，提供遊客多元方式一窺二戰歷史。

www.inflandersfields.be

國立啤酒花博物館

位於比利時啤酒花生產區 Poperinge 城，可以學習到啤酒釀造過程中，最芬芳原料的用途、歷史與傳奇。*www.hopmuseum.be*

Lakenhalle

可以登上這座 70 公尺高的壯麗鐘塔建築，鳥瞰 Ypres 鎮的美麗景色。

www.hopmuseum.be

St Bernardus 啤酒廠

這裡曾經是 Saint Sixtus 啤酒的官方釀造廠，有些 St Bernardus 酒廠的艾爾啤酒配方幾乎和 Westvleteren 啤酒一模一樣，可以預約導覽並試喝看看。*www.sintbernardus.be*

捷克

如何用當地語言點啤酒？ Pivo, prosím

如何說乾杯？ Na zdraví!

必嚐特色啤酒？波西米亞皮爾森啤酒，也就是淡色拉格啤酒。

當地酒吧下酒菜？ Nakládaný hermelín，一種醃漬過的軟起司。

貼心提醒：酒杯中還有舊啤酒時，千萬不要倒入新啤酒，也不要將一瓶酒倒入不同杯中與朋友分享。出於各種理由，在捷克最好不要這樣做。

捷克共和國是歐洲大陸歷史最悠久的啤酒產地之一，也是皮爾森市（Pilsen，捷克語：Plzeň）及百威市（Budweis，捷克語：České Budějovice）的所在地。這兩個城市分別釀造出世界有名的皮爾森啤酒及百威啤酒。自 1993 年始，捷克榮登每人每年平均啤酒消費量冠軍，也是歐洲貴族啤酒花 Saaz 最大的來源地，12 世紀初期歐洲啤酒愛好者便將此種啤酒花視為珍品。其他名列第一的還有產地直送的世界級釀造大麥，來自於第一次在東部 Moravia 區栽種的品種。捷克也是歐洲最早有釀酒廠記錄的國家，Břevnovský Klášterní Pivova 創立於西元 993 年。

儘管捷克悠久的釀酒及喝酒歷史，這片土地也擁抱了現代的精釀啤酒文化，幾乎每家新開釀酒廠都有供應印度淡色艾爾、淡色艾爾及其傳統的 světlý ležák，也就是淡色拉格啤酒，即為大家普遍所熟知的皮爾森啤酒（啤酒名稱保留了原出產地的地名）。在全世界遊歷的捷克釀酒師，像是 Pivovar Matuška 啤酒廠的 Martin Matuška 以及 Pivovar Nomád 釀酒廠的 Honza Kočka 都已經釀造出印度淡色艾爾啤酒、季節啤酒、淡色艾爾啤酒以及其他具有國際風格的啤酒品項。而外國的釀酒師，像是來自加州的 Chris Baerwaldt 以及澳洲籍 Filip Miller 都分別為 Pivovar Zhůřák 和 Pivovar Raven 釀酒廠帶來全球精釀啤酒的影響。在捷克首都布拉格，像是 Zlý Časy, Beer Geek 和 Pivovarský Klub 這樣的精釀啤酒吧，都為顧客提供了一個可以輕易將捷克新釀啤酒和來自德國、義大利或是斯堪地那維亞半島啤酒做比較的地方。在年紀較輕的啤酒客中，他們比較偏好具現代風格的精釀啤酒。

但是對大多數的遊客來說，和 pivo（捷克語啤酒之意）有著淵遠流長關係的捷克，其巨大的吸引力在於他們強大對傳統的堅持。你可以從像是 Břevnovský Klášterní Pivovarr 的小型啤酒釀造商中試試他們新鮮剛從啤酒桶取出的淡色拉格啤酒。或是 Únětický Pivovar 釀酒廠將會向你展示出捷克淡色拉格和國際版本間的巨大不同。捷克當地產的啤酒味道較甜美、豐厚，一般來說也較具啤酒花的香氣。其他知名的啤酒種類包括 tmavé pivo，這是一款又苦又甜，帶有薑味的深色拉格，以及不易找到的捷克波特啤酒。這是一款傳說是原麥汁濃度達 18° 的濃郁深色啤酒，酒精濃度大約是 8% 以上。這款啤酒嚐起來就像是來自受歡迎的 Pivovar Kout na Šumavě 啤酒廠，帶有薑味、色澤幾乎純黑的 Koutská18° 啤酒一樣。儘管如此，大多數當地人喝的啤酒為強調社交型、酒精含量只有 4 ～ 5% 的啤酒。當你喝著全世界供應量最大的啤酒，總是得留點空間來續杯。畢竟，幾世紀以來，酒吧（或是捷克語：hospoda）已經是捷克日常生活的焦點。而啤酒大廳依然是社會各階層最常碰面話家常的地方。這些都為傳統及推陳出新的啤酒市場帶來蓬勃的朝氣和變化。

© Matt Munro, Helen Cathcart / Lonely Planet Images

酒吧語錄：JAN ŠURÁŇ

訪客一定要在設有啤酒缸的酒吧嚐嚐 Pilsner Urquell 以及 Budweiser Budvar 兩款啤酒，然後再和小型釀酒廠做比較。

TOP 5 啤酒推薦

- **Břevnovský Benedict 啤酒：** Břevnovský Klášterní Pivovar Sv. Vojtěcha 啤酒廠
- **Únětické Pivo 12° 啤酒：** Únětický Pivovar 啤酒廠
- **Pilsner Urquell 啤酒：** Pilsner Urquell 啤酒廠
- **Koutská 18° 啤酒：** Kout na Šumavě 釀酒廠
- **Hop Swill 印度淡色艾爾：** Pivovar Zhůřák 釀酒廠

Tullamore
Dew

BEERANEK釀酒廠

Ceska 7/55, České Budějo vice;
www.beeranek.cz; +42 386 360 186

◆ 餐點 ◆ 酒吧 ◆ 交通便利
◆ 導覽 ◆ 外帶

和契斯凱布達札維（České Budějovice）最大啤酒廠 Budweiser Budvar 相反，這家另類、位在巷弄的精釀啤酒廠，為這個傳統地區帶來巨大改變。如果拜訪 Beeranek 啤酒廠，可以期待喝到不同版本未經殺菌及過濾的捷克皮爾森啤酒。就像大部分的捷克啤酒一樣，這裡標示的是原麥牙汁濃度（Plato）而不是酒精濃度（ABV），這困擾著許多來到捷克的訪客，這種制度其實是在釀造過程中用來衡量發酵物質中的麥芽汁含量（一種未發酵的啤酒）。你可以試試 Beeranek 11° Světlý Ležák 啤酒，這是一款帶有美味麥芽香氣、有點爽口、但又苦又辣捷克啤酒花味道的皮爾森啤酒。

周邊景點

百威 Budvar 啤酒廠

請不要和美國的百威啤酒廠搞混（某些國家美國 Anheuser-Busch 的啤酒必須以百威 Bud 啤酒之名來銷售），這座巨大的啤酒廠是契斯凱布達札維的驕傲與歡樂。

www.budvar.cz

黑塔

帶著一種幽閉恐懼感爬上這座蜿蜒、狹窄的塔樓，到達 73 公尺高的哥德文藝復興式黑塔，頂樓能欣賞到契斯凱布達札維的美景。

NOVOSAD & SON釀酒廠

Nový Svět 95, Harrac hov;
www.sklarnaharrachov.cz; +420 481 528 141

◆ 餐點 ◆ 導覽 ◆ 外帶
◆ 家庭聚餐 ◆ 酒吧 ◆ 交通便利

Novosad&Son 是歐洲大陸最不尋常的一家啤酒製造商，位在北波西米亞山城哈拉霍夫（Harrachov）的一家玻璃工廠內部，啤酒是用來吸引遊客並提供給玻璃工人消暑的飲品，他們整年在高溫炙熱的環境下工作。來到酒吧的訪客可以一邊參觀工人將熔化的玻璃變成藝術品，一邊啜飲 František 啤酒，一款傳統並摻和許多帶有辣味的 Saaz 啤酒花的捷克淡色拉格啤酒。也可以試試苦中帶甜的深色拉格啤酒 Čerťák，以附近的滑雪跳台來命名。但最有趣的品項是為玻璃工人所釀造的特製淡色拉格 Huťské světlé výčepní pivo，口味清淡、低酒精，溫度升高時喝起來特別爽口。

周邊景點

哈拉霍夫運動場

這座位在哈拉霍夫很棒的滑雪道，溫暖時節則變成登山步道。夏天也可以在舖設塑膠塗層鋪的滑雪道上進行跳台滑雪運動。

www.skiareal.com

Rozhledna Štěpánka

這座 24 公尺長的觀景台位在海拔 959 公尺高的山丘上。1892 年竣工，可以 360 度觀賞 Krkonoše 山巒。

www.rozhledna-stepanka.cz

MDCCCXLII
MDCCCXCII
1842-1892

PILSNER URQUELL釀酒廠

U Prazdroje 7, Plzeň;

www.prazdrojvisit.cz; +420 377 062 888

◆ 餐點 ◆ 導覽 ◆ 外帶
◆ 家庭聚餐 ◆ 酒吧 ◆ 交通便利

很少有啤酒廠可以釀造出屬於自己風格的啤酒，也很少啤酒廠像 Pilsner Urquell 這樣有歷史。來自捷克皮爾森（Plzeň）的皮爾森啤酒 Pilsner Urquell，或稱做「原味啤酒」，亮相於 1842 年 10 月 5 日，是在一座由 250 名當地居民所建造的新「市民」啤酒廠釀造出來的，這些人後來也持有啤酒釀造權。雖然他們大部分是捷克人，但啤酒卻採國際化合作。第一位釀酒大師 Josef Groll 來自德國的巴伐利亞邦，而使用下層發酵拉格酵母的技術也來自於這個地區。而釀造的啤酒成品呈現出當時可説是相當新奇的淡金黃色澤，這也是因為使用英式麥芽烘窯、間接加熱的技術。來自當地的影響則包括捷克的大麥及啤酒花，以及皮爾森相當順口的水質。

今日，遊客仍然可以參觀還在運轉中的啤酒桶製造工坊，在現場占地廣大的餐廳裡用餐以及採買裝飾有啤酒廠 175 年歷史圖樣的紀念品。Pilsner Urquell 啤酒廠只釀造一種啤酒——經典的淡色拉格啤酒。但是他們也供應一種懷舊風格的拉格啤酒。這是一款仍然在木製啤酒桶中發酵，味道嚐起來相當迷人又帶有極度苦中帶甜的拉格啤酒的版本。這款啤酒只在導覽行程進行到尾聲時，才在極富歷史感的石灰岩地窖中供應給遊客。每個到此參觀的遊客都該把這款啤酒放在必嚐名單中。

周邊景點

玩偶博物館

這座位在皮爾森主廣場、整修過的美麗哥德式建築，裡頭擺滿各式各樣的玩偶及牽線木偶，包括受到當地人喜愛、最原始的 Spejbl 和 Hurvínek 木偶。*www.muzeumloutek.cz*

猶太大會堂

世界第三大的猶太會堂，這座哥德式建築於 1892 年竣工，1998 年整修完畢，現在是音樂會及藝術展場所。*www.zoplzen.cz*

Techmania 博物館

這座互動式的兒童科學博物館提供許多電氣及磁鐵的展覽，可以透過紅外線照相機、渦輪引擎、火車引擎及 3D 天文館找到許多樂趣。*www.techmania.cz*

Patton 紀念館

這座獨特的紀念館記載一段被遺忘的二戰歷史，敘述當時被美軍解放的捷克斯洛伐克西部，其中也包括皮爾森。

www.pattonmemorial.cz

丹麥

如何用當地語言點啤酒？ En øl, tak

如何說乾杯？ Skål

必嚐特色啤酒？皮爾森啤酒。

當地酒吧下酒菜？ Smørrebrød，一種開放式三明治，是傳統午餐主食。

貼心提醒：當你說乾杯時，請舉起酒杯並看著同伴們的眼睛。

超過一個世紀以來，丹麥大型、歷史悠久及釀造出類皮爾森風味啤酒的釀酒廠，例如 Carlsberg 和 Tuborg 啤酒廠都很受到大眾喜愛。最近，小型啤酒狂熱釀造商開始企圖恢復這個品質優良且具有千年歷史的釀酒傳統。丹麥最古老的啤酒釀製可回溯至西元前 2800 年，哥本哈根第一家啤酒導覽則是 1525 年開始。Carlsberg 釀酒廠創立於 19 世紀中期，如今已成為全世界最大的釀造集團之一（1970 年始它也收購了 Tuborg 啤酒廠）。

大約 15 年前，因為對主要啤酒廠所釀造的拉格啤酒感到乏味，丹麥人對精釀啤酒產生極大興趣。從 2002 年只有 21 家啤酒廠，到現在在全丹麥約有 170 家釀酒廠，每座小鎮幾乎都有自己的釀酒廠或自釀酒吧（丹麥文稱之為 brygghus）。此外還出現所謂的遊牧釀酒師，其中最鼎鼎有名且受歡迎的是 Mikkeller（www.mikkeller.dk）啤酒品牌的釀酒師 Mikkel Borg Bjergsø，他來自哥本哈根，卻沒有自己專屬的實體釀酒廠。Mikkeller 這個品牌會和許多全球知名的啤酒廠合作（由品牌提供配方，然後使用其他啤酒廠的設備）。Bjergsø 的作風有點像是一名瘋狂教授（之前是一名高中自然科學老師），使用最棒的原始材料來發掘不同的啤酒配方，從 kopi luwak 咖啡到墨西哥煙椒（chipotle chilli）都有。從西班牙巴塞隆納到南韓首爾都能找到 Mikkeller 酒吧的分店，而 Mikkeller 這個啤酒品牌也的確開始做出一點成績。兩名 Bjergsø 的學生已經以這種游牧釀造方式，釀出備受好評的 To Øl. 啤酒。

153

MIKKELLER釀酒廠

Viktoriagade 8B-C; Copenhagen;
www.mikkeller.dk; +45 3331 0415
◆ 餐點　◆ 交通便利　◆ 酒吧

原汁原味的丹麥時尚，Mikkeller 這個啤酒品牌已經成為北歐啤酒業創新的代名詞。一切故事始於 2006 年，一名數學及物理老師在哥本哈根的廚房裡，漸漸發現自己深深著迷於對啤酒花、麥芽及酵母的不同實驗。這種對釀造啤酒的濃厚興趣逐漸發展成外銷 40 幾國的精釀啤酒迷你王國。創辦人 Mikkel Borg Bjergsø 開玩笑地表示：「我們從來就不安於室。我們一直都在從事新的啤酒實驗及計畫。」他所釀造出的啤酒種類非常驚人，從皮爾森啤酒、斯陶特啤酒、美式印度淡色艾爾啤酒、水果啤酒、不含穀蛋白到低酒精的啤酒。最近新增加的啤酒品項則是比利時 Mikkeller 釀酒廠所即興釀造出來、在橡木桶中陳年發酵的罐裝酸艾爾啤酒。在哥本哈根啤酒廠旗艦店附近，有許多各式各樣供應 Mikkeller 啤酒品牌的場所。但是 Øl & Brød 和 WarPigs 這兩間啤酒廠也因他們的餐廳而贏得讚譽。前者以專門供應傳統丹麥開放式三明治（smørrebrød）而聞名，而後者則是一家聯合販售自釀啤酒酒吧及德州燒烤的餐廳。Mikkel Borg Bjergsø 表示：「我的雄心壯志是打開丹麥主廚及饕客們對啤酒的眼界，並將啤酒變成是可以取代葡萄酒的另一種選項。」你可以試試一款 Beer Geek Breakfast，這是一款咖啡斯陶特啤酒，也是這款原始啤酒，讓 Mikkeller 這個啤酒品牌業績扶搖直上。

周邊景點

Vesterbro's Kødbyen

哥本哈根的肉類加工區，也是丹麥潮客的聚集地，中心區域就是所謂的肉品城（Kødbyen），裡頭有許多奇特的酒吧、街頭小吃以及時髦餐廳。

運河之旅

哥本哈根是一座水道縱橫的城市，所以參觀的最佳方式是搭船。可以從適合拍照留念的 Nyhavn 運河展開旅程。*www.stromma.dk*

Christiania

自 1970 年代開始，這個位在 Christianshavn 港口處的河畔社區，一直都是不遵循傳統規範之人的聚集地，可以看到彩色塗鴉、美術館以及引人入勝的 DIY 建築物。

Tivoli 花園

這座滑稽古怪的遊樂園，靈感來自加州迪士尼樂園，可以促進肌肉發達的遊樂花園是能滿足大人小孩的魔幻之地。*www.tivoli.dk*

法國

如何用當地語言點啤酒？ Une bière, s'il vous plaît.

如何說乾杯？ Santé, tchin tchin 或是只是 tchin!

必嚐特色啤酒？季節啤酒。

當地酒吧下酒菜？一盤有起司、冷肉或兩者都有的拼盤。

貼心提醒：請務必分辨清楚一品脫（0.5 公升）或是半品脫（0.25 公升），有些地方也會供應 un galopin（0.125 公升）的容量。

當你坐在法國巴黎的經典酒吧，可以選擇的只有因應大量市場需求的拉格啤酒以及幾種比利時大廠啤酒時，或許無法裡解，法國是一個有著優良啤酒（la bonne bière）光榮歷史的國家。19 世紀這裡有超過 2800 家釀酒廠，1970 年代末期受到兩次世界大戰以及大量工業化的影響，酒廠數量驟降到只有兩位數。靠近比利時邊界的東北方仍保有濃厚的啤酒傳統，但是其他地方酒精飲料的選擇漸漸改為葡萄酒。

但是人們已經開始逐漸感受到精釀啤酒（bière artisanale）運動的興起。這種啤酒小規模釀造、速度緩慢，但對品質卻有所堅持且數量正在成長。現在在法國大約有 1000 家精釀啤酒廠，而隨著法國人開始發現想嚐嚐有特色的飲品時，葡萄酒並非唯一選項時，精釀啤酒廠的數量也在快速增長。

如果要指出最具法式風情的啤酒，也許是窖藏啤酒（bière de garde）。名稱暗指它適合窖藏（法文稱 garder）或陳年發酵，很可能見證了世紀初法國北部，從釀造出舊學院式的餐桌啤酒到味道濃烈的比利時修道院式（abbaye-style）啤酒的轉變。而啤酒狂熱者也會告訴你，相較於葡萄酒，這款順口、帶有麥香的啤酒比較適合用來搭配味道濃厚的起司以及法國餐桌上豐盛的風味冷盤。

靠近巴黎 Les Halles 區，Simon Thillou 的酒鋪 La Cave à Bulle 完美地精選了幾款法式精釀啤酒。他將法國蓬勃發展的精釀啤酒運動和環法自由車大賽做了類比。「一共有 200 名參賽者。他們之中只有 20 到 30 名可以翻山越嶺。他們都是了不起的選手。但是只有兩到三名選手會贏得比賽。然而他們卻引領、激勵著其他參賽者。」

這些精釀啤酒釀酒師中，第一位翻越山頭，用現代精釀啤酒釀造法更新傳統釀酒方式的是位在法國北部啤酒愛好區 Thiriez 啤酒廠的 Daniel Thiriez。這位法國精釀啤酒之父，早在 1996 年便開始他的精釀啤酒事業。但是他必須等到法國當地人接受精釀啤酒的口味。如同 Simon Thillou 所說：「八年前，他們一款帶有濃厚啤酒花香氣的季節啤酒 Etoile du Nord 是全法國啤酒花含量最多的啤酒。但

是對一般人來説，這樣的口味卻太極端。今日，這款啤酒卻成為我們的暢銷款。」

像在巴黎、里昂及波爾多這樣的大城市哩，啤酒店鋪（caves à bières）及自釀啤酒供應商就像是野生啤酒花一樣快速增長。在一個葡萄酒為中心的國度，精釀啤酒的規模仍然相當小。這也造就了一個信奉「精釀啤酒價值」的強大社團。Simon Thillou 將這個價值形容為「共享、歡樂及品味」。

法國人這個民族有著 400 多種奇特的起司，他們發明食物搭配飲品的文化，他們可以花兩個小時的時間享用午餐。法國每個區域的產地及傳統手工製作的產品也非常像是某種宗教信念。的確，精釀啤酒是為法國人所釀造的。

酒吧語錄：SIMON THILLOU

我將精釀啤酒業
比喻作環法自由車大賽，
200 位參賽者
只有少數幾人能翻山越嶺，
其中只有兩三人
能贏得最後的比賽。
但是這些人，
卻引領著其他參加比賽的人。

TOP 5
啤酒推薦

- **Etoile du Nord Saison 啤酒：** Thiriez 啤酒廠
- **La Bavaisienne Bi è re de Garde 啤酒：** Theillier 啤酒廠
- **Oyster Stout 啤酒：** Mont Saleve 啤酒廠
- **Ernestine 印度淡色艾爾：** la Goutte d'Or 釀酒廠
- **Cerberus Triple 啤酒：** l'Etre 釀酒廠

CHANAZ釀酒廠

118 Route du Canal, Chanaz; www.brasseriedechanaz.blogspot.com; +33 04 79 52 22 19

◆ 餐點　◆ 導覽　◆ 外帶
◆ 家庭聚餐　◆ 酒吧　◆ 交通便利

位在迷人運河旁的沙納茲（Chanaz），在自學如何釀啤酒後，Pascal Moreau 逐漸轉行變成一名販售自釀啤酒的釀酒師。所有他所自釀的啤酒全都來自靠近村莊入口處的一間迷你自營啤酒廠。

這裡固定供應五款啤酒：黃金艾爾、白啤（blanche）、琥珀、咖啡色啤酒以及季節（saison）啤酒，還有一些一次性的特調啤酒和季節性啤酒。在夏日時節，他會在村莊的中心經營一家小店鋪。在那裡，你可以買到幾款外帶瓶裝的核心產品，像是一些特調啤酒。如果剛好符合時令，你可以試試 Moreau 從附近田野採集來的野生啤酒花所釀製的春天艾爾啤酒。

周邊景點

沙納茲磨坊

這座 1868 年建立的石製水磨坊用來提煉榛果油及核桃油，可以在此看師傅操作輾磨機，並且購買零食、調味品，當然還有一罐罐提煉好的油。*www.moulindechanaz.com*

Auberge de Portout 飯店

往北走 2 公里就來到 Auberge de Portout 飯店，在這裡可以享用當地的蝸牛、起司及青蛙腿，還有來自 Pascal Moreau 釀製的啤酒。*www.aubergedeportout.fr*

LES 3 BRASSEURS釀酒廠

22 Place de la Gare, Lille;

www.les3brasseurs.com; +33 3 20 06 46 25

◆ 餐點　◆ 酒吧　◆ 交通便利

◆ 家庭聚餐　◆ 外帶

位在法語及比利時北部法蘭德斯語區的交界處，里爾（Lille）是法國最具豐富地方啤酒文化的都會中心。這裡的氣候太涼爽，並不適合葡萄生長，但是卻適合穀物及啤酒花種植。幾世紀以來，無數的農莊釀酒師傅釀造出許多鄉村艾爾啤酒來取悅當地的農工。隨著現代啤酒狂熱者更新傳統的釀造技術，對於一些法國最有活力的新浪潮啤酒廠（brasseurs）皆來自於此，我們並不感到驚訝。精釀啤酒的開創者 Brasserie Thiriez 啤酒廠則來自於更北邊的 Esquelebecq。Pays Flamand 啤酒廠得過獎的 Saison 啤酒則來自有點靠近里爾西部的地方。如果想要嚐點傳統的口味，你可以找找 Theillier 啤酒廠的窖藏啤酒（bières de garde）。這家啤酒廠現在還是由同一個家族的第七代所經營。

回到里爾，Les 3 Brasseurs 啤酒廠是外銷精釀啤酒至全世界法語地成功故事的總部所在地（如果你連在大溪地都喝得到他們釀造的好黑啤 brune，那你真的很有口福）。這座啤酒廠供應自釀的高品質啤酒、放在試喝槳板上的固定啤酒品項、可以讓人消磨一整天的舒適氣氛以及適合拿來搭配啤酒的法蘭德斯菜餚，像是一種上層鋪滿鮮奶油、洋蔥及小豬肉塊的細脆薄餅 flammekueche，這些都是啤酒廠經營成功的方程式。你可以試試 Fleur des Flandres 啤酒。這是一款略帶苦澀及花香，比利時式的艾爾啤酒。

周邊景點

Vieux Lille

這座經過修復的 17 ～ 18 世紀法蘭斯磚牆屋群，現在搖身一變成為時髦精品店、迷人咖啡館及舒適餐廳的所在地，這裡多樣化的建築會令人目瞪口呆。

La Capsule

在這家位於老城中心、專門釀造當地啤酒、極富情調的酒吧中，嚐到這個區特有的啤酒。

Abbaye des Saveurs

法國及比利時啤酒就陳列在這座法式雜貨店裡的古老石牆上，位於 Vicux Lille 區蜿蜒的鵝卵石街道深處。

Palais des Beaux Arts

這座全世界知名的美術館擁有 15 ～ 20 世紀的一流館藏，包括北歐巴洛克藝術家魯本斯（Rubens）、英國宮廷首席畫家范戴克（Van Dyck），以及法國巴黎寫實藝術家馬奈（Manet）的作品。*www.pba-lille.fr*

NINKASI釀酒廠

Various locations, Lyon;
www.ninkasi.fr

◆ 餐點 ◆ 酒吧 ◆ 交通便利
◆ 家庭聚餐 ◆ 外帶

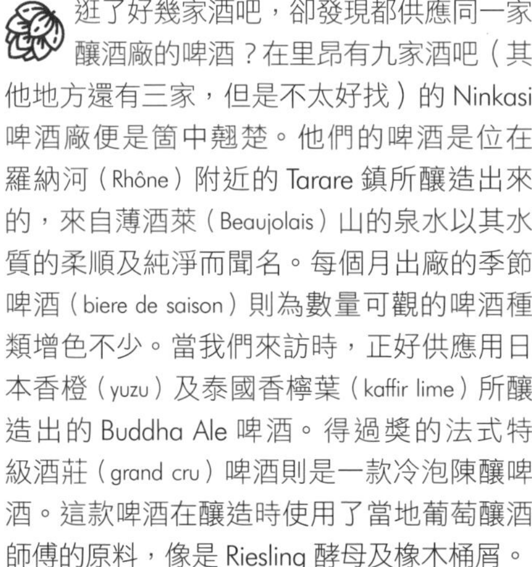

逛了好幾家酒吧，卻發現都供應同一家釀酒廠的啤酒？在里昂有九家酒吧（其他地方還有三家，但是不太好找）的 Ninkasi 啤酒廠便是箇中翹楚。他們的啤酒是位在羅納河（Rhône）附近的 Tarare 鎮所釀造出來的，來自薄酒萊（Beaujolais）山的泉水以其水質的柔順及純淨而聞名。每個月出廠的季節啤酒（biere de saison）則為數量可觀的啤酒種類增色不少。當我們來訪時，正好供應用日本香橙（yuzu）及泰國香檸葉（kaffir lime）所釀造出的 Buddha Ale 啤酒。得過獎的法式特級酒莊（grand cru）啤酒則是一款冷泡陳釀啤酒。這款啤酒在釀造時使用了當地葡萄釀酒師傅的原料，像是 Riesling 酵母及橡木桶屑。

你可以從 Croix Rousse 山丘頂開始你的旅程。這裡曾是歐洲絲綢紡織的重鎮。而 Ninkasi 啤酒廠便位於繁忙的主要道路上。沿著風景如畫大岸坡道（Montée de la Grande Côte）的階梯拾級而下到達里昂老城（Vieux Lyon），Ninkasi 啤酒廠的 Saint-Paul 酒吧就在河道旁。

然後你也可以造訪 Ninkasi 啤酒廠的 Ville 旅館，體驗石窖的氛圍。結束旅程最好的地點是 Ninkasi Guillotière 餐廳。這座餐廳有著巨大的露臺以及可以沿著河岸觀看里昂老城的美景。你可以試試黑啤酒（Noire）。這是一款帶有巧克力焦糖苦味以及柔軟羅納河水的啤酒。2015 的世界啤酒大賽中，這款啤酒贏得世界最佳波特啤酒的殊榮。

周邊景點

Traboules 通道

這是一處里昂老城和紅十字山（Croix Rousse）縱橫交織出的迷人祕密通道，19 世紀絲綢紡織工人會利用這些通道將貨物安全運抵市場。*www.lyontraboules.net*

Le Garet 餐廳

在里昂用餐，一定要去傳統的家常酒館快餐店 bouchon。Le Garet 是其中一家正統、吸引許多當地忠誠顧客及提供友善服務的餐廳。

藝術博物館（Musée des Beaux-Arts）

是法國巴黎以外擁有最佳精美雕塑、畫作館藏的美術館。作品從羅丹（Rodin）、魯本斯（Rubens）、林布蘭（Rembrandt）、莫內（Monet）、馬蒂斯（Matisse）到畢卡索（Picasso）。這裡也有修道院迴廊式的花園可以看看。*www.mba-lyon.fr*

Paul Bocuse 里昂美食市場
（Les Halle de Lyon Paul Bocuse）

這裡一共有五十多家販賣高品質美食的攤販，包括里昂當地特產魚肉丸子（quenelles）或聖馬斯蘭奶酪（St Marcellin cheese）。
www.hallespaulbocuse.lyon.fr

BAPBAP釀酒廠

79 rue Saint-Maur, Paris;
www.bapbap.paris; +33 1 77 17 52 97

◆ 外帶　◆ 導覽　◆ 交通便利

如果你想在人口最密集的巴黎 11 區釀造啤酒，小規模運作方式是必然的。BapBap 釀酒廠名稱來自於法文「brassée à Paris, bue à Paris」的縮寫，亦即「釀造於巴黎、沉醉於巴黎」。創辦人 Édouard Minart 表示他花了兩年半在巴黎尋找合適的建築，貨車根本無法進入中世紀街道，幸好 11 區的潮客和精釀啤酒吧撐起營業量。這家啤酒廠位在一棟類似艾菲爾鐵塔的全金屬風格建築中，占地只有 1800 平方公尺。除了穀物栽種，所有釀造過程都在這裡，例如搗碎麥芽、釀造、發酵及裝瓶。試試獨特的印度淡色艾爾，是由 Sorachi Ace 啤酒花冷泡釀製，帶有持久的苦味。

周邊景點

拉雪茲公墓（Cimetière du Père-Lachaise）

巴黎最浪漫的地點之一，可以參觀愛爾蘭作家王爾德（Oscar Wilde）及美國創作歌手 Jim Morrison 葬身之處，但大部分遊客只是漫無目的地穿梭在美麗的丘陵公園中。

www.pere-lachaise.com

Au Passage 餐廳

這家 2011 年由澳洲主廚 James Henry 創立的餐廳，迄今仍是巴黎最受喜愛新式小酒館。這裡供應美味葡萄酒和精巧的食物。

www.restaurant-aupassage.fr

CLAUDINE
Goutte d'Or
ERNESTINE
LA MÔME
SAISON ORIENTALE
LA CHAPELLE

161

LA GOUTTE D'OR釀酒廠

28 rue de la Goutte d'Or, 18e, Paris;
www.brasserielagouttedor.com; +33 9 80 64 23 51
◆ 外帶　◆ 交通便利

La Goutte d'Or 啤酒廠位在小非洲區，是西非及北非移民大本營，也是巴黎長久以來的工人聚集區。身為巴黎第一家精釀啤酒廠，吸收了當地社區多元文化的靈感。造訪時釀酒師（brasseur）Thierry Roche會帶你了解啤酒製造過程，你會發現一款由印度茶香所提煉的小麥啤酒 La Chapelle，帶有薑、肉桂、荳蔻的味道。帶有煙燻琥珀味道的 Charbonnière 啤酒，靈感來源則是法國作家左拉（Zola）對當地火車站附近街道的描述，是一款巴黎道地啤酒。還可以試試混和冷泡印度淡色艾爾及英式淡色艾爾的 Ernestine 啤酒，1900 年代初期就是在 Ernestine 街上釀製而成的。

周邊景點

Dejean 市場

這座雜亂的當地市集，很有朝氣的向訪客介紹了非洲飲食文化，你可以找到秋葵及木薯等奇特的蔬菜、各式魚頭及新鮮香草。

Barbès 啤酒店

這家可鳥瞰 Barbès 地鐵站、酒吧兼餐廳兼夜總會的場所，裝飾著時髦的藝術品，有超酷的氛圍和美味的食物，屋頂露臺也以上去看看。*www.brasseriebarbes.com*

DECK & DONOHUE釀酒廠

71 rue de la Fraternité, Montreuil;
www.deck-donohue.com; +33 9 67 31 15 96
◆ 外帶　◆ 交通便利

歡迎來到法國 Montreuil，位於巴黎市郊，現為許多上流人士居住、街頭藝術及啤酒復興的區域。2014 年 Thomas Deck 和 Mike Donohue 來到此地，分別來自德國阿爾薩斯（Alsatian）和美國的兩人，一起為巴黎釀造出精良的啤酒（bières fines）。他們手工釀造的小桶裝艾爾啤酒以及印度淡色艾爾最受歡迎，每逢週六開放讓訪客到龐大又明亮的啤酒廠參觀品嚐。平時供應六款啤酒以及一些不斷更換的季節及特調啤酒，可以試試一款經典美式印度淡色艾爾 Vertigo，帶有大地及啤酒花香氣卻又平易近人。對於喝慣 Kronenbourg 釀酒廠的巴黎人來說，這是精釀啤酒的入門選擇。

周邊景點

La Montreuilloise

每週六營業，位在 Montreuil 桃樹牆區（Murs à Pêches）的另一家啤酒廠，可以參訪他們的啤酒釀造工作坊。
www. la-montreuilloise.com

Bois de Vincennes

占地 995 公頃，有巴黎第二大綠肺之稱的 Bois de Vincennes，划船、騎腳踏車和玩迷你高爾夫都很好，這裡也有動物園、植物園以及一座迷人的中世紀古堡。

PANAME
PBC

PANAME釀酒公司

41 bis Quai de la Loire, Paris;

www.panamebrewingcompany.com; +33 1 40 36 43 55

◆ 餐點 ◆ 酒吧 ◆ 交通便利

◆ 家庭聚餐 ◆ 外帶

地處巴黎市內的啤酒廠很稀有，而具有河濱景觀的啤酒廠更是幾乎不存在。但是巴黎第一家販售自釀啤酒的酒吧，Paname 釀酒公司卻在維葉特流域（Bassin de la Villette）擁有這樣絕佳的位置。這個流域是聖馬汀（St-Martin）運河變成烏爾克（Ourcq）運河並繼續往北流出巴黎的所在地。Paname 是 20 世紀初當這個流域（bassin）還是一個蓬勃的商業交通中心時，對巴黎的一個俗稱。啤酒廠位於一處有著工業遺跡、19 世紀的一座倉庫裡。一組令人目眩神迷的不銹鋼酒缸就大搖大擺地放在後頭大型、開放的酒館裡。固定供應的啤酒是以運河的黃金年代（Belle Époch）來命名。Le Barge du Canal 是一款容量很大具有濃厚啤酒花香氣的印度淡色艾爾啤酒。Oeil de Biche 是一款清爽帶有水果香氣的淡色艾爾啤酒。每個月的限定版啤酒品項也許會包括雙倍印度淡色艾爾啤酒或是頂級紅色艾爾啤酒。菜單也是以搭配啤酒為主，比如說披薩、漢堡、慢烤手撕豬肉以及法式熟食冷肉盤（charcuterie）。你可以前往飄浮在浮筒上頭的廣闊露臺。在這裡，你可以看到運河旁在玩法式滾球（pétanque）的人們以及遊艇。選一個位置坐下吧。來到這裡一定要試喝的啤酒是 Casque d'Or。這是一款由 100% 法國啤酒花、橘子皮以及糖漬薑片所釀造，帶有花香的季節啤酒。

周邊景點

搭船游運河（Canauxrama）

透過運河抵達時髦的 Paname 區，從巴士底（Bastille）啟程，兩個半小時帶你穿過許多水閘以及橋下，可一窺巴黎的真實風貌。

www.canauxrama.com

Buttes-Chaumont 公園

這座 19 世紀奇特的公園裡有許多假山洞、瀑布以及一座位在山丘上的羅馬涼亭，在山坡上野餐可以看到巴黎聖心堂（Sacré-Cœur）。

Belleville 街頭藝術之旅

快速發展 Belleville 是街頭表演的主要場所，聚集了許多藝術家，街道巷弄充滿著許多臨時起意的傑作，可以參加導覽觀賞最新的藝術作品。

www.streetartparis.fr/streetart-tours-paris

Le Baratin 餐廳

位在 Belleville 主打葡萄酒為的小酒館，供應簡單卻豐盛的菜餚，是巴黎第 20 區最棒的午餐選項。

BRASSERIE DES SOURCES DE VANOISE
Bière des Grimpeurs
au safran**
BLANCHE
33cl
BRASSERIE DES SOURCES DE VANOISE
Bière des GUIDES
au safran**
BLONDE
33cl
BRASSERIE DES SOURCES DE VANOISE
Bière des moniteurs
au safran**
AMBRÉ
33cl

TRIANGLE釀酒廠

13 rue Jacques Louvel Tessier, Paris;
www.triangleparis.com; +33 1 71 39 58 02

◆ 餐點　◆ 酒吧
◆ 家庭聚餐　◆ 交通便利

Triangle 啤酒廠便是將微釀啤酒概念發揚到極致的例子。這座小型的釀酒廠有三個每週產出 300 公升、令人印象深刻的釀酒小鍋爐，依釀造時程，你會在位於巴黎第 10 區時髦角落的一家精美啤酒廠兼酒吧兼餐廳，發現兩到三款自製啤酒。這裡是由三名年輕魁北克人所創立的，明亮的法式小酒館中有著北歐斯堪地風格的裝潢、供應自釀啤酒以及不斷更新的訪客啤酒（guest beers），還有用來下酒的季節菜單。你所能喝到的啤酒品項完全取決於緊湊的釀造時程，但是如果他們剛好有大容量、色澤黏稠的 India 深啤，請務必要點來喝看看。

周邊景點

藝品博物館（Musée des Arts et Métiers）

1794 年所建、位於一家 18 世紀的小修道院中，這是歐洲最古老的科技博物館，裡面充滿許多迷人且富有歷史感的機械與器具。*www.arts-et-metiers.net*

紅孩兒市集（Marché des Enfants Rouges）

這座巴黎最古老、有屋頂的室內市集建於 1615 年。漫步在迷宮般的食物攤位中，然後在大型公共餐桌上和當地人一起用午餐。*www.marchedesenfantsrougesfr.com*

BRASSERIE DES SOURCES DE VANOISE釀酒廠

124 montée Château Feuillet, Villarodin-Bourget;
www.brasserievanoise.com; +33 6 70 46 52 94

◆ 導覽　◆ 外帶

這家小型的阿爾卑斯山釀酒廠主要釀造四款有機啤酒，分別是：琥珀、咖啡色、金黃以及白色艾爾啤酒，全部都是由來自附近高山原生番紅花所提煉而成。釀酒廠位於法國阿爾卑斯山腳下維拉羅丹 - 布林熱（Villarodin-Bourget），一處細心改建而成的石板屋中。釀酒廠全年開放，提供啤酒釀造的導覽，以及更關鍵的是，向訪客展示這棟房屋如何騰出空間來擺放這些釀酒設備及機具。

在狹小的品酒室裡，有供應試喝及外帶啤酒。如果你可以安排春天來訪，可以試試由野生百里香以及黃色龍膽花所提煉而成的春天金黃艾爾啤酒。

周邊景點

Val d'Isere & Valloire

許多附近的度假勝地，包括 Val d'Isere 和 Valloire，為冬季運動愛好者提供了一個可以滑雪、玩滑雪板、攀登冰原以及冰上駕駛的機會。*www.valdisere.com;www.valloire.net*

Col du Galibier

在環法自由車大賽中，Col du Galibier 是一個惡名昭彰的阿爾卑斯山陡升坡。平凡的人類可以在 Valloire 租電動腳踏車過過癮就好。

德國

如何用當地語言點啤酒？ Ein Bier, bitte

如何說乾杯？ Prost!

必嚐特色啤酒？皮爾森啤酒。

當地酒吧下酒菜？椒鹽蝴蝶餅、起司及麵包。

貼心提醒：不用害怕中午前就喝啤酒。在德國許多地方，晨聚（Frühschoppen）後來杯啤酒仍然是一項被珍惜的傳統。

面對琳瑯滿目的德國啤酒，你準備好暈頭轉向吧。想快速理解德國啤酒文化不用花上一輩子，卻可輕易耗費整個夏天。德國是一個浸淫在啤酒歷史中超過千年的國家，也是將大規模釀造技術精進到完美的國度，從深色拉格、皮爾森、巴伐利亞小麥酵母啤酒到帶有水果香氣的科隆 Kölsch 啤酒，以及杜賽道夫的老啤酒（Alt）。德國君王曾經嚴肅地宣稱：「請賜給我一個喜愛啤酒的女人，而我會為她征服全世界。」這也是全世界第一個頒布純食物法令——啤酒純釀法——的國家，1516 年頒佈釀造啤酒所需的原料，迄今許多啤酒釀造依然沿用這個法令。

雖然已經釀造出全世界最受推崇、喜愛的啤酒，德國並不以此自滿，也生產出一些口味奇特的啤酒，像是酸艾爾 Berliner Weisse、Gose 以及來自班堡的煙燻啤酒。雖然埋頭研究德國偉大的啤酒傳統可能需耗時數年，但請記住，德國現在也有一整批釀釀造出世界一流淡色艾爾、頂級斯陶特及季節啤酒的新精釀啤酒世代，這些啤酒風格全然和令人稱羨的啤酒歷史無關。

像在慕尼黑，你可以參訪老派的啤酒廳，比如說 Hofbräuhaus，享受像百年前如法炮製的拉格啤酒，然後再造訪像 Tap-House 的精釀啤酒吧。這家酒吧標榜供應 42 款生啤酒以及數百瓶來自當地精釀啤酒製造商的啤酒，還有著名來自義大利、丹麥以及美國的進口啤酒。

在科隆，這是一個貢獻並釀造出具有當地風味科隆啤酒的城市。你可以在接近中午時分，就在科隆大教堂附近的 Früh 酒館，來上一杯傳統的科隆啤酒配上裸麥麵堡佐起司 Halve Hahn。然後再拜訪販售自釀啤酒酒吧的 Braustelle。這家酒吧拋棄了傳統的釀造法，是啤酒實驗及創新的殿堂。

雖然全德國都可以找到最棒的精釀啤酒廠，但是不令人意外地，我們還是在歐洲最時髦的城市之一柏林，發現了最新奇酷炫的事情。在這裡，外來移民所擁有的精釀啤酒廠，像是 Vagabun 及 Stone，供應了道地、美式風味的啤酒品項，而當地的英雄 Schoppe

酒吧語錄：MANUELE COLONNA

雖然柏林的精釀啤酒幾年前才剛開始發展，但是成長卻相當快速，當地人對此有很大的興趣。

Bräu、Eschenbräu 和 Heidenpeters 啤酒廠則釀造出屬於他們自己創新的啤酒種類。

德國的啤酒花種植者，也對精釀啤酒口味受到爆炸性的歡迎做出了回應。他們從傳統高級的啤酒花種類，像是 Hallertau、Spalt 和 Tettnang，新增加了野生帶有濃厚香氣的品種，像是 Mandarina Bavaria、Polaris 和 Hüll Melon 啤酒花。這些都讓德國變成啤酒旅行者最值得造訪的國度之一。在一個比新墨西哥州還略大點的國家中，現在就有超過 1300 家啤酒廠，光在 Franconia 這個地方，就有超過 300 名偉大的啤酒製造商。而居民只有 1300 人的 Aufseß 村，則一共有四家啤酒廠。沒錯，德國啤酒之旅也許會令人頭暈目眩，你也當然不可能參觀完全部的啤酒廠。但是試試看還是很有趣。

TOP 5 啤酒推薦

- **Schneider Weisse TAP I Meine Helle Weisse 啤酒：**Schneider Weisse 啤酒廠
- **Wöllnitzer 白啤：**Gasthausbrauerei Talschänke 啤酒廠
- **Spezial Ungespundet 啤酒：**Spezial 啤酒廠
- **Gänstaller Kellerbier 啤酒：**Gänstaller Bräu 釀酒廠
- **Kellerbier Ayinger Celebrator Doppelbock 啤酒：**Aying 釀酒廠

MAHR'S BRÄU酒吧

Wunderburg 10, Bamberg;
www.mahrs.de; +49 951 915 170

◆ 餐點 ◆ 導覽 ◆ 外帶
◆ 家庭聚餐 ◆ 酒吧 ◆ 交通便利

在班堡（Bamberg）這樣到處都是世界一流酒吧的城市，想要出眾非常困難，但這家位在河邊的小型家庭經營自釀啤酒吧 Mahr's Bräu，成功做出區別的關鍵在於一款備受歡迎的：U-Beer，其他還有極佳的 Bocks、德式白啤以及季節啤酒，比如耶誕啤酒（Christmas beer）。

除此之外，這裡冬天有暖和火爐、夏日有小花布置的典雅啤酒花園，並供應鎮上最精美的傳統 Franconian 菜餚。當然必須試試著名的 U-Beer 啤酒（德文全名：Ungespundet-hefetrüb，低碳未過濾，帶有酵母混濁色澤），一款口感如絲綢般柔順、帶有麥芽風味的啤酒，在這個地區是美味又獨特的品項。

周邊景點

UTracks 巴伐利亞啤酒自行車之旅
（UTracks Bavarian Beer Trail Cycle）

平坦的地形以及鄰近的城鎮，讓 Franconia 這個區域很適合騎腳踏車，也可以停留造訪供應清爽啤酒的釀酒廠。

老城區

大部分的班堡老城區躲過了二次世界大戰的轟炸而依然屹立不搖，如今被聯合國教科文組織列為世界文化遺產。

SPEZIAL KELLER釀酒廠

Sternwartstraße 8, Bamberg;
www.spezial-keller.de; +49 951 54887

◆ 餐點 ◆ 酒吧 ◆ 交通便利
◆ 家庭聚餐 ◆ 外帶

綠樹成蔭、微風徐徐的啤酒花園、美味傳統的菜餚、好喝的啤酒以及可以觀賞班堡城天際線的壯麗景色，Spezial Keller 釀酒廠是當地人的最愛。雖然得從市中心步行 15 公里，爬上一座山丘才會到，但這趟健行還是很值得。班堡本身是啤酒朝聖地，但這座老城市的傳統啤酒還是一款帶有麥芽及煙薰香氣的煙燻啤酒（Rauchbier）。Spezial Keller 的煙燻啤酒，並沒有像班堡其他知名酒廠的那樣濃烈，所以算是不錯的入門款，而且也依然帶有美味的麥芽味道。為了搭配這裡的煙燻啤酒，選擇淹沒在一大坨酸菜中的巨型烤豬肘絕對不會出錯。

周邊景點

Weyermann 麥芽工廠

全世界的啤酒廠都可以找到裝飾有這家工廠標誌的白色包裝袋，可說是所有故事的起點。每週三有固定的導覽行程。

www.weyermann.de/in

自然科學博物館（Naturkunde-Museum）

這裡有許多令人印象深刻的館藏，像是鳥類標本、動物遺骸，以及貝殼、甲殼動物及魚類。*www.naturkundemuseum.berlin/en*

SCHLENKERLA釀酒廠

Dominikanerstrasse 6, Bamberg;
www.schlenkerla.de; +49 951 560 60

◆ 餐點　◆ 酒吧　◆ 交通便利
◆ 家庭聚餐　◆ 外帶

德國偏遠地區釀造出許多獨特的啤酒，但很少有一款可比得上北巴伐利亞班堡的煙燻啤酒（Rauchbier）。德文 Rauch 是「煙燻」的意思，班堡的煙燻啤酒使用了已經透過桃木烘乾的小麥芽，讓釀啤酒的穀物有了迷人煙燻、如香草般的口味及香氣。

許多位在班堡及附近區域的釀酒廠，包括很棒的 Spezial 以及 Schlenkerla 啤酒廠都有釀這款啤酒。Schlenkerla 是一家創立於 1405 年的酒吧兼酒廠，也被稱為 Heller-Bräu Trum 或是 Heller Trum 啤酒廠，位於被聯合國教科文組織列為世界遺產的班堡市中心一棟建築裡，木造及花紋裝飾的大廳內部依然清楚可見哥德時代的拱廊。這裡釀出許多不同種類的煙燻啤酒，廚房所烹煮的肉類與馬鈴薯菜餚全都很搭，例如自製香腸以及填滿啤酒醬料的洋蔥。任何一趟班堡啤酒之旅的高潮，都是啜飲 Aecht Schlenkerla Rauchbier Märzen 啤酒的第一口，這款酒精濃度 5.1%、帶有煙燻及甜味、酒體豐厚呈現琥珀色澤的拉格啤酒，是從 Schlenkerla 酒吧厚重的小橡木桶中所取出的。

周邊景點

班堡大教堂

建於 1002 年、融合羅馬及哥德風格，堪稱建築界的傑作。巨大的木刻耶穌誕生祭壇則建於 1520 年。*www.bamberger-dom.de*

Fränkisches 釀造博物館

位在創立於 1122 年、前身是 Benedictine 修道院釀酒廠的一處墓穴，講述著 Franconia 區的啤酒歷史。*www.brauereimuseum.de*

BERLIN

STONE釀酒世界餐廳&啤酒花園

Im Marienpark 23, Berlin;

www.stonebrewing.eu; +49 30 212 3430

◆餐點 ◆導覽 ◆外帶
◆家庭聚餐 ◆酒吧 ◆交通便利

在美國精釀啤酒製造商之中，開立分店進軍歐洲的有三家自稱「第一」。第一家是 Brooklyn 啤酒廠夥同 Carlsberg 釀酒廠，2014 年在斯德哥爾摩創立的 Nya Carnegiebryggeriet 釀酒廠。隔年，Urban Chestnut 收購了一家在德國 Wolnzach 的啤酒廠，並以自己啤酒廠名稱重新替這家啤酒廠改名。不久之後，當聖地牙哥的 Stone 釀酒廠於柏林西南方創立一家龐大的釀酒工廠及餐廳時，宣稱他們是第一家在歐洲設立分店的美國精釀啤酒品牌。

由 1901 年建立的一座玻璃工廠所改裝的典雅啤酒工廠，特色是主建築仍保留原始磚牆外觀以及裝飾用的玫瑰花窗，在從前的火車修車間裡還有個可用來舉辦音樂會及活動的場地。訪客可在餐廳現場買到啤酒，而啤酒的包裝則和原來加州 Bistro & Gardens 所販賣的一模一樣。導覽解說有英文及德文。雖然他們的瓶裝啤酒在歐洲太常見，但是 Stone 依然是一家打破傳統的啤酒廠。外帶啤酒已經事先裝罐，而生啤酒的供應則包括原始、稀有的啤酒桶陳釀版本，以及像是 Stone 頂級黑色比利時印度淡色艾爾這樣的特調啤酒。在喜愛暢飲皮爾森啤酒的德國，這是一款味道嚐起來和傳統釀製啤酒非常不同的啤酒品項。

周邊景點

東德博物館

前東德（又稱 DDR）早已不復見，但是在這座記憶共產年代的有趣博物館裡，這種獨特詭異的前東德風格卻被永遠保留下來。

www.ddr-museum.de

包浩斯檔案館（Bauhaus Archive）

這個珍貴的典藏記錄了德國現代建築家 Walter Gropius 和包浩斯學院的巨大影響力，這是一場 1919 年～ 1933 年間在設計、工藝及美術界所掀起的美學運動。

www.bauhaus.de

佩嘉蒙博物館（Pergamon Museum）

世界最重要的考古博物館之一，館藏包括數千件藝術品，還包含一件西元前 170 ～ 159 年和博物館同名的希臘聖壇。

www.smb.museum

柏林電視塔

這座高達 368 公尺、建於 1969 年的電視塔是現代柏林的象徵，上有可以 360° 環視的自轉觀景台，最遠看到 42 公里以外的景色。*www.tv-turm.de*

BRAUHAUS ZUR MALZMÜHLE

Heumarkt 6, Cologne;
www.muehlenkoelsch.de; +49 221 921 6061

◆ 餐點　◆ 交通便利　◆ 酒吧

科隆啤酒是一款色澤清淡、不甜但迷人有趣的啤酒。這款啤酒並不以濃厚的啤酒花香氣讓你暈頭轉向，但是卻提供了一種清爽、細膩花香的飲酒體驗。美國及澳洲的啤酒廠也釀造出一些很棒的同款啤酒（比如說 254 頁雪梨的 4 Pines 啤酒廠），但是德國科隆的科隆啤酒（這是歐洲唯一一個准許稱自己的啤酒為科隆啤酒的地方）依然是可以痛快豪飲這款啤酒的地方。

科隆最有名雙尖塔大教堂附近的巷弄到處都是供應啤酒及煎香腸的酒吧及啤酒屋（brauhausers）。其中最古老的啤酒屋則是為在 Heumarkt 的 Brauhaus zur Malzmühle。這座啤酒屋就位在大教堂的南邊，距萊茵河只有數步之遙。自 1858 年始，這家家族經營的啤酒廳便根據古老釀造啤酒的配方，利用小麥、大麥芽、泉水、啤酒花以及酵母來自釀啤酒。這家啤酒屋仍保留許多傳統。身穿藍衣的服務生依然在餐桌間穿梭，忙著遞送一杯杯帶有啤酒泡沫、由酒桶中新鮮取出的科隆啤酒。如果你不想再續杯，這邊的傳統是將杯墊放在空的啤酒杯上。釀酒師 Andree Vrana 也在供應許多世界啤酒品項的同一處地點開始經營精釀啤酒吧。但是你可以先從 Schwartz 家族自釀的科隆啤酒開始品嚐。

周邊景點

科隆大教堂

這座德國最大的教堂有種令人無法抵擋的

巨大魅力。不要只是瞠目結舌地站在外頭，教堂裡還有一些寶物，像是由德國視覺藝術家 Gerhard Richter 所設計，由 11.5 萬片玻璃組成的彩色玻璃窗。*www.ddr-museum.de*

Peter 啤酒屋（*Brauhaus Peters*）

科隆啤酒的皈依者會被市中心多采多姿的酒吧寵壞，多試幾家，例如極富個性的 19 世紀 Peter 啤酒屋，有一個彩色玻璃屋頂房間。*www.peters-brauhaus.de*

科隆交響音樂廳

這棟靠近科隆大教堂，建於 1986 年的現代音樂廳，是全世界音響效果最好的音樂廳之一。舉辦許多當代及古典音樂會，每週四晚上則有科隆啤酒及播放音樂的 DJ。

萊茵河遊船

雖然從事貿易的平底載貨船已逐漸被遊艇取代，但是萊茵河在科隆市的日常生活扮演了重要角色，你可搭船探索科隆的海邊及生機勃勃的港區。

BRAUHAUS ZUM SCHLÜSSEL

Bolkerstrasse 41-47, Dusseldorf;

www.zumschluessel.de; +49 211 135 159

◆ 餐點　◆ 酒吧　◆ 導覽　◆ 交通便利

歡迎來到黑啤酒的城市。科隆及杜賽道夫開高速公路只相距 40 公里，但是就啤酒口味而言卻相差十萬八千里。科隆喜歡色澤清淡、味道精緻的科隆啤酒，但是杜賽道夫人卻喜歡喝深色令人眉頭深鎖的老啤酒（Altbier）。這款啤酒結合了長時間冷卻發酵的拉格啤酒和類似艾爾的酵母，以及釀造艾爾啤酒等級的啤酒花釀泡方式。也許你可以把老啤酒想成是濃厚的冬季啤酒以及清爽的夏季艾爾啤酒的折衷方案。即使是在杜賽道夫，老啤酒的種類也很不同，但是你通常應該可以喝到色澤呈現純淨亮黃銅色，上頭有著明亮白色泡沫的啤酒。這種啤酒的顏色看上去像太妃糖或是麵包，有時候帶有大地的香氣，但是大多時候是啤酒花的香氣。

杜賽道夫老城區有許多大部分只供應老啤酒，幾乎不供應其他啤酒種類的啤酒屋（brauhausers）。不論你點哪種啤酒，除非你準備好被取笑，千萬不要點科隆啤酒。其中一家比較有趣的喝酒地點是位在杜賽道夫歷史中心 Bolkerstrasse 街上的 Brauhaus Zum Schlüssel 啤酒屋。他們的老啤酒是深色烘培並且層次相當豐富。但是老城區的其他酒吧也喝得到他們的這款啤酒。千萬記得在你拜訪這座城市期間也品嚐一下這款啤酒。

周邊景點

萊茵塔（Rheinturm）

可以從這座 1980 年代所建，位在萊茵河上的觀景台觀賞到德國北萊茵 - 威斯特法倫州（North Rhine-Westphalen）首府的景觀。想知道時間的話可以研究一下塔上的時鐘。

北萊茵 - 威斯特法倫州藝術收藏館

（Kunstsammlung Nordrhein-Westfalen）

這個區的藝術收藏被分散在三個地點，主要藏品位在 Grabbeplatz 廣場上的一棟雄偉花崗岩建築（K20）和 Ständehaus（K21）裡。*www.kunstsammlung.de*

媒體港區（MedienHafen）

用於後工業用途的杜賽道夫港區有許多現代化建築，包括美國後現代主義及解構主義建築師 Frank Gehry 用來作為酒吧、餐廳及飯店的一棟不規則建築。

Nordpark 公園

如果想要呼吸點新鮮空氣，可以來到這座城市中最大的公園，充滿了由步道連結的主題花園，值得參訪的有日本及百合花園。小孩子也許會喜歡水族動物區。

SEIT 1040
BAYERISCHE STAATSBRAUEREI
Weihenstephan
ÄLTESTE BRAUEREI DER WELT

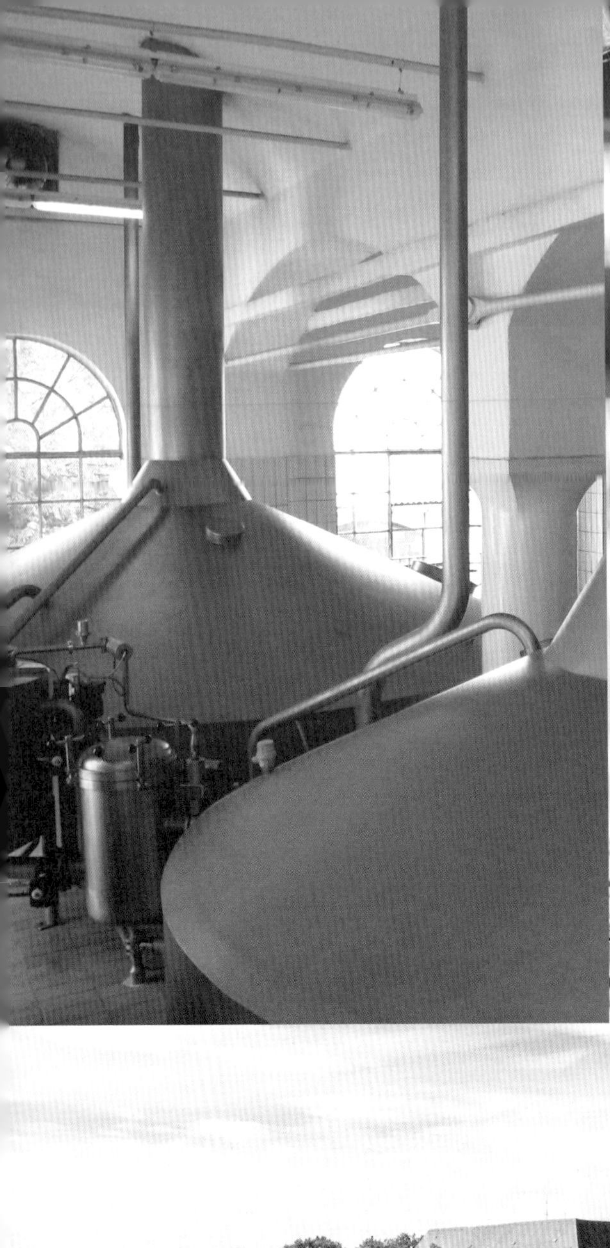

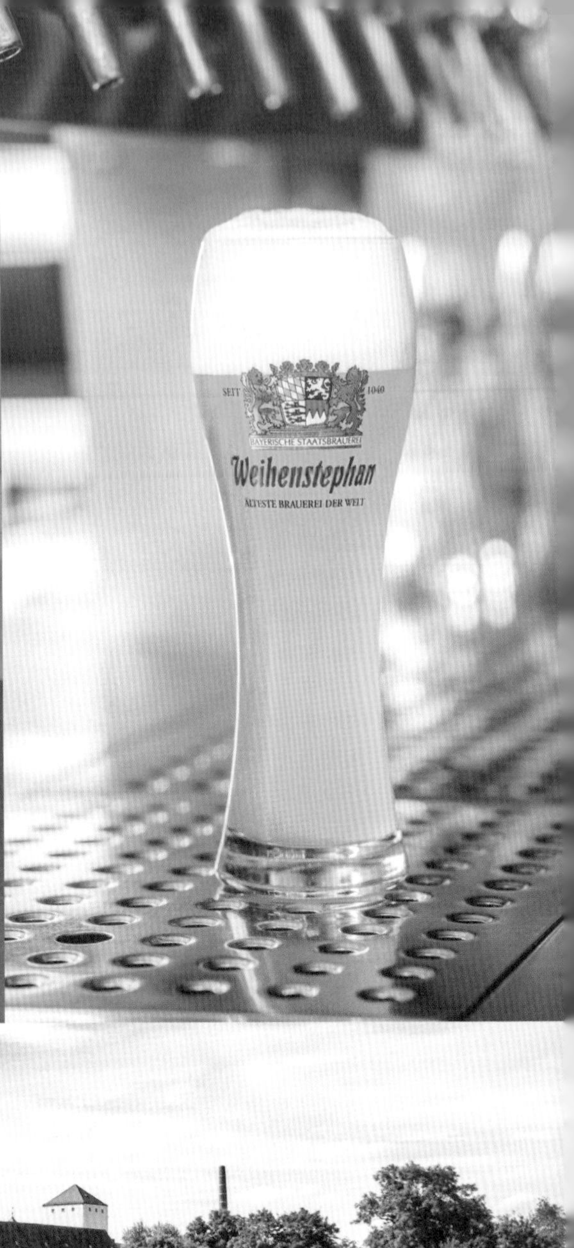

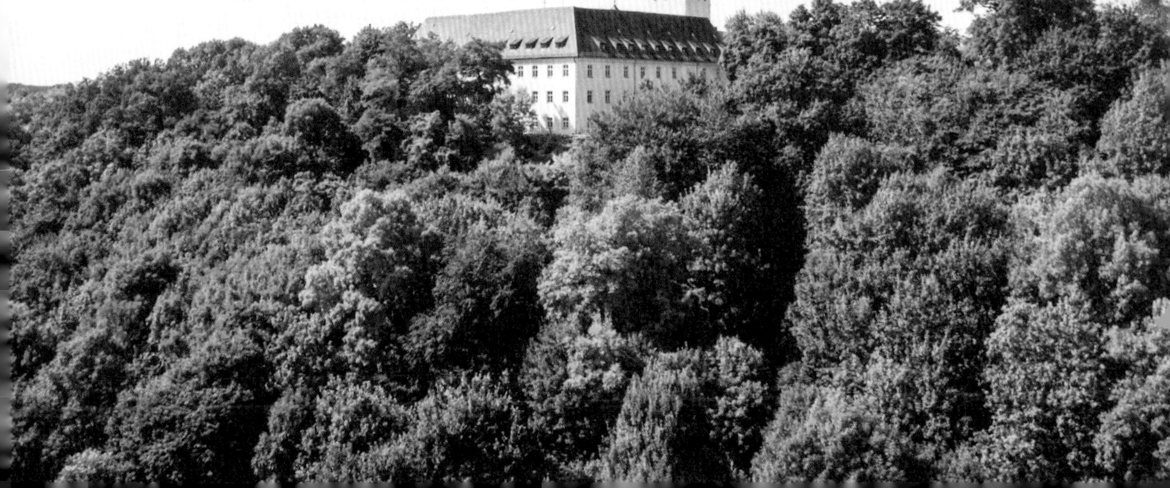

175

WEIHENSTEPHA國立啤酒廠

Alte Akademie 2, Freising;

www.weihenstephaner.de/en; +49 8161 5360

◆ 餐點 ◆ 導覽 ◆ 外帶

◆ 家庭聚餐 ◆ 酒吧 ◆ 交通便利

坐在綠樹成蔭的 Weihenstephan 啤酒花園中，手中拿著一杯充滿啤酒泡沫新鮮的小麥酵母啤酒高腳杯，對這家有著將近一千年歷史的啤酒廠，我們很難一探究竟。Benedictine 僧侶本來住在這裡。自 1040 年以後，這個地方變成是一家商業啤酒廠，這也是世界上最古老、仍在運作的啤酒廠。這家啤酒廠位在慕尼黑郊外，搭火車只需費時二十分鐘就到所在地佛萊辛（Freising），但是卻很值得一訪。不但這裡的一磚一瓦以及你腳下踩著的每一片土地都敍說著悠久的歷史，如果你是德式啤酒愛好者的話，在這裡你也可以嚐到許多像是小麥啤酒、Helles、Pils 以及 Dunkels 啤酒來作為獎賞，因為沒有一個地方像 Weihenstephan 啤酒廠一樣，可以釀造出這麼好喝及原味的德式啤酒。

所有啤酒廠的啤酒都是根據 1516 年頒布的「啤酒純釀法」所釀造而成的。這個法令規定，釀造啤酒只能使用四種原料，亦即水、麥芽、啤酒花以及酵母，所以你知道你在這兒喝到的啤酒有品質保證。你一定會很熟悉這款得獎無數的 Weizenbock 和 Vitus 啤酒。這是一款帶有香蕉、柑橘、丁香及乾杏子風味的美味精釀啤酒。

周邊景點

St Maria 和 St Korbinian 雙塔教堂

這座位在佛萊辛的雙塔教堂，不論內外都很別緻。內部是用石灰、土黃及嬌嫩玫瑰色調所重新粉刷的。*www.freisinger-dom.de*

佛萊辛週末市集

這裡可以找到種類廣泛的季節食物及農產品，包括手工麵包、蜂蜜及水果。

瑪利亞紀念圓柱（Mariensäule）廣場

這座古樸別緻的小鎮廣場，是一處可以喝著咖啡及冷飲，沐浴在陽光下的美麗地點，也可以和友善的當地人攀談。

慕尼黑啤酒節

這家啤酒廠只距離慕尼黑二十分鐘車程，何不在九月底到十月初規劃一趟有名的慕尼黑啤酒節之旅？這是全世界最大的啤酒節之一。*www.oktoberfest.de/en*

BAYERISCHER BAHNHOF GOSEBRAUEREI

Bayrischer Pl. 1, Leipzig;

www.bayerischer-bahnhof.de; +49 341 124 5760

◆ 餐點 ◆ 導覽 ◆ 外帶

◆ 家庭聚餐 ◆ 酒吧 ◆ 交通便利

萊比錫（Leipzig）這個區以一款又酸又鹹的 Gose 啤酒而聞名。這不但是一款招來兩極化評論的啤酒，也是一款自 16 世紀，在萊比錫西方 Harz 山區東北角一處名為 Goslar 的地方所釀造出來的啤酒。18 世紀初的經濟衰退，釀造 Gose 啤酒的地方，從原本的出產地搬到了貿易之城萊比錫。自此之後，這款啤酒便在萊比錫釀造。

現今，為了複製含礦量豐富的 Gose 河水以及當地的含水土層，釀造 Gose 啤酒時還會額外添加鹽巴。傳統上，釀造 Gose 啤酒都會使用到這種水質及土層。為了釀造出其經典的酸味，會用乳汁細菌來發酵，然後再用啤酒花及香菜來調味。雖然這種啤酒風格不是人人都喜愛，但是最佳飲用地點則是 Bayerischer Bahnhof 餐廳。這家餐廳座落在全世界被保留下來、最古老的單向火車總站。對於任何一位來此城市的訪客，不論你喜不喜歡啤酒，這家令人印象深刻的啤酒廠絕對是必訪之地。不用說你一定要試試 Gose 啤酒。這是一款口味清爽、帶有迷人調味，略帶酸味及鹹味的啤酒。

周邊景點

瘋狂美術館（Spinnerei Art Gallery）

這座 19 世紀巨大的棉花工廠，現在是藝術創意的匯集地。這裡有十家藝廊以及至少八十家個人藝術工作室。*www.spinnerei.de/*

KarLi 街

位在萊比錫南邊一處由街頭藝術裝飾、風格另類的街區，Karl-Liebknecht 街區（簡稱 KarLi）到處都是各式各樣不同風格的酒吧及餐廳。

吃遍世界之旅

在餐飲業逐漸蓬勃的萊比錫來趟美食步行之旅，可以試試薩克森州（Saxon）的紅燒料理、街頭美食或是到高檔餐廳去。

www.eat-the-world.com/en/food-tours-leipzig.html

Auerbachs 地窖餐廳

1525 年創立的這家著名餐廳吸引許多訪客光顧，這裡可以嚐嚐薩克森州傳統料理，並來上幾杯帶有泡沫的德式啤酒。

www.auerbachs-kellerleipzig.de

BRAUEREI IM EISWERK

Ohlmüllerstraße 44, Munich;
www.brauerei-im-eiswerk.de; +49 89 39292350

◆ 餐點 ◆ 酒吧 ◆ 交通便利
◆ 導覽 ◆ 外帶

這家附屬在大型 Paulaner 釀酒廠的小型精釀啤酒廠，證明在「啤酒純釀法」規定的四種原料下，仍然可以玩出極限、變出許多花樣。一定要試試嚐起來像白蘭地一樣的美式濃烈艾爾啤酒 Comet Ale，會驚訝地發現，這些啤酒竟然都是嚴格遵守「啤酒純釀法」所釀出來的。如果已經對慕尼黑（Munich）供應不暇的白啤、深啤以及 Helles Lagers 感到乏味，正在尋找另類精釀啤酒，那麼這個啤酒廠會是你沙漠中的綠洲。可以試試什麼？帶有深橘色澤、略帶果香卻有濃郁口感的 Eiswerk Weizenbock Mandarin 啤酒，巧妙地展現了這家啤酒廠不同凡響的創意。

周邊景點

英式花園

這裡是歐洲最大的城市公園之一，可以前往位於花園中央美麗的 Kleinhesseloher 湖泊以及啤酒花園的湖泊小屋。*www.muenchen.de*

Alte Pinakothek 博物館

以館藏的品質及深度而聞名，這座重要的博物館位於令人印象深刻的新古典主義建築，收藏許多來自古老歐洲的大師級油畫作品。www.pinakothek.de

---

ZOIGL啤酒廠

Windischeschenbach（以及其他四座村莊），Oberpfalz; www.zoiglbier.de

◆ 餐點 ◆ 導覽 ◆ 外帶
◆ 家庭聚餐 ◆ 酒吧 ◆ 交通便利

從中世紀延續到 21 世紀的 Zoigl 釀酒廠，只在偏遠的 Oberpfalz 區五個村莊公共釀造所釀造，發酵、熟成後再供應給不同的酒吧。啤酒可飲用時，酒吧前會掛上一種稱為 Zoigl 的標誌，這些酒吧常常只是普通的住家。Zoigl 的啤酒種類繁多，但都是底層發酵的拉格啤酒，色澤從深金色到暗琥珀，帶有一種嗆舌苦味的尾韻。頑固、非此款啤酒不喝的酒客也許會親自到 Eslarn、Falkenberg 和 Mitterteich 村去品嚐，但 Zoigl 啤酒廠真正的釀造核心在 Neuhaus 和溫迪施埃申巴赫（Windischeschenbach），例如 Günter Zimmermann 的 Zum Posterer 酒吧會供應無限量 Zoigl 啤酒，以及餐桌大小的餐盤，上面擺滿當地的香腸、火腿及肉醬。

周邊景點

Waldsassen 大教堂

這座天主教熙篤會（Cistercian）的女修道院有座建於 1726 年的洛可可風格圖書館，及一棟古羅馬的長方形廊柱大廳，特別之處試擺放了許多穿著 18 世紀華麗宮廷禮服的真實骷髏。*www.abtei-waldsassen.de*

國際陶瓷博物館

這座慕尼黑設計典藏博物館的分館，展示了橫跨八千年的陶磁製品，從清朝瓷器到新藝術風格的裝飾藝術都有。

www.dnstdm.de

匈牙利

如何用當地語言點啤酒？ Egy sört, kérem

如何說乾杯？ Egészségedre!

必嚐特色啤酒？淡色拉格啤酒。

當地酒吧下酒菜？ Lángos，一種帶有酸味的油炸麵團。

貼心提醒：說乾杯時請不要碰杯發出聲響，1848年以後，這種舉動被認為是失禮的。

請不要誤會，匈牙利是一個葡萄酒之國，擁有令人稱羨的葡萄栽培歷史，包括一些歐洲最古老的葡萄園。然而新興精釀啤酒業卻在這裡有了爆炸性的發展，擁有超過 50 家創業才沒幾年、充滿活力的精釀啤酒廠，其中大部分外國啤酒愛好者聽都沒聽過。在浪漫的首都布達佩斯，時髦的新興啤酒吧像是 Élesztőház（酵母之屋）、Jónás 和 Csak a Jó Sör（只有好啤酒），會輪流供應來自地方釀造商的啤酒，而每年舉辦兩次的 Főzdefeszt 精釀啤酒節已經變成主要盛事，布達佩斯歷史悠久的街道及廣場，會因此擠滿許多愛好啤酒的人群。

雖然葡萄酒仍然是匈牙利較常見的飲品，但每年的啤酒消費量卻在成長，大部分來自小型啤酒廠。也許受到匈牙利傳奇紅酒的甜蜜口感影響，這裡的釀酒師也早早搭上了這股趨勢，採用水果來釀造啤酒。。當地出色的啤酒包括很受時尚人士喜愛的 Szent András Sörfőzde、Rizmajer 和 Stari 等酒廠的 Meggyes Sör 酸櫻桃啤酒，Szent András Sörfőzde 釀酒廠的 Szent András Könnye（聖安德魯的眼淚），是真正用藍莓釀成的，還有來自 Hopfanatic 啤酒廠的 Alulu 椰子淡色艾爾。至少有一種啤酒——來自 Miskolc 城 Serforrás 啤酒廠的 Korty 啤酒，實際上真的包含了一點點 Tokaji aszú 貴腐甜酒。儘管如此，匈牙利最常見的啤酒品項仍然是淡色拉格啤酒，也就是皮爾森啤酒，比如歷史悠久的 Dreher 啤酒——這款啤酒是由偉大的 19 世紀工業拉格啤酒之父 Anton Dreher 所發明，如今這依然還在釀造。

ÉLESZTŐ啤酒廠

Tűzoltó utca 22, Budapest;
www.elesztohaz.hu; +36 30 970 3625

◆ 餐點 ◆ 酒吧 ◆ 交通便利
◆ 家庭聚餐 ◆ 外帶

Élesztő 意指酵母，這座啤酒廠背後的天才是創立每年布達佩斯精釀啤酒節 Főzdefeszt，也是替全世界創造出精釀啤酒的 Daniel Bart。2013 年 Élesztő 啤酒廠在一處廢棄的大型玻璃工廠中開幕。這座啤酒廠乍看之下，就像其他布達佩斯不可思議的廢墟酒吧一樣，但是這座啤酒廠很明確是以釀造手工啤酒為主。在漆黑的酒館裡，有供應來自匈牙利 21 款不同種類的啤酒，包括五款 Élesztő 啤酒廠自己釀造的啤酒，像是 Black Mamma 斯陶特啤酒。身為一名單打獨鬥的釀酒師傅，Daniel Bart 創造出自己的啤酒配方，然後他再跟外頭的精釀啤酒廠合作。

但是 Élesztő 啤酒廠不是只有釀造啤酒。在燒烤廚房裡，會供應便宜又美味的豬肉片及香腸。用餐者會在公共的長餐桌上享用這些美食。樓上，啤酒狂熱者可以參加釀酒工作室的啤酒課程或是預約夜晚在公寓餐廳舉辦的烹飪及啤酒搭配實踐課程。Élesztő 啤酒廠的最新計畫則是 Hopstel 旅店。喝完啤酒後，你可以在這家旅店舒適的房間待上一晚，而不是找計程車回家。這家旅店會提供給顧客填充滿啤酒花的枕頭以及一個販售精釀啤酒的迷你酒吧。如果你真的在尋找一款深具啟發性的啤酒，可以試試 Egymilliard Megawatt 啤酒。這是一款爆炸性、嗆辣由薑汁所提煉出來的雙倍印度淡色艾爾啤酒。這是為了反核示威遊行所釀造出的啤酒。

周邊景點

應用美術博物館（Museum of Applied Arts）

如果只能去一座博物館，那就是這家新藝術風格的殿堂了，這裡展示許多家具、紡織品、玻璃以及金屬作品。*www.imm.hu*

猶太區（Hungarian National Museum）

不妨拜訪這個有著奢華猶太教堂的古老猶太社區，然後逛逛這個布達佩斯最熱門的區域，有許多時髦精品店、小酒館以及一大堆精釀啤酒吧。

匈牙利國立博物館（Jewish Quarter）

新古典主義建築的石柱是這座博物館的特色，這裡的館藏也好好地介紹了匈牙利複雜的歷史。*www.hnm.hu*

Ráday Utca

這條長長的人行步道林立著許多美術館、餐廳、咖啡館、酒吧以及俱樂部，還可以發現各國的美食。

JÓNÁS精釀啤酒屋

Fővám tér 11-12, Budapest; www.balnabudapest.hu/shop/jonas-craft-beer-house; +36 70 930 1392

◆ 餐點 ◆ 導覽 ◆ 外帶
◆ 家庭聚餐 ◆ 酒吧 ◆ 交通便利

酒吧裡有面用來解釋啤酒釀造過程的牆，雖然都寫匈牙利文，但員工都很樂意向外來訪客說明，然後你會比較有信心點杯 Monkey Funky Yeah——由 Hara'Punk 啤酒廠所造，非常順口、色澤呈現混濁琥珀色的酸味小麥啤酒，名稱來自於一棟具未來感、由玻璃及鋼鐵所建造的鯨魚造型建築，已成為布達佩斯天際線的新標誌。夏天河濱會舉辦音樂會、啤酒及街頭小吃派對，還可觀賞多瑙河美景。重新詮釋匈牙利菜餚的精緻菜單，常使用啤酒作為食材。千萬不要錯過一款得過獎、口味濃郁、帶有濃厚啤酒花香氣的美式咖啡艾爾 Ravasz Hordó（狡猾海貍）。

周邊景點

大市場廳（Great Market Hall）

這座由玻璃及金屬建造的巨大食物市集，有上百個販賣辣椒粉、鵝肝醬及煙燻香腸的攤位，二樓則有許多並不昂貴的自助酒吧，供應匈牙利當地菜餚。

Gellért 浴池

神聖帶有新藝術風格的溫泉浴池及療養池，有許多迷宮似的蒸氣室、桑拿室，以及用天藍色磁磚、雕塑和彩色玻璃裝飾而成的室內水池。*www.gellertspa.com*

RIZMAJER啤酒屋

Táncsics Mihály utca 110, Csepel, Budapest; www.rizmajersor.hu; +36 1 277 2395

◆ 餐點 ◆ 導覽 ◆ 外帶
◆ 家庭聚餐 ◆ 酒吧 ◆ 交通便利

布達佩斯精釀啤酒運動教父 Josef Rizmajer，釀造出許多令人激賞、具實驗風格的艾爾啤酒，並定期邀請其他年輕釀酒師來實現自己的釀造創意。

位在市郊的啤酒屋有座可享受日光浴的啤酒花園，精釀啤酒廠則在 Josef Rizmajer 車庫的一角。他承認：「我是小麥而不是啤酒花狂熱者，老是想釀出屬於自己的愛爾蘭深啤酒 Guinness，但從來不喜歡這款啤酒的苦味，所以只好釀出 Édes Élet。」這是一款巧克力斯陶特啤酒，在釀造時加入了浸過酒精的可可豆。此外，千萬別錯過 Hippie Terror，由釀酒商 armando_otchoa 所推出的淡色拉格啤酒，風味融合了拉格啤酒及印度淡色艾爾。

周邊景點

Nehru Part

這座最近才開幕的布達佩斯最新公園，很適合沿著偉大的多瑙河畔慵懶地在步道上散步，或是到遊樂區運動一下。

Bubi 腳踏車

你可以在城市中 76 個停放處租用綠色腳踏車，然後騎車穿越多瑙河，探索位於另一邊的布達區。*www.bkk.hu/bubi/molbubi*

冰島

如何用當地語言點啤酒？ Bjór vinsamlegast

如何說乾杯？ Skál!

必嚐特色啤酒？淡色艾爾啤酒。

當地酒吧下酒菜？洋芋片很受歡迎，也可以找醃漬鯡魚來當下酒菜。

貼心提醒：千萬不要學當地人出門前先喝一杯，你是來品酒而不是買醉的。

冰島的三月第一天被稱為「全國啤酒日」。為什麼？1915 年，冰島人公投通過禁止所有酒精飲料，直到 1989 年啤酒才全面合法化。在 20 世紀前半長達 50 年的啤酒禁令後，冰島人終於可以慶祝啤酒解禁，就像慶祝柏林圍牆倒塌一樣。

從全面停擺（雖然有人懷疑一些自釀啤酒那時仍舊照常釀造）到全面解放，冰島的精釀啤酒業以驚人的速度加速發展，如今約有十多家精釀啤酒廠，而且都不是位在全國 33 萬人口中大部分人居住的首都雷克雅維克（Reykjavík）。其中一家精釀啤酒廠 Ölvisholt Brugghús，是由位於冰島南方 Selfoss 的兩名農夫所創立的，另一家有名的啤酒廠 Einstök 則位於北海岸。他們所釀造的啤酒都可以禁得起細細品味，Ölvisholt Brugghús 最受稱讚的艾爾啤酒是一款煙燻頂級斯陶特，而 Einstök 受歡迎的啤酒大部分在國外都可以買到。

作為我們全球啤酒之旅的一站，冰島有很多值得推薦之處，像是超凡脫俗的自然景觀，麻雀雖小、五臟俱全、交通發達的首都雷克雅維克，以及樂於助人又會說英文的當地人。而啤酒觀光客應該可以放心，這裡啤酒的價格並沒有想像中高，如果利用首都大部分酒吧都有的「歡樂減價時段（happy hours）」，花不到 10 元美金就可以喝到當地的啤酒。首都的夜生活文化很盛行，有受到一點點丹麥的影響（2015 年，丹麥 Mikkeller & Friends 啤酒廠在老城區開幕），而在啤酒日這天，則有徹夜狂歡的派對活動。

EINSTÖK
EINSTÖK ÖLGERÐ
ICELAND
ÁR
NI
1985

EINSTÖK啤酒公司

Furuvellir 18, Akureyri;

www.einstokbeer.com; +354 462 1444

◆ 導覽　◆ 外帶

距離北極圈非常近的 EINSTÖK 啤酒公司，採用地球上最純淨的水源來製作精釀啤酒，從猛瑪象還在四處行走時就已經凍成冰川，流經史前熔岩過濾之後，為冰島各式各樣的啤酒提供了清爽純淨的基調。

啤酒狂熱者只有報名參加導覽行程，才能在這座位於阿克雷里的釀酒廠中看到以冰島科學式效率進行的釀酒過程。同樣充滿樂趣的還有在附近的冰島啤酒館啜飲冰島啤酒，最好是在夏日午夜的陽光沐浴之下。如果只能挑一種酒，推薦充滿冰島風情的 Toasted 波特啤酒，融合麥芽、咖啡與巧克力風味。

周邊景點

阿克雷里大教堂（Akureyrarkirkja）

大教堂是此地的地標，建築靈感來自當地火山地貌，拱壁和管風琴如同一根根玄武岩石柱，裡面則透出冰川般的白色光芒。

www.akirkja.is

Lystigarðurinn 植物園

北極圈旁邊也是有欣欣向榮的花園！這個世界上最北邊的植物園裡，從高山灌木到冰島夏季鮮花幾乎應有盡有。

www.lystigardur.akureyri.is

BORG BRUGGHÚS啤酒廠

Ölgerðin Brewery, Grjótháls 7-11, Reykjavík;

www.borgbrugghus.is; +354 412 8000

◆ 導覽　◆ 外帶

BORG BRUGGHÚS 酒廠屬於冰島首屈一指的拉格、蘋果酒和汽水製造商 Ölgerðin 旗下，勇往直前且具創意，吸收西歐釀造工藝，將毫無汙染的冰島水源發揮到極致，雖然是釀酒大廠旗下所屬，卻力求突破，陸續推出一系列獲獎的皮爾森啤酒、淡色艾爾、波特啤酒和斯陶特啤酒。參觀酒廠需要報名導覽行程，但是任何一家冰島酒吧都可以找到和醃漬鮭魚絕配的 BORG 瓶裝啤酒。勇於嘗試的人可以喝喝看著名的 Fenrir Taðreyktur IPA Nr. 26，是用羊糞燻烤過的麥芽釀製而成，會讓你覺得身處充滿煙霧的維京長屋之內。或許選擇 Surtur Imperial 斯陶特會保險一點。

周邊景點

Árbær 露天博物館

展示雷克雅維克傳統的冰島式農村以及商業貿易，讓遊客了解進入現代社會之前的冰島人是如何生活。

www.reykjavikcitymuseum.is

Laugardalur

翻譯成中文是「溫泉谷」，這個雷克雅維克最大的溫泉池周邊圍繞著許多泳池、花園和溫泉。

愛爾蘭

如何用當地語言點啤酒？

Pionta Guinness, le do thoil

如何說乾杯？ Sláinte!

必嚐特色啤酒？愛爾蘭斯陶特啤酒。

當地酒吧的下酒菜？用當地馬鈴薯做的 Keogh 洋芋片。（如果沒有 Keogh 也可以吃 Tayto 洋芋片）

貼心提醒：記得一定要帶歐元現金，信用卡付酒錢在這裡是行不通的。

沿著 Liffey 河漫步而上，然後在接近一棟高聳紅磚建築時往左轉。這棟建築看上去好像有一艘造型簡單的飛碟停在上頭。這裡是 Guinness 啤酒的倉庫，也是首都都柏林熱門的觀光景點。在愛爾蘭首都的天際線中，這座啤酒倉庫不單單只是一個地標而已。很少有啤酒廠像 Guinness 啤酒廠一樣，不但握有一個城市還有一整個國家的市場影響力。一杯有著清爽白色啤酒泡沫的黑色斯陶特啤酒就是愛爾蘭的簡稱。這座啤酒廠一直以來都把獨立的釀酒廠逼到絕境，直到最近情況才稍有改善。但是在愛爾蘭的西岸和南岸，一個遠離這座冷血無情釀造龐然大物覬覦的地方，精釀釀酒師已經重返崗位。除了 Arthur Guinness 這個全球品牌的啤酒外，這裡也有其他超過 70 家的啤酒廠。在高威（Galway），你可以路過參訪 Galway 海灣啤酒廠（見 187 頁）。在科克（Cork），你可以從 Eight Degrees 啤酒廠中尋找你想喝的啤酒（他們的 Sunburnt 愛爾蘭紅色艾爾啤酒很對愛爾蘭起司的口味）。

最近幾年，在斯陶特啤酒壟罩的陰影下，都柏林也漸漸出現了許多新的精釀啤酒吧。為啤酒而來的旅客，不應該老是去 Temple 酒吧，而是應該要去參訪南都柏林靠近 St Stephen 綠地、Wexford 街上的 Against the Grain 酒吧、市中心的 P. Mac 酒吧、城市西南部的 L. Mulligan Grocer 酒吧以及北邊的 The Black Sheep 酒吧。

185

FRANCISCAN WELL啤酒廠

14b North Mall, Cork; www.franciscanwellbrewery.com; +353 21 4393 434

◆ 餐點　◆ 交通便利　◆ 酒吧

Franciscan Well 啤酒廠是愛爾蘭經營最久的精釀啤酒廠之一，酒吧則是由經驗豐富的 Shane Long 於 1998 年所創。那個年代如果你想喝杯「精釀啤酒」，當地的酒吧老闆可能會對你投以異樣的眼光。

酒廠位在一座古老的修道院裡，名字也來自修道院。主要供應四款啤酒，釀造啤酒的地點就在酒吧旁，這裡也供應披薩及一些下酒菜。最近，當啤酒廠於 2013 年被 Molson Coors 收購之後，你也可以在全愛爾蘭、英國甚至其他國家買到 Franciscan Well 所釀造的啤酒。先試一杯他們的經典的 Rebel Red 啤酒，這是一款有著許多風味的愛爾蘭麥芽紅色艾爾啤酒。

周邊景點

英國市集

你可以在這裡挑選野餐所需的醃肉、愛爾蘭起司以及新鮮的麵包，或只是單純漫步其中，欣賞美麗高挑的屋頂以及鋼鐵支撐結構。*www.englishmarket.ie*

St Fin Barre 大教堂

探訪這座有著法式哥德建築風格、馬賽克瓷磚地板以及華麗屋頂的大教堂，千萬不要錯過供在室內的一顆砲彈，它曾在 17 世紀時毀壞教堂的其中一座尖頂。

BURREN BREWERY
THE ROADSIDE TAVERN
Est.
Nº 13
DEVOTED TO BEER
The
BEER MARKET
2015
DUBLIN

GALWAY海灣啤酒廠

Oslo Bar, 226 Upper Salthill, Galway;
www.galwaybaybrewery.com; +353 91 448 390
◆ 餐點 ◆ 交通便利 ◆ 酒吧

Galway 海灣啤酒廠創立於 2009 年愛爾蘭經濟危機發生之後。共同創辦人 Niall Walsh 和 Jason O'Connell 起初只想開設一家以供應不同口味啤酒的酒吧，後來他們發現顧客渴望喝到新款啤酒，於是便在高威（Galway）Salthill 區的 Oslo 酒吧開始釀啤。如今這家啤酒公司已在全愛爾蘭擴展十幾家據點，但是他們最原初的起始店，供應的啤酒品質還是一如既往。啤酒廠主打五款啤酒：紅色艾爾、波特啤酒、冷泡的印度淡色艾爾以及巧克力牛奶斯陶特，還有得過獎、由五種不同啤酒花釀製而成的 Of Foam 和 Fury 雙倍印度淡色艾爾，是島上最棒的啤酒之一，拜訪時務必嚐嚐。

周邊景點

McDonagh's

全世界最棒的魚與薯條在哪？這家餐廳在這方面絕對是可敬的對手，特別是喝完幾杯 Galway 海灣啤酒廠的酒走下 Salthill 步道之後。*www.mcdonaghs.net*

Crane **酒吧**

位在高威北邊一座友善的當地酒吧。在這裡可以欣賞到愛爾蘭最棒的傳統音樂表演之一。*www.thecranebar.com*

BURREN啤酒廠

Kincora Rd, Lisdoonvarna, Co Clare;
www.roadsidetavern.ie; +353 65 707 4084
◆ 餐點 ◆ 外帶 ◆ 酒吧

自 1893 年開始，Curtin 家族便在 Clare 郡利敦瓦納（Lisdoonvarna）港口旁經營 Roadside 酒館。利敦瓦納港口是著名相親節（matchmaking festival）的舉辦之地。酒館老闆 Peter Curtin 並於 2011 年在當地創立了精釀啤酒廠，名稱來自於覆蓋 Clare 郡周邊的一種特殊石灰岩地形。這家啤酒廠釀造出三款啤酒，幾乎只有在 Roadside 酒館獨家供應。同家族經營的還有 Burren 煙燻屋，燻魚也很值得嚐嚐。至於啤酒？黃金啤酒是一款美味的拉格啤酒、黑啤則是比稍具知名度的愛爾蘭斯陶特還更具堅果風味的一款濃郁斯陶特。不惑讓你失望的還有一款長年受到喜愛的麥芽紅啤。

周邊景點

Moher **懸崖**

這座高 120 公尺的懸崖是愛爾蘭最著名的自然景觀，矗立於大西洋上，距離利敦瓦納港口只有幾公里。

The Burren

這座圍繞利敦瓦納港口周邊 250 平方公里的獨特石灰岩地形景觀，適合騎腳踏車及健行，有許多互相連結的環形車道。

義大利

如何用當地語言點啤酒？ Una birra, per favore

如何說乾杯？ Cin-cin!

必嚐特色啤酒？義大利葡萄艾爾啤酒。

當地酒吧下酒菜？一大盤有起司、火腿及 salami 香腸的開胃前菜。

貼心提醒：不用擔心小費的問題。在義大利，服務費已包含在帳單裡。

不過才短短幾年，光景就完全不同。不久之前「義大利啤酒」還幾乎是笑話一樁，所釀的啤酒品項只有寥寥幾種乏味的拉格啤酒和幾款極其普通走國際風格的啤酒，並沒有自己獨特的啤酒文化。但如今已經有所改觀。也許是缺乏像德國或比利時那樣具有強烈及在地風格的啤酒文化，早期的精釀啤酒師例如 Le Baladin 酒廠的 Teo Musso 和 Birrificio Italiano 酒廠的 Agostino Arioli，更能隨心所欲地釀出他們奇特又極具個人特色的品項，比如 Baladin 啤酒廠極具影響力的 Xyauyù 小麥酒，是在熟成期間將啤酒置於 Langhe 區戶外的頂級發酵啤酒。Birrificio Italiano 酒廠的 Cassissona 啤酒，則是由黑醋栗所釀造，像葡萄酒一樣的瓶內發酵啤酒。

在羅馬，很棒的酒吧像是 Ma Che Siete Venuti a Fà 以及 Brasserie 4:20，除了供應有名的國際精釀啤酒，也會向啤酒迷介紹義大利新到的啤酒品項。而十幾家新創立的自釀啤酒吧，像是米蘭的 Lambrate、Chieri 的 Grado Plato 以及 Monza 的 Carrobiolo，也替義大利最偏遠的一角，帶來許多美味的啤酒和下酒的義大利肉品和零食。

今日，義大利的精釀啤酒被公認是全世界最獨特的啤酒之一。專門的酒吧像是倫敦的 Italian Job 和柏林的 Birra，都使義大利的精釀啤酒師有在國際市場嶄露頭角的機會。而義大利的釀酒大師也常常和來自全世界的朋友合作，並創造出像紐約 Eataly Birreria 酒吧這種景點，這是義大利 Le Baladin 啤酒廠 Teo Musso 釀酒師和美國德拉瓦州（Delaware）Dogfish Head 啤酒廠 Sam Calagione 釀酒師所共同合作創立的一家酒吧。成果就是，義大利已擺脫沒有獨特啤酒文化、只是一樁笑話的臭名，蛻變成精釀啤酒旅行者一定要參訪的天堂國度。曾經義大利只有工業製造的拉格啤酒和其他國際標準品項，現在卻搖身一變釀造出許多獨特風格，包括一款具有當地特色、已被國際啤酒

評審認證協會（Beer Judge Certification Program）列為釀造標準的義大利葡萄艾爾啤酒，一款帶有義大利偉大葡萄酒釀造傳統、含有酒香及果香的啤酒。

與此同時，義大利農夫也和釀酒師合作，開始在義大利栽種啤酒花及小麥。他們開始想要將這些長期倚賴進口、釀造啤酒所需的基本原料，自己從當地生產製造出來。在這樣熱愛美食的國度裡，我們也許也想到，義大利的精釀啤酒也和美食緊密結合。許多義大利的精釀啤酒釀酒師將他們自己視為是慢食運動（Slow Food movement）中的一分子。這個運動的起源國就是義大利，而所供應的啤酒常常不是生啤酒，而是時髦的罐裝啤酒，這是為了和有著優雅外觀的美味義大利葡萄酒以及價格互相競爭。如果你來到義大利，請忽略啤酒酒吧和販售自釀啤酒酒吧所提供的歡樂減價時段（aperitivo）。在這裡，這並不是指酒品而是指零食的特價時段。有時候這種特價還包括好幾盤堆疊得高高、可以大口咀嚼的美食。畢竟我們身處在美食國度義大利。

酒吧語錄：AGOSTINO ARIOLI

對義大利精釀啤酒
你有什麼期待？
就像義大利的美食和時尚
你也會嚐到全球最棒的啤酒。

TOP 5
啤酒推薦

- **My Blueberry Nightmare 啤酒：** Birrificio del Ducato 啤酒廠
- **Tipopils 啤酒：** Birrificio Italiano 啤酒廠
- **Ghisa 啤酒：** Birrificio Lambrate 啤酒廠
- **Strada S. Felice 啤酒：** Birrificio Grado Plato 釀酒廠
- **Xyauy ù 啤酒：** Le Baladin 釀酒廠

BIRRIFICIO INDIPENDENTE ELAV啤酒廠

Via Autieri d 'Italia 268, Comun Nuovo, Bergamo;
www.elavbrewery.com; +39 035 334 206

◆ 餐點 ◆ 酒吧

隨著義大利精釀啤酒的革新不斷往前推進，這家創新啤酒廠也名列前茅。這家位在貝加莫（Bergamo）的啤酒廠是2010年由Valentina Ardemagni和Antonio Terzi所創立。貝加莫是米蘭Lombardy區的衛星城市。過去幾年來，他們釀造出許多款啤酒，也在城市擴展許多據點。

雖然你不能拜訪他們的啤酒廠，但是你可以在這個區，他們所隸屬的兩家酒吧喝喝他們的啤酒。他們第一家供應自釀啤酒的酒吧是靠近Treviglio城的The Clock Tower酒吧。這裡原來是一間愛爾蘭酒吧，但是現在卻以美味的食物、啤酒及現場演奏而聞名。Elav啤酒帝國則和Osteria della Birra餐廳合作，一起在貝加莫擴展據點。在這家餐廳裡，你可以啜飲Elav啤酒廠自釀的啤酒以及許多盤當地的醃肉。啤酒廠下一個計劃是重新整修Cascina Elav酒館。這家酒館將包含一家可以提供導覽的新精釀啤酒廠。這家啤酒廠主要提供「音樂啤酒」。你可以試試帶有水果風味的琥珀獨立音樂艾爾啤酒、英式龐克Do It Bitter啤酒和頹廢音樂（Grunge）印度淡色艾爾啤酒。晚間11點出現前，你還可以嚐嚐深色金屬音樂頂級斯陶特啤酒。這是一款富含深色巧克力及咖啡風味的啤酒。記得留點空間給酒廠幾款稀有的啤酒，像是得過獎的Queen of Winter Porter。

周邊景點

Accademia Carrara 學院

位於貝加莫城牆以東的這座義大利偉大藝術品儲藏室之一，收藏許多義大利大師的作品，拉斐爾（Raphael）的《San Sebastiano》則是必看重點。www.lacarrara.it

Torre del Campanone 塔

貝加莫52公尺高的巨大塔樓，可以搭電梯直上頂端，觀賞無與倫比的城市景觀及Lombard平原之美。

義大利湖

從貝加莫出發到Garda湖度週末，可以在北邊騎登山自行車或從事其他探險活動，或者去Como湖尋找名人的別墅。

Cascina Elav

在Elav啤酒廠位於貝加莫市中心西南方Grumello del Piano的鄉村農莊享受戶外餐點、飲酒及體驗文化。www.cascinaelav.com

BIRRA DEL BORGO啤酒廠

Piana di Spedino, Borgorose;
www.birradelborgo.it; +39 6 9522 2314

◆ 餐點 ◆ 導覽 ◆ 外帶
◆ 家庭歡饗 ◆ 酒吧

一家國際集團在 2016 年初買下了這間備受顧客喜愛和敬重的義大利釀酒廠。但是不用擔心，商業製造的啤酒並不在酒單上。相反的，如同大家所期待的，創辦人 Leonardo Di Vincenzo 將會繼續釀造出許多義大利最棒的啤酒。2005 年，他開始研發並釀造出三款主要的啤酒：由 spelt 小麥所釀造的 Duchessa Saison 啤酒、一款帶有柑橘風味的美式印度淡色艾爾啤酒 ReAle，以及一款味道強烈帶有果香的比利時艾爾 DucAle 啤酒。這名釀酒師因為和美國德拉瓦州 Dogfish Head 釀酒廠的 Sam Calagione 合作，所以不難猜想，他一點也不害怕釀造出奇特的啤酒。每個月，啤酒廠都會推出一款自稱「奇怪」的啤酒（你可以嚐嚐九月秋天的 CastagnAle 啤酒。這是一款由煙燻橘皮、檸檬香桃木、香菜及栗子所釀造的麥芽啤酒）。雖然 Birra del Borgo 啤酒廠開設了新的釀酒廠，但是他的總廠還是位在羅馬東北方一處阿爾卑斯山脈的小鎮裡。每一個週六或週日，釀酒師傅會在新廠舉辦免費的導覽（包括試喝，但請事先預約）。同時，在老啤酒廠，Leonardo Di Vincenzo 的奇特實驗依然持續進行著。在天天營業的商店裡有供應 ReAle Extra 啤酒。這是一款令人喝了會上癮、義大利最佳的印度淡色艾爾啤酒之一。

周邊景點

Tivoli

古羅馬的避暑勝地。山丘上的小鎮有兩座世界遺產，一座是羅馬帝國君主 Hadrian 的住所，另一處則是文藝復興風格的埃斯特別墅（Villa d'Este）。

Simbruni 山自然區域公園

從羅馬到博爾戈羅塞（Borgorose）的路上，這座 Lazio 最大的阿爾卑斯山公園，到處可見野狼、山貓以及老鷹。可以健行前往鄰近七座山村。*www.parks. it/parco.monti.simbruini*

Brasserie 4:20 酒吧

為了激發到 Birra del Borgo 啤酒廠參觀的動力，可以先在羅馬最棒的精釀啤酒吧 Brasserie 4:20 試喝他們的啤酒，這裡甚至還有帶有特製的啤酒花漢堡。*www. brasserie420.com*

Open Baladin

和 Birra del Borgo 啤酒廠結盟，位於羅馬的 Open Baladin 酒吧供應超過 40 款啤酒，陳列在整面牆上任君挑選。*www.openbaladinroma.it*

ARCHEA啤酒廠

Via de'Serragli 44, Florence,
www.archeabrewery.com; +39 328 425 0315

◆ 餐點　◆ 交通便利　◆ 酒吧

欣賞佛羅倫斯的濕壁畫是件令人口乾舌燥的事情，尤其 Uffizi 美術館的人潮會使人只想暫時逃離，位在 Arno 河南邊的的 Archea 啤酒廠正是個好去處。

這位在後巷的自釀啤酒吧以溫暖氣氛而著名，友善的當地人及富含啤酒知識的員工都很樂意幫你從酒單中選出一款適合的，包括 Mikkeller 啤酒廠的丹麥啤酒（見 153 頁）、美式艾爾啤酒或是蘭比克比利時啤酒。但是 Archea 自己也釀酒，酒吧黑板上也許會寫上印度淡色艾爾、雙倍印度淡色艾爾、皮爾森啤酒及黃金艾爾啤酒。外帶品項則是一款味道濃烈、帶有麥芽香的 Bock 啤酒，充分表現出焦糖甜味。

周邊景點

佛羅倫斯自然史博物館

（Museo di Storia Naturale–Zoologia La Specola）

往東走幾條街，佛羅倫斯大學的自然史博物館非常引人入勝，千萬不要錯過河馬標本，曾經是 17 世紀梅狄奇（Medici）家族的寵物。*www.msn.unifi.it*

Oltrarno 區

同樣位於 Arno 河南邊的手工藝區，在 Erin Ciulla 的 Il Torchio 工作室可以看到佛羅倫斯古老的裝訂和造紙藝術。

www.legatoriailtorchio.com

BIRRIFICIO ARTIGIANALE FOLLINA

Via Pedeguarda 26, Follina, Veneto;
+39 0438 970437

◆ 家庭聚餐　◆ 外帶　◆ 導覽　◆ 交通便利

啤酒廠位於 Strada del Prosecco 爬滿葡萄藤的山丘上，這處福利納（Follina）的新景點讓遊客不再只是來品嚐有名的香檳。精釀啤酒廠由著名葡萄釀酒師 Giovanni Gregoletto 打造，受比利時著名的修道院啤酒和福利納歷史悠久的修道院啟發，他正研發屬於自己的修道院啤酒。罐裝 Follinetta 啤酒靈感來自比利時修道院的 Duvel 啤酒，而 Giana 啤酒則可媲美酒精濃度高達 8% 的濃烈比利時艾爾啤酒。順道拜訪鄰近的 Wine & The Grape 博物館，Gregoletto 會解釋自然發酵啤酒的釀造原則，其實就跟釀 Prosecco 葡萄酒一樣。試試由純小麥在瓶底經過二次發酵的 Sanavalle 啤酒，原理就跟 Prosecco 葡萄酒一樣。

周邊景點

Follina 修道院

建於 1170 年，被完整保存下來的天主熙篤會福利納羅馬風格修道院，很值得去走走。修道院還有個特色是裝飾有濕壁畫的長方型廊柱大廳。

Alpino 酒吧

在葡萄酒旅遊路線上，即使你是啤酒愛好者也必須嚐嚐 Prosecco 葡萄酒。這座小型位在 Prosecco 葡萄酒首都——Valdobiadenne——的葡萄酒吧（enoteca），供應來自五十幾家釀酒商的葡萄酒。*www.baralpino.it*

GÄSSL BRAU啤酒廠

Gässl Brau, Gerbergasse 18, Klausen;
www.gassl-braeu.it; +39 472 523623

餐點 ◆導覽 ◆外帶 ◆酒吧

雖然官方上是義大利的一部分，但是歷史上 Tyrol 省南部卻和奧地利密不可分，生活方式帶有強烈的日耳曼風格，更不用說對啤酒歷久不衰的喜愛。

克勞森（Klausen）的 Gässl Brau 是一家小餐館兼精釀啤酒廠，可眺望幾千年歷史的農田、梯田式的葡萄酒園及鋸齒狀 Dolomites 山峰。酒廠裡有一個舒適的酒吧，可以看到銅色儲酒缸正在運作，或是坐在外頭的鵝卵石露臺喝幾杯啤酒。這裡的特色是由栗子所釀造的 Kastanienbier 啤酒，栗子是南 Tyrol 的特產，在當地稱為 torgellen 的秋季饗宴上是一項關鍵食材。這是使用當地原料釀造季節啤酒的一個典範。

周邊景點

Neustift 修道院

出了義大利，Tyrol 南部的葡萄酒並不有名，卻受到品酒專家的賞識。Neustift 修道院常在中世紀地窖舉辦品酒課程，包括品嚐特定年份的上等葡萄酒。*www.kloster-neustift.it*

Alpe di Siusi

在冬天，歐洲海拔最高的草原 Alpe di Siusi 是滑雪客及雪板愛好者的最愛，夏日這裡則是登山健行的天堂，有許多條健行步道互相交錯。*www.seiser-alm.it*

PFEFFERLECHNER啤酒廠

4 Via San Martino, Lana;

www.pfefferlechner.it; +39 0473 562 521

◆ 餐點 ◆ 導覽 ◆ 外帶

◆ 家庭聚餐 ◆ 酒吧 ◆ 交通便利

隱身在義大利 Tyrol 山中，這座傳統義式酒館正在為每晚湧進的顧客釀造啤酒。友善的 Laitner 家族古老的木造農莊裡還有一間餐廳，透過窗戶可以直接看到隔壁馬廄裡的馬群、牛隻及山羊，另一個房間則有銅製蒸餾器，每星期用葡萄釀造的格拉巴白蘭地（grappa）便是在此蒸餾。如今 Martin Laitne 已將車庫改造成是一家設備完整的精釀啤酒廠。

除了受到德國影響的拉格啤酒，Pfeffer 100% 是一款由當地小麥所釀造的啤酒，冒泡的 Pfeffer Spumante 則帶有一絲柑橘和香菜風味。如果行程安排得宜，千萬不要錯過 Pfeffer Kastanie 啤酒，這是每年秋天所釀造的美味栗子啤酒。

周邊景點

Merano 溫泉

Merano 以其富麗堂皇的溫泉飯店而聞名，但是市政府前的溫泉浴池、桑拿及土耳其浴則是人人都能使用。*www. termemerano.it*

Trauttmansdorff 古堡

座落在中世紀城堡中的前衛植物園，種植了從鬱金香到地中海橄欖樹和古老葡萄藤各種植物。*www.trauttmansdorff.it*

FABBRICA DELLA BIRRA PERUGIA

Via Tiberina 20, Pontenuovo di Torgiano, Perugia;

www.birraperugia.it; +39 75 988 8096

◆ 導覽 ◆ 外帶 ◆ 酒吧 ◆ 交通便利

一名充滿探險精神的年輕人為這家老啤酒廠賦予新生命，創立於 1875 年的「啤酒工廠」是義大利第一家釀酒廠之一，直到最近幾年都還在釀造工業拉格啤酒。新老闆是葡萄酒記者 Antonio Boco、市場經營者 Matteo Natalini 以及釀酒師 Luana Meola，他們推出了黃金艾爾、紅艾爾、巧克力斯陶特啤酒以及其他啤酒品項。2016 年他們的努力有了代價，在義大利國家啤酒 dell'Anno 競賽中贏得年度啤酒廠的殊榮。每週六的導覽可以探索這棟歷史建築、和釀酒團隊交談以及品嚐 Luana 釀的酒，這位釀酒師的作品包括 Calibro7 淡色艾爾，一款混合 Galaxy、Citra、Sorachi 和 Chinook 啤酒花的啤酒。

周邊景點

第一市民宮（Palazzo dei Priori）

位在十一月四日廣場（Piazza IV Novembre）的中心，這棟建於 13 ～ 14 世紀的哥德式皇宮有許多精美的博物館，包括國立 Umbria 美術館。

Elfo 酒吧

佩魯賈（Perugia）的 Via Sant'Agata 區有座最受歡迎的啤酒吧及歷史最悠久的「公共啤酒吧」，提供來自全球 200 多種的啤酒以及舒適的氛圍。

FERMENTAZIONE
in MUSICA
Isaac
PALE ALE

BALADIN啤酒廠

Piazza 5 Luglio 1944, Piozzo, Piedmont;
www.baladin.it; +39 0173 795431

◆ 餐點 ◆ 導覽 ◆ 外帶
◆ 家庭聚餐 ◆ 酒吧 ◆ 交通便利

如果你想要了解 Baladin 啤酒廠，你就得來見見創辦人 Teo Musso。這是一位在三年的啤酒發酵過程中，透過大型麥克風向啤酒播放特製音樂的男人。這個男人建造了一條通過他家鄉的特殊啤酒管線，並將許多釀造出來得啤酒以他的小孩和家人來命名。這確保每一款啤酒都能發展出自己的風格與味道，就像他的每一位家人也在實際的生活中有所轉變一樣。Teo 個人的生命故事不但就像一本浪漫的義大利小說，充滿了許多愛情、失落甚至還有一個篇章是關於他隨馬戲團浪跡天涯的故事，他還有將安靜的義大利小村莊皮奧佐（Piozzo）改造成世界知名啤酒廠重心的事蹟。參觀這座小鎮，你將會在他的啤酒世界裡有過前所未有的體驗。這座中世紀的小鎮中心全是以馬戲團為主題、Baladin 啤酒廠獨特販售自釀啤酒的酒吧為中心。鎮上主要的旅館是美麗的 Casa Baladin。想要在這個鎮花上一天一夜，便是體驗 Teo Musso 個人生命的歷程。他是真正的義大利精釀啤酒的先驅。你可以試試他所釀造的 Nora 啤酒。這是一款受到摩洛哥啟發，由沒藥（myrrh）所調製而成的啤酒。這款啤酒可以靈活地搭配許多辣味的食物。

周邊景點

熱氣球之旅

一覽義大利中世紀村莊及綿延葡萄園的壯觀景色，最好的方式便是日出或日落時來趟熱氣球之旅。*www.inballoon.it/#!/ita-home*

品葡萄酒

皮奧佐就位在 Piedmont 的中心，這個區以 Piemonte 葡萄酒而聞名。這是個可以品嚐 Barolo 和 Barbaresco 葡萄酒的大好機會。

Alba 村

從皮奧佐開車只要 30 分鐘，這座有著中世紀瞭望塔、風景如畫的村莊也是 Piedmont 區的美食中心。

尋找松露

在 Alba 村可以加入專業的松露團隊，和訓練有素的狗一起出發尋找這些埋在地底的美味食物。

www.lebaccanti.com/en/tour/TruffleHunt-in-Alba

BIRRERIA ZAHRE啤酒廠

50 Via Razzo, Sauris di Sopra, Friuli;
www.zahrebeer.com; +39 0433 866314

◆ 餐點 ◆ 導覽 ◆ 外帶
◆ 家庭聚餐 ◆ 酒吧 ◆ 交通便利

Sandro Petris 在家比較常講山區方言而不是義大利語，但是他也會試著用英文，熱情地解釋他在 1999 年，和他的哥哥在父母農田的馬廄裡創立的這家手工釀造啤酒廠。整個義大利北部都可以買到 Zahre 啤酒廠的艾爾啤酒，但是這家啤酒廠卻位在靠近奧地利邊界，一處荒野 Carnia 山區沒有教堂的小村莊中。你必須是位對啤酒議題嚴肅的旅者，你才會到此探險，但是這座啤酒廠歡迎旅客的熱情卻令這趟旅程有了意義。啤酒廠最近擴大規模，將一家舒適、供應美味當地起司及煙燻火腿盤的酒館也納入麾下，還有一間提供啤酒釀造課程的學校。在那裡，你可以創造出個人的啤酒配方，然後將 50 公升小桶裝的自釀啤酒帶回家。啤酒廠還有三間鄉村 B&B 公寓。他們的啤酒非常出眾。這對兄弟檔在釀造出 Zahre Affumicata 啤酒前，會烘烤自家栽種的小麥芽。這是一款煙燻咖啡色波特啤酒。除了經典皮爾森啤酒及美式淡色艾爾啤酒外，還有 Zahre Rossa Vienna 啤酒。這是一款濃烈、充滿香氣，依照古老維也納配方所釀造而成的琥珀拉格啤酒。千萬不要錯過 Canapa 啤酒。這不全然是大麻啤酒，但是在發酵過程中的確使用了大麻類的葉子及花朵。

周邊景點

Pesariis 村

這座不起眼的小村莊竟是世界鐘錶製造中心之一。這裡有一座博物館講解製造歷史，也可以隨意漫步觀賞外頭展示的 14 座紀念鐘錶。

紹里斯 Prosciuttificio Vecchia 火腿

這裡的火腿不像 San Daniele 和 Parma 有名，但是紹里斯卻製造出得過獎的風乾火腿，可以免費參觀工廠，發掘手工火腿的祕密及驚人的香氣。*www.vecchiasauris.it*

紹里斯湖

紹里斯就位於一片由森林圍繞的湖泊上方，適合釣魚、划獨木舟、玩風帆衝浪運動，以及享用當地火腿、在傳統山上草原石屋發酵的起司和 Zahre 啤酒廠的啤酒做為野餐。

Borgo degli Elfi 旅店

一家鄉村風格的腳踏車及健行旅店，住客可以沿著自然步道步行或是騎登山腳踏車。*www.saurisborgodeglielfi.it*

荷蘭

如何用當地語言點啤酒？ Een biertje, alstublieft

如何說乾杯？ Proost!

必嚐特色啤酒？ Bok，一款深色拉格啤酒。

當地酒吧下酒菜？ Bitterballen，一種佐黃芥末醬、外皮酥脆的炸肉丸。

貼心提醒：黃湯下肚後小心不要走在腳踏車道上，不然會聽見車鈴的警告聲響。

人們造訪阿姆斯特丹有各式各樣的理由，像是到這座城市美麗的Rijksmuseum美術館觀賞大師的畫作。但是品嚐啤酒從來就不是理由之一。如今，在阿姆斯特丹和整個荷蘭，除了一些啤酒大廠像是海尼根、Amstel和Grolsch外，其他品牌的啤酒廠似乎也多了些生存的空間。

現在在荷蘭有多達200家的精釀啤酒廠，和其他國家相比，仍是發展的初期。因此，荷蘭還尚未發展出屬於自己特色的精釀啤酒。許多釀酒師主要釀造出許多國際公認的淡色艾爾、帝國斯陶特、印度淡色艾爾啤酒以及比利時風格的雙倍和三倍啤酒。但是這些釀酒師仍努力創造出獨特的風味。荷蘭人釀造出最接近國民啤酒的一款啤酒是bokbier。這是一款味道強烈的深色拉格啤酒。為了迎接陰暗的冬季月份，傳統上會在十月釀造而成。

除了本書在此介紹的兩座精釀啤酒廠外，你也可以拜訪位在阿姆斯特丹紅燈區Prael啤酒廠的試喝室，以及城市西部的7 Deugden啤酒廠。現在，光在阿姆斯特丹就有十幾家精釀啤酒吧，像是Gollem、the Beer Temple以及In de Wildeman和Troost。在其他荷蘭的城市，像是烏得勒支（Utrecht）和鹿特丹也有相同的情形。當你和比利時及德國這些啤酒釀造國為鄰，取得並供應有趣的啤酒品項應該不會有太大的問題。但是有越來越多較受歡迎的精釀啤酒將會是荷蘭自己所釀造出來的。

201

OEDIPUS啤酒廠

Gedempt Hamerkanaal 85, Amsterdam;
www.oedipus.com

◆ 家庭聚餐 ◆ 酒吧 ◆ 交通便利
◆ 導覽 ◆ 外帶

巨幅粉紅豬底下有一整排彩色、供應不同啤酒的水龍頭，阿姆斯特丹新世代的精釀啤酒廠是否出乎你意料？Oedipus啤酒廠就是這麼奇特、年輕又有趣。每隔幾天他們就會推出新的啤酒品項，在這裡可以喝到各式各樣的啤酒：大黃白啤、煙燻波特、印度淡色艾爾啤酒、季節啤酒、帝國斯陶特、Gose、酸啤……。在你快結束參訪時可能又會端出不同的啤酒來。無庸置疑的是，拜訪這家位在運河旁的啤酒廠最好搭船，在船駛離之前，一定要試試Thai Thai啤酒，一款帶有南薑根、香菜、辣椒及橘子皮，味道清爽但不會太辣的三倍啤酒。

周邊景點

阿姆斯特丹精釀啤酒導覽及活動

不論選擇騎腳踏車，或是以阿姆斯特丹獨特的運河遊船的方式參訪啤酒廠，這裡都有許多選項。*www.amsterdamcraftbeertours.com*

Brouwerij De Prael

在阿姆斯特丹中心、大名鼎鼎的紅燈區裡，這座有著許多樓層的品酒室為年輕客群提供有機啤酒以及價格合理的燉菜。
www.deprael.nl

EL COTO DE R

DE MOLEN啤酒廠

Overtocht 43, Bodegraven;

www.brouwerijdemolen.nl; +31 172 610 848

◆ 餐點 ◆ 導覽 ◆ 外帶
◆ 家庭聚餐 ◆ 酒吧 ◆ 交通便利

在過去幾年來，De Molen 啤酒廠在國際的精釀啤酒界裡掀起了一股巨大的風潮。這座啤酒廠變成是巨大帝國斯陶特啤酒以及一些世界一流印度淡色艾爾啤酒和大型過桶陳釀啤酒的必訪之地。實在很難想像這座風格犀利的精釀啤酒廠就座落在博德赫拉芬（Bodegraven）這樣一個安靜的小鄉村裡，但是啤酒世界的運作有時就是很令人難以捉摸。

雖然 De Molen 啤酒廠位處偏僻鄉鎮的一處倉庫空間裡，但是最佳享用他們所釀造出的啤酒地點卻是在一間融合試喝室、餐廳以及啤酒商店的 Brouwcafè de Molen。這座複合式的酒館就位在一座 17 世紀極富盛名、可以方便看到啤酒廠的風車下。他們所釀造的啤酒容量通常很大也饒富風味。啤酒裡會放大量的啤酒花、麥芽及酒精，但是這些原料又完美、平衡且融洽地結合在一起。雖然你可以找到他們一些酒精體積百分比低於 5% 的啤酒，但是大部分還是界於 6.5% 和 12% 之間。所以你幾乎只能單趟去程開車來到此地，或是你可以搭火車來參訪這家啤酒廠。可以試試 Heaven & Hell 帝國斯陶特啤酒。這是一款大容量、均衡並散發出深色水果、咖啡以及苦可可香氣的啤酒。喝完時胸膛會有暖暖的感覺。

周邊景點

豪達起司（Gouda Cheese）市集

雖然歷史悠久的市集只在四月到八月的週二早晨營業，但你還是可以找到全年都可品嚐當地起司的地方。*www.welkomingouda.nl*

Kamphuisen 咖啡館

來豪達鎮體驗傳統的 bruin café，裡面有古老的木製餐桌及美味的食物，或者也可以待在戶外，在頗具風情的舊漁市場旁小酌一番。*www.deprael.nl*

Wierickerschans 堡壘

這座一直使用到 19 世紀、風景如畫的荷蘭海岸要塞，因為它的潰堤使大部分荷蘭因此被海水淹沒，但也成功抵禦了外來侵略。*www.fortwierickerschans.nl*

豪達鎮燭光之夜

十二月中會有數以千人湧進豪達鎮，觀賞這座被無數蠟燭點亮的城鎮。這是自 1956 年起延續的傳統，每年都有許多擴大舉辦的活動。*http://eng.goudabijkaarslicht.nl*

葡萄牙

如何用當地語言點啤酒？ Uma imperial, se faz favor

如何說乾杯？ Saude!

必嚐特色啤酒？皮爾森啤酒。

當地酒吧下酒菜？ Tremoços，一種常用辣椒和／或月桂葉醃漬的羽扇豆。

貼心提醒：請不要在精釀啤酒吧裡點帝國啤酒，這種點法只適用於一般酒吧。直接講精釀啤酒的名稱即可

現代葡萄牙的啤酒歷史可用兩個詞來概括：Sagres 和 Super Bock 啤酒，這兩款軍事獨裁時期釀造出的日常拉格啤酒，已在葡萄牙啤酒版圖霸佔了數十年之久。然而葡萄牙啤酒釀造史卻可回溯至古羅馬還稱呼這裡為 Lusitania 省的時期（儘管這個國家全心投入的是葡萄酒釀造）。大約 42 年的威權主義統治時期——葡萄牙第二共和國（Estado Novo），外來影響被壓制，迄今仍存在的強勢行銷手段則讓一家品牌霸佔了啤酒業版圖。儘管如此，葡萄牙人依然喜愛 Sagres 和 Super Bock 這兩款呈現淡琥珀色澤、喝起來順口的拉格啤酒，和歐洲最迷人的夏日氣候有著密不可分的關係。

儘管精釀啤酒運動起步得晚，但 2010 年代開始有了轉機。在歐洲經濟嚴重衰退期（在此之前葡萄牙約流失了 60 萬年輕勞動人口），許多被迫回國謀生的人開始回到原本的工作崗位，這些人懷著在歐洲其他地方及北美所養成對精釀啤酒的渴望，讓國內自釀啤酒終於有了破口。位在 Porto 城的 Sovina 啤酒廠，據說是葡萄牙第一家精釀啤酒廠，2011 年以琥珀、Helles 啤酒、印度淡色艾爾啤酒、斯陶特啤酒及小麥啤酒風靡市場，風氣就此大開，短短四年內里斯本就有兩家自釀啤酒吧，至少五家供應精釀啤酒的酒吧，還有十幾家新創的精釀啤酒廠，而在精釀手工啤酒界，則產生了無數的簽約及家庭釀酒師。

DOIS CORVOS CERVEJARIA啤酒廠

Rua Capitão Leitão 94, Lisbon;
www.doiscorvos.pt; +351 914 440 326

◆ 餐點　◆ 酒吧　◆ 交通便利
◆ 導覽　◆ 外帶

傳統上，雖然葡萄牙數十年來的啤酒業只由兩家工業製造啤酒所掌控，但是當第一家釀啤酒吧在 2014 年開幕時，精釀啤酒的狂潮還是吹到了里斯本。一年之後，啤酒發酵缸在 Dois Corvos 啤酒廠開始運轉。這座啤酒廠是由 Susana Cascais 和 Scott Steffens 夫婦倆所創立的。這也是里斯本第一座附有酒館的酒廠。身為美國移民，Scott Steffens 將他的西雅圖經驗帶到了 Marvila 區。這座由倉庫搖身一變成為藝術及潮流匯集的明日之地，每個月只釀造 10,000 公升的啤酒。

這座光在第一年開幕就釀造出 26 款啤酒的釀酒廠，一直不斷在實驗並推陳出新。Steffens 表示：「就像其他地方一樣，葡萄牙也有許多獨特的原料，像是葡萄牙水果、調味料、當地的葡萄酒以及烈酒的酒桶（會重複使用來發酵啤酒）和野生原生的酵母。這些只是我們調配啤酒配方的其中一些原料。」

酒館會供應十幾種啤酒，常見的是試驗性質、沖泡及獨家過桶陳釀的啤酒，還有提供用 growler 盛酒容器外帶啤酒的服務。2017 年開始，啤酒廠還提供導覽以及參觀附近陳釀酒桶倉庫的行程。一定要試試 Finisterra 波特啤酒，特別是如果有供應過桶陳釀版本的話。

周邊景點

Alfama 城

蜿蜒街道瀰漫烤沙丁魚的氣味和葡萄牙民謠 fado 音樂，以及迷宮般 Alfama 城石灰建築，都使這裡成為拍電影的好場景。

Jerónimos 修道院

當遊客駐足參觀這座位在 Belém 城，被聯合國教科文組織列為世界遺產的修道院，都會忍不住驚聲讚嘆。這是曼努埃爾式（Manueline）建築中最佳典範之一。

www.mosteirojeronimos.pt

Chimera 自釀啤酒吧

Alcântara 城的 18 世紀地底隧道已經變成一座有著美麗石牆的酒吧，供應 12 種從小啤酒桶取出的啤酒。*www.chimerabrewpub.pt*

Mercado da Ribeira 市集

這座 1892 年開市的里斯本都會市集，2014 年有半數由 Time Out 公司轉型為美食廣場，有許多由米其林主廚經營的攤位。

www.timeoutmarket.com

DUQUE自釀啤酒吧

Duques da Calçada 49, Lisbon;
www.duquebrewpub.com; +351 213 469 947

◆ 餐點 ◆ 外帶 ◆ 酒吧 ◆ 交通便利

里斯本第一家自釀啤酒吧 2015 年才成立，幸好位在 Chiado 時尚區的 Duque 酒吧欲彌補了這段空缺。只要有營業，你都會在此發現里斯本當地的啤酒，像是 Bolina、Dois Corvos、Passarola、Oitava Colina、LX、Musa 和 Mean Sardine、Against the Tide 和 Amnesia，以及酒吧自有品牌 Cerveja Aroeira 的主要和創意啤酒品項（也供應一些精細挑選的罐裝啤酒）。舒適的空間有著一般常見的酒吧氛圍，室內擺放著許多硬木餐桌和麻布坐墊的酒吧椅，戶外的露臺也很具吸引力。不要錯過試試 Look, I'm Your Lager 啤酒，是一款融合 Aroeira 和 Bolina 區域特色的帝國淡色拉格，帶有美味的啤酒花香氣。

周邊景點

卡爾默修道院（Convento do Carmo）

矗立在里斯本的這座遺址讓我們得以一窺 1755 年里斯本大地震的威力，依然可以在此看到破碎的廊柱以及像骨叉般的拱門遺跡。

Núcleo Arqueológico da Rua dos Correeiros

位在千禧銀行地下道的這座遺址可追溯到鐵器時代。參加由考古學家所帶領的迷人導覽，還可以更進一步參觀羅馬時代遺留下來的沙丁魚工廠。

CERVEJA LETRA啤酒廠

Ave Professor Machado Vilela 147, Vila Verde;
www.cervejaletra.pt, +351-253 321 424

◆ 餐點 ◆ 酒吧 ◆ 交通便利
◆ 導覽 ◆ 外帶

距離美麗 Braga 城北部大約 13 公里處的韋爾迪小鎮，是葡萄牙第一座自釀酒吧 Letraria 所在地，開幕於 2015 年、位在一棟廢棄的市政建築內。在葡萄牙的啤酒之旅中，這裡是值得停留的一個地點。Letraria 啤酒廠釀造出了葡萄牙前三款自釀啤酒之一 Cerveja Letra，並自 2011 年開始量產。這款啤酒也很自然地成為來到此地最棒的飲酒體驗之一。誠如其名，Letra 酒廠所釀造的啤酒依字母拆開來看，A 是白啤，B 代表皮爾森啤酒，C 是斯陶特啤酒，D 則是紅艾爾。這些啤酒便獨占了七種供應啤酒中的四種。啤酒廠正在設法將供應的啤酒種類擴增為 12 種。剩下三種供應的啤酒品項則是特別版本，像是過桶陳釀以及聯合釀造的啤酒。有一些啤酒在自製 100 公升的發酵桶裡發酵，另外的一些啤酒則是混和了當地的原料，像是 Casca de Carvalho 甜瓜或是啤酒廠自己栽培的啤酒花（25 株美式 Cascade 啤酒花根莖就種在隔壁的田野裡。這正是所謂的 Portugal first——葡萄牙優先）。吸引人的酒館則供應絕佳的北葡萄牙酒吧餐點，像是摻有斯陶特啤酒的手撕豬肉、烤 Barroso 火腿以及夾有 Barroso 起司的三明治。週六下午免費的導覽也包括依照字母順序健康試飲啤酒的活動。千萬不要錯過 Letra On Oak Port 過桶陳釀酸艾爾啤酒。

周邊景點

Peneda Gerês 國家公園

葡萄牙唯一的國家公園，佔地 703 平方公里，距 Braga 城 52 公里，裡頭布滿許多巨石山峰、松樹林及古老的花崗岩村落。

山上仁慈耶穌朝聖所（Bom Jesus do Monte）

你可以登上電影中才能看到的 Z 字形巴洛克階梯，穿越一片翠綠的森林拾級而上，就能看見這座著名的朝聖所隱身在 Braga 城山丘上。*www.bomjesus.pt*

Bira dos Namorados 咖啡廳

Braga 城的美味漢堡聲名遠播，這間有著 Minho 省民俗傳統裝飾的可愛咖啡廳，是一處可以好好享用漢堡的地點。
www.biradosnamorados.pt

Guimarães 城

入選聯合國教科文組織世界遺產的 Guimarães 城，位於 Braga 城東南方 25 公里處，有中世紀如迷宮般的巷道、露天廣場以及 14 世紀保存至今的宏偉建築。

斯洛伐克

如何用當地語言點啤酒？ Jedno pivo, prosím

如何說乾杯？ Na Zdravie!

必嚐特色啤酒？波西米亞風格的皮爾森啤酒。

當地酒吧下酒菜？各式不同的醃菜，一般來說是醃小黃瓜，以及一種類似法國 Camembert 起司的 hermelin 起司。

貼心提醒：不要抱怨啤酒上的泡沫，這是標準的盛酒方式，也是啤酒品質的展現。

斯洛伐克人很擅長釀酒。當酒精濃度高的自釀水果白蘭地和帶有琥珀色澤的 Tokaj 酒成為這個國家所釀製最獨特的酒精飲品時，人們將來自斯洛伐克北部高山的高品質水泉水導向山下平坦、溫暖、肥沃適合耕種的平原。在這座適合啤酒花生長的平原上，也提供了釀造啤酒所需要的有利條件。和著名精通啤酒的捷克有著交織的歷史，斯洛伐克的首都布拉提斯拉瓦（Bratislava）已經在 2015 年和 2016 年成為購買便宜啤酒的指標城市。也難怪啤酒成為這個國家最受到歡迎的酒精飲料。

啤酒釀造在斯洛伐克有著光榮的歷史，但是和啤酒廠林立的鄰國捷克相比，也許還是相形見絀。這裡釀造啤酒的歷史可以至少直接回溯到 15 世紀。匈牙利國王 Matthias Corvinus 偏好在他的婚禮上飲用來自東斯洛伐克城 Bardejov 的啤酒。聖殿騎士團的成員在 1473 年的 Banská Bystrica 區，成立了斯洛伐克第一家的釀酒廠。這也開啟了啤酒和斯洛伐克礦區之間直到如今仍然熱絡的友好關係（一些斯洛伐克礦工甚至稱啤酒為「液體麵包」）。

而位在另一座礦區中心班斯卡什佳夫尼察（Banská Štiavnica）的啤酒廠，則是打破了自 20 世紀中葉以來，斯洛伐克啤酒由工業規模啤酒廠所箝制的局面。2010 年，小型啤酒廠像是 Banská Štiavnica's Pivovar Erb 和 Bratislavský Meštiansky Pivova 的開幕，為新世代釀酒師重視啤酒品質勝過數量的理念設立了一個典範。

PIVOVAR ERB啤酒廠

Novozámocká 2, Banská Štiavnica;
www.pivovarerb.sk; +421 45 692 2205

◆ 餐點 ◆ 導覽 ◆ 外帶
◆ 家庭聚餐 ◆ 酒吧 ◆ 交通便利

被列為世界遺產的這座中世紀礦城班斯卡什佳夫尼察，曾有十座啤酒廠，位在歷史中心一處迷人建築中的 Pivovar Erb 啤酒廠則是碩果僅存的一家。啤酒廠發亮的酒吧餐廳飄著一股濃郁的麥芽香氣，中間兩座帶有光澤的銅製啤酒缸主要釀製四款啤酒。可以在戶外露臺歇息，欣賞適合拍照的老城區屋頂，還有一家小劇院，喝酒前可以去觀賞表演。這裡的釀酒大師遊歷整個斯洛伐克及中歐，尋找並挑選適合釀酒的原料，酒廠最頂級的啤酒也是斯洛伐克最棒的啤酒，一款帶有深焦糖色澤，啤酒花香氣細膩、酒精濃度 12% 的煙燻拉格。

周邊景點

Kalvaria

位於可俯瞰城鎮的黃綠色山丘上，班斯卡什佳夫尼察的耶穌受難地是一處有著 22 座巴洛克教堂及小禮拜堂的區域，教堂裡生動描繪了耶穌的受難故事。*www.en.kalvaria.org*

斯洛伐克礦區博物館

位在班斯卡什佳夫尼察鎮外，被保存下來的美麗木造建築是 štôlňa Bartolomej 礦井的入口，可以報名參加導覽。*www.muzeumbs.sk*

BRATISLAVSKÝ MEŠTIANSKY PIVOVAR

Drevená 8, Bratislava;
www.mestianskypivovar.sk; +421 944 512 265

◆ 餐點 ◆ 酒吧 ◆ 導覽 ◆ 交通便利

面對鄰國捷克在釀造業的影響力，布拉提斯拉瓦有 500 年釀造歷史，以及 1752 年開業的啤酒廠餐廳。鎮民努力讓啤酒廠建築能與巴伐利亞最棒的啤酒屋媲美，因此這座布拉提斯拉瓦的「市民啤酒廠」變成一處獨特的飲酒及用餐地點。

如今見到的啤酒廠創立於 2010 年，使斯洛伐克精釀啤酒聞名遐邇。人群分散在啤酒廠寬闊、有著挑高天花板的兩層樓空間裡。這裡供應皮爾森風格啤酒，有淡色拉格（ležiak）及深啤（bubák）兩種，但經典的喝法則是兩種啤酒各倒一半混在一起。這是一款帶有水果及巧克力風味，絕對令人驚豔的啤酒。

周邊景點

UFO

位在布拉提斯拉瓦橫跨多瑙河的主橋梁 Nový Most 上方，當地人稱呼這塊懸空的超現實觀景台為 UFO，可以到上面觀賞美麗的城市風哥光。*www.u-f-o.sk*

斯洛伐克國家藝廊

這座藝廊收藏許多斯洛伐克的重要藝術品，展示了 16 ～ 19 世紀中歐傑出作品，還有 20 世紀斯洛伐克重要藝術，包括受歡迎的現代主義大師 L'udovít Fulla 作品。*www.sng.sk*

英國

如何用當地語言點啤酒？ A beer, please

如何說乾杯？ Cheers!

必嚐特色啤酒？淡色艾爾啤酒。

當地酒吧下酒菜？花生和洋芋片。

貼心提醒：如果你想嚐試更多不同種類的啤酒，點半杯就好。

迄今，英國已經創造出許多盛行的啤酒風格，但這個國家和啤酒的關係並非一直這麼和諧，20 世紀時英國的啤酒業死氣沉沉，根本稱不上釀造大國。上世紀中葉因為許多因素，包括二戰以來的政府法令和稅務、平庸且大量製造的啤酒品牌佔據市場以及消費者對啤酒需求的疲乏，英國啤酒業處於低潮，只有幾家獨立、富有創意的釀酒廠（倫敦只剩不到幾家）碩果僅存，而英國公民社會的基石——自釀啤酒吧，則以飛快的速度倒閉關門。即使真正的艾爾啤酒提倡者，對高品質啤酒的標準如今看來也十分狹隘。

大約二十多年前，有件事撼動喚醒了英國死氣沉沉的啤酒業——美國開始釀出好喝又美味的啤酒，不僅美味、還很迷人，然後澳大利亞及紐西蘭也隨後跟進，但他們一開始都是以英式風格來釀啤酒的，像是淡色艾爾、波特啤酒、（皇家和標準）斯陶特以及印度淡色艾爾。

這裡需要簡短地來回憶一下這些經典啤酒的身世，先從據説迄今流傳最廣的精釀啤酒——淡色艾爾和印度淡色艾爾説起。淡色艾爾第一次出現是在 17 世紀英國，被微微烘烤過的發芽小麥、啤酒花、酵母及當地的飲一起釀造，最後的成品便是淡色艾爾啤酒。一個世紀後，額外添加的啤酒花及高酒精濃度使得淡色艾爾在外銷印度的過程中保持品質。今日英國鄉村還殘留許多釀造工業的痕跡，例如有著尖頂、用來晾乾啤酒花的倉庫，在南部鄉村 Kent、Sussex 和 Hampshire 都很常見。

波特啤酒則是由倫敦泰晤士河畔工人裝載、卸貨時的提神飲料演進，味道較為濃烈、厚實的版本則轉為斯陶特啤酒，但實際上這兩款啤酒本質是一樣的，都是深色、由烘烤發芽小麥所釀製、帶有大量啤酒花氣味，最後形成烘焙過甜中帶苦的風味，嚐起來有點像咖啡及巧克力。味道較為濃烈的版本會銷往俄羅斯，也就是所謂的皇家俄羅斯斯陶特啤酒。

最後還是這些曾經的英屬殖民地讓「日不落國」的啤酒發揚光大，也讓英國獨立釀酒師重新找回遺失的手工藝，釀出美味的啤酒。幸運的是，過去十幾年來對美味啤酒的要求聲量，不斷推動英國精釀啤酒廠的數量成長，如今倫敦市每個角落都有一家好釀酒廠，從北部的 Beavertown 到南部的吉

酒吧語錄：DANIEL LOWE

英國一直以來
都以釀酒傳統為傲，
但是新世界的啤酒花
和風格上的創新，
正在改變人們對英國啤酒的看法。

TOP 5
啤酒推薦

- **Black Betty 印度淡色艾爾：** Beavertown 啤酒廠
- **Best Bitter 啤酒：** Harvey 啤酒廠
- **Citra 啤酒：** Oakham Ales 啤酒廠
- **印度淡色艾爾 Citra：** The Kernel 釀酒廠
- **Even More Jesus VIII 啤酒：** Siren/Evil Twin 釀酒廠

普賽山丘（Gypsy Hill）。記得要去拜訪位在 Bermondsey 的 Beer Mile 啤酒廠，還有位在東倫敦區的酒吧及釀酒廠，以及 Pimlico 的 Cask 酒吧。

倫敦以外還有許多很棒、值得參訪的啤酒廠，從西密德蘭郡（West Midlands）的 Sadlers 啤酒廠到西部約克郡（Yorkshire）及湖區（Lake District）以及蘇格蘭，不但會在塔奎爾莊園（Traquair House）發現英國現存最古老的釀酒廠，也會在阿伯丁郡（Aberdeenshire）找到最具人氣及口碑的 Brewdog 啤酒廠。不論是透過他們的啤酒配方還是使用當地水源，每家酒廠都有區域特色。許多啤酒廠試著還原被美國新大陸釀酒師微調過的配方，還原波特及淡色艾爾啤酒的原始風格。在英國進行啤酒之旅，是一種參與這座人口密集小島歷史的最好方式。

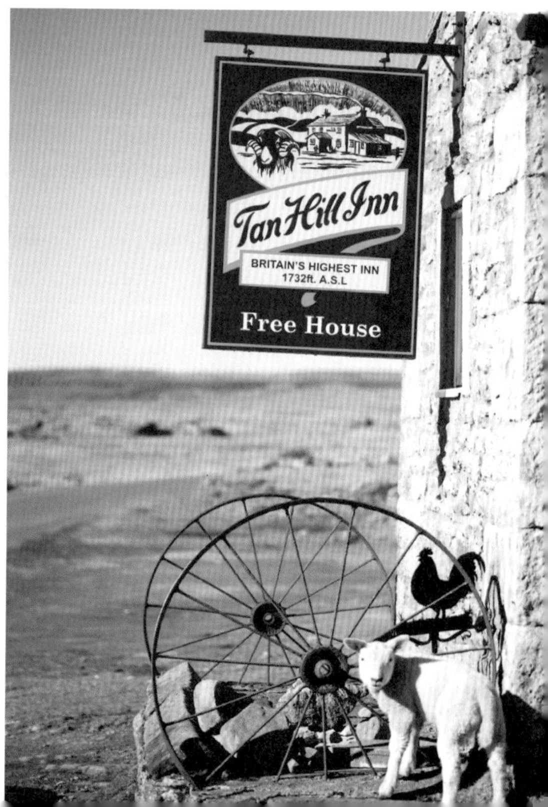

BARNGATES啤酒廠

The Drunken Duck Inn, Barngates, Ambleside, Cumbria; www.drunkenduckinn.co.uk; +44 1539 436347

◆ 餐點 ◆ 導覽 ◆ 交通便利
◆ 家庭聚餐 ◆ 酒吧

這家啤酒廠就位於湖區最有名的餐廳——醉鴨酒館（Drunken Duck Inn），位在 Hawkshead 和 Coniston 的交叉口，靠近風景如畫的 Tarn Hows 湖區。座落在一處老舊的附屬建築物裡，啤酒廠有許多訂製的艾爾啤酒，全都是用傳統的技法釀製而成，並且還有琅琅上口的啤酒名稱，像是 Tag Lag、Catnap 和 Cracker。你會發現裡頭的酒吧都供應這些啤酒，另外還有一份小酒館的菜單。這裡我們推薦的啤酒選項是 Chesters Strong & Ugly 啤酒。不單是因為這款啤酒的名字取得極好，也是因為其濃郁、深色、烘烤過的麥芽風味。

周邊景點

Grizedale 森林

這處美麗的森林中有好幾條自行車道可以探索，騎車瀏覽沿途風光的同時，也可以欣賞數十座戶外雕塑品。

Beatrix Potter 美術館

前往這座位在 Hawkshead 的迷人小型美術館，可避開 Hill Top 上 Beatrix Potter 故居的參觀人潮，這座美術館展出了許多她的原始畫稿。*www.nationaltrust.org.uk*

BATH ALES啤酒廠

Hare House, Southway Drive, Warmley, nr Bath; www.bathales.com; +44 117 947 4797

◆ 餐點 ◆ 酒吧 ◆ 交通便利
◆ 導覽 ◆ 外帶

來自巴斯和布里斯托（Bristol）的啤酒客，一定對這家啤酒廠相當熟悉。許多當地酒吧都可以看到他們以奔跑野兔作為商標的啤酒。這家啤酒廠釀造出許多美味的金黃、紅色、深色及苦味艾爾啤酒，以及用 Fuggles 啤酒花所釀的可口波特啤酒。但我們尤其喜歡特調品項，像是薑汁、巧克力麥芽、太妃糖甚至是鬼椒口味。他們在巴斯有許多酒吧，我們最愛的是 The Salamander，一家氣氛友善、風格復古的酒吧，從世界著名的皇家新月樓（Royal Crescent）往下走布會很遠。來杯 Gem 啤酒準沒錯，這是一款帶有水果風味的 best bitter 啤酒。

周邊景點

皇家新月樓

這棟由 30 幢喬治式房屋所組成的半月型莊園建於 1767 年～ 1775 年，已經以華麗風格重新整修裝飾過的一號建築，可一窺巴斯上層階級的生活方式。

www.no1royalcrescent.org.uk

巴斯溫泉浴場（Thermae Bath Spa）

一定要拜訪原始的羅馬浴場遺跡（www.romanbaths.co.uk），但是如果你真想沉浸在巴斯的溫泉水中，這座時尚的浴場絕不會讓你失望。*www.thermaebathspa.com*

THREE TUNS啤酒廠

Station St, Bishops Castle, Shropshire;
www.threetunsbrewery.co.uk; +44 1588 638392

◆ 餐點 ◆ 導覽 ◆ 外帶
◆ 家庭聚餐 ◆ 酒吧 ◆ 交通便利

號稱是英國最古老、有執照的啤酒廠是一個相當大膽的宣言。但是位在什羅普俊郡（Shropshire）的 Three Tuns 啤酒廠卻有文件可以來證明。這家啤酒廠在 1642 年，被授予第一張官方的釀造執照，雖然啤酒廠有著一些來自維多利亞時期的整修痕跡，但是釀酒師如今仍然在木造的原廠址上施展他們的釀酒魔法。當 1970 年代為了拯救英國死氣沉沉的啤酒業而發起了 Real Ale 啤酒運動時，Three Tuns 啤酒廠是整個英國四家酒吧中的其中一家仍然繼續釀造其艾爾啤酒的酒吧。在 2003 年真正的艾爾啤酒酷好者開始大力拯救英國啤酒業、更新一些機器設備，但並非釀造啤酒的理念及原料之前，整座啤酒廠企業在千禧年初期面臨了巨大的動盪。

今日，釀酒師仍然以同樣古老的配方在釀造啤酒。有時他們會以向現代致敬的方式，頑皮的加入一些新配方（你可以試試帶有薑味及檸檬香味的 Faust Banana 調味啤酒）。隔壁的 Three Tuns 小酒館裡，老顧客常常在酒吧前顛顛簸簸地搖晃著身軀，而蓄鬍的民謠歌手則為後面的廂房增添了些許中世紀的氣氛。這些顛簸的酒吧常客堅持推薦，自釀 XXX Pale Ale 啤酒是 Three Tuns 啤酒款量的極品。

© Three Tuns Brewery

周邊景點

Ludlow 城堡

建於諾曼人征服英格蘭（Norman conquest）之後二十年。因為這段歷史來拜訪此地的你，也一定會愛上此區講究的美食。

www.ludlowcastle.com

鐵橋峽谷（Ironbridge Gorge）

漫步或騎腳踏車穿越這座寧靜的世界遺產，在此地見證工業革命到來的標誌——全世界第一座鐵橋。*www.ironbridge.org.uk*

Shrewsbury 修道院

這座由紅色砂岩建築而成的諾曼修道院，自 1086 年完工以來見證了許多事蹟，也是歷史偵探小說《Brother Cadfael》主人翁兄弟的家。*www.shrewsburyabbey.com*

Long Mynd

什羅普郡最有名的山丘，海拔 517 公尺），有和 Peak District 峰區類似的風景，但是人潮較少。

BRISTOL啤酒工廠

The Old Brewery, Durnford Street, Bristol;
www.bristolbeerfactory.co.uk; +44 117 902 6317

◆ 餐點 ◆ 酒吧 ◆ 交通便利
◆ 導覽 ◆ 外帶

創意、奇特、另類，布里斯托一直都被認為是英國西南部最酷的城市，到處都是獨立啤酒廠，更別提還有多少精釀啤酒吧，包括一家很棒的 Small Bar（www.smallbar.co.uk）。Bristol 啤酒工廠營業已有數十年之久，已經成為當地艾爾啤酒愛好者的最愛，主要供應五種啤酒，加上一些十分奇特的特調品項，包括燕麥波特啤酒、牛奶斯陶特啤酒以及布里斯托黑麥啤酒。想要嚐試這些啤酒的最佳地點是酒廠自己的 Grain Barge 酒吧。，由一艘停在港邊的客船所改裝。也可以造訪舒適的 Barley Mow，一家酒館兼社區酒吧，從 Temple Meads 火車站走路只需幾分鐘。

周邊景點

SS 大不列顛號

由英國工程師 Isambard Kingdom Brunel 所設計，建造於 1843 年的 SS 大不列顛號是全世界最大的客船，這艘城市象徵被重新復原並停泊在布里斯托碼頭邊。

www.ssgreatbritain.org

Clifton 區

布里斯托的高檔區有許多精品店及咖啡館，千萬不要錯過英國工程師 Brunel 的其他傑作——橫跨在 Avon 峽谷的美麗吊橋，可以欣賞到美麗的城市景觀。

國立啤酒廠中心（NATIONAL BREWERY CENTRE）

Horninglow St, Burton upon Trent, Staffordshire;
www.nationalbrewerycentre.co.uk; +44 1 283 532 880

◆ 餐點 ◆ 導覽 ◆ 外帶
◆ 家庭聚餐 ◆ 酒吧 ◆ 交通便利

很久很久以前，伯頓（Burton）被視為是英國最重要的釀酒城市，位於 Trent 和 Mersey 運河的邊界，地理位置正好有利於船隻運送到 Hull 及利物浦港口。除此之外，富含礦物質的水分也是釀造淡色艾爾啤酒的理想原料。你現在應該開始明白為何伯頓又有「啤酒城鎮」的稱號。

在伯頓風華正盛時，這座城鎮是世界的啤酒城，在小小的鎮中心，就有超過 30 多家啤酒廠，可惜的是，這座城鎮的重要性卻逐漸遞減，啤酒廠也隨之關門或是被合併。你可以在國立啤酒廠中心聽到整段故事，還有據說是伯頓最重要的 Bass 啤酒廠的奇聞軼事。你也可以在此享用到美味的酒吧午餐。這裡的商店則供應來自全世界的啤酒。對啤酒狂熱者來說，來到這裡真的就像進了糖果店的孩子般興奮。在進入伯頓的興衰故事以前，導覽行程會以概述整個啤酒釀造程序做為開端。如同所有啤酒廠的導覽行程一般，導覽行程會以在附屬的酒吧中試飲啤酒做為結束。在這裡，你可以品嚐當場在微釀啤酒廠中釀製的啤酒。痛快地暢飲一杯 White Shield 印度淡色艾爾啤酒吧。這是一款有著 180 年歷史的啤酒。

周邊景點

Last Heretic 酒吧

雖然伯頓啤酒的盛況不再，但精釀啤酒廠還是再次出現，這家小型酒吧是品嚐當地啤酒的好地點。*www.thelastheretic.co.uk*

Barton Marina

伯頓南方這座宜人的河畔街區有許多手工店鋪，還有一家供應手工釀製傳統艾爾啤酒的大型酒吧。*www.bartonmarina.co.uk*

國家紀念植物園（Arboretum）

為了緬懷那些在軍隊服役及參加緊急救援時喪命的人，這座植物園種植了 3 萬棵樹，是一處可以漫步其中的莊嚴之地。
www.thenma.org.uk

東密德蘭航空公園（East Midlands Aeropark）

位在東密德蘭機場旁，伯頓東方 25 公里處的這座航空公園是飛機愛好者的天堂，展示了數十架退役的飛機。
www.eastmidlandsaeropark.org

SULWATH啤酒廠

209 King Street, Castle Douglas, Scotland;
www.sulwathbrewers.co.uk,
www.cd-foodtown.org; +44 1556 504 525

◆ 導覽　◆ 交通便利

在蘇格蘭邊境的中心地帶，道格拉斯城堡（Castle Douglas）自中世紀以來便一直是 Douglas 家族抵抗掠奪者的要塞。如今這座貿易城早已歸於平靜，居民製造出的是糧食而不再是戰爭。道格拉斯城堡一直被視為糧食重鎮，周遭都是肥沃農田，每週還有家禽市場。五十多家的食物企業中，Sulwath 是家庭自營的啤酒廠，以其南邊的 Sulwath Firth 海灣為名。這個海灣的海水創造出沿岸溫暖的微型氣候。

Sulwath 啤酒廠是 Henderson 家族於 1996 年創立的啤酒廠。這家啤酒廠釀造出許多傳統的桶裝艾爾啤酒。這些啤酒全都使用來自當地的軟性水質。添加了 Saaz 啤酒花的 Galloway Gold 啤酒是 Sulwath 啤酒廠唯一的拉格啤酒。而 Grace 啤酒則是一款「溫和」啤酒的好典範。這是英國最古老的啤酒品項之一，口味強調帶有果香和甜麥芽勝過啤酒花的「苦味」。得過獎的 Black Galloway 啤酒則使用了英國 Maris Otter 大麥來達到嚐起來像巧克力般的口味。你可以在啤酒廠隔壁、簡樸的 Sulwath 酒館中試試這些啤酒。每週一及週五下午一點都有提供導覽行程。在我們造訪時，以當地花崗岩山來命名的 Criffel 印度淡色艾爾啤酒是當日酒廠推薦的啤酒。這是一款和美國印度淡色艾爾啤酒比起來，口味更加收斂的啤酒品項。

周邊景點

Kirroughtree 森林遊客中心

從道格拉斯城堡開車只需一個小時，蘇格蘭邊境的 Kirroughtree 7 Stanes 有最棒的登山自行車車道中心，可以租自行車。

www.scotland.forestry.gov.uk

Kirkcudbright

這座彩色的小鎮只距 Dee 河 10 英里，這裡以創意出名，並且有許多藝術家定居於此。

Threave 莊園

蘇格蘭這處的溫和氣候有助於莊園植物蓬勃生長，野生動物也很適合在此生活，不妨走走蹤蝙蝠步道，或是觀賞魚鷹獵食。

www.nts.org.uk

Threave 城堡

可以搭船橫渡 Dee 河來參訪這座道格拉斯黑伯爵的家，龐大的塔樓是 1369 年由 Archibald the Grim 所建造的。

www.historicenvironment.scot

HOOK NORTON啤酒廠

Brewery Ln, Hook Norton, Oxfordshire;
www.hooky.co.uk; +44 1 608 730 384

◆ 餐點　◆ 酒吧　◆ 導覽　◆ 外帶

這家啤酒廠看上去就像是英國小說家狄更斯小說裡所描述的酒館一樣，但如果注意到這家啤酒廠的歷史，就一點都不驚訝了。

回到 1850 年代，Hook Norton 只是其中一家碩果僅存的維多利亞時代塔樓型啤酒廠，這種設計是為了在釀造過程中使用天然重力，免除抽水機的需求。精彩的導覽行程會帶你參觀依然保持傳統風格的啤酒廠，甚至可一窺體型龐大的夏爾馬（shire horses）馬槽。這種馬當時是用來託運傳統的平板大車將啤酒運送到附近酒吧。在這裡大部分的酒吧以及附近 Cotswolds 村都能喝到 Hook Norton 啤酒廠的傳統艾爾啤酒。

這裡強調啤酒所代表的「社交性」，也就是一次多喝幾種酒。傳統上來說，一家釀造桶裝艾爾啤酒的酒廠，也會有不同的生產線來釀造「手工艾爾啤酒」，會盛裝在小啤酒桶中而非大酒桶。濃烈的艾爾啤酒，不論口味或是酒精濃度上都很有特色。而季節啤酒、特調或是不同酒廠合作所釀造出的啤酒種類則不斷在增加。而最能代表傳統啤酒廠特色的啤酒則是 Hooky Bitter 啤酒。這是一款酒精體積分為 3.5%，嚐起來的口味是麥芽及花香，尾韻帶有清爽口感的啤酒。這是一款可以在整個下午在古老 Cotswold 酒吧大快痛飲的啤酒。

周邊景點

Rollright 石群

比起著名的巨石陣，Rollright 石群規模較小，人也較少，位在牛津郡及華威郡的交界，歷史可以回溯至新石器時代和青銅器時代。*www.rollrightstones.co.uk/*

Bourton-on-the-Water

這座位在河邊的村裝可參觀的景點包括骨董車博物館、啤酒廠、迷宮。如果萬一原始的村莊不夠可愛，還有一座複製版的迷你村落。

Stow-on-the-Wold

可以在這個風景如畫、位於 Cotswolds 最高處（海拔 244 公尺）的城鎮瀏覽精品店，在別緻的咖啡館裡享用鮮奶茶，或是順手來杯啤酒及一份酒吧午餐。

Blenheim 皇宮

這座 18 世紀豪華古宅設立了不同的主題步道，可以選擇拍過電視或電影的場景，或跟隨英國首相邱吉爾的足跡——這位英國首相於 1874 年在此出生。*www.blenheimpalace.com*

FLAX STORE
NORTHERN MONK BREW CO
ETERNAL
NORTHERN MONK BREW CO
SESSION IPA
NEW WORLD IPA
NORTHERN MONK BREW CO
INDIA PALE ALE
NORTHERN STAR
5.9% ABV
NORTHERN MONK BREW CO
MOCHA PORTER
ECAS

NORTHERN MONK啤酒廠

The Old Flax Store, Marshall's Mill, Leeds;

www.northernmonkbrewco.com; +44 (0)113 243 0003

◆ 餐點 ◆ 導覽 ◆ 外帶
◆ 家庭聚餐 ◆ 酒吧 ◆ 交通便利

里茲一棟最近才被列入二級保護名單的磨坊裡，經常飄出陣陣麥芽與啤酒花香氣，位於重劃區 Holbeck Urban Village 的中心地帶，附近有許多社區前衛企業，Northern Monk 啤酒廠就是其一。創辦人 Russell Bisset 說明：「一開始的出發點是希望創造一種本質上很英國、很北方的東西，現在的成果我們認為已經相當不錯了。」

這座啤酒廠的特色是將英國北部數百年的修道院釀酒技術與傳統發揚光大，但同時也吸收了美洲濃郁啤酒花香氣的特點。Russell 認為傳統也應該順應時勢而變化，因此他非常注重與其他釀酒廠的合作。這裡是第一家生產英國—印度合釀啤酒的酒廠，合作對象是一家印度孟買的小酒廠。磨坊工廠樓上是磚牆裸露的酒吧 The Refectory，供應包括其他酒廠的二十款生啤酒，食物也很不錯，英式拼盤和啤酒更是絕配。請一定不要錯過這裡所主打的新世界風味印度淡色艾爾，簡直是太完美了！

周邊景點

皇家兵械庫（Royal Armouries）

這座英國國立軍事博物館典藏超過 8500 件物品，包括全世界收集而來的盔甲以及 16 世紀的步槍。*www.royalarmouries.org*

穀物交換所（Corn Exchange）

建於 1864 年的的里茲穀物交換所是文化象徵。蓋有穹頂的中庭已經不再交換穀物，而是販賣各種精品服飾、手工藝品以及咖啡。*www.leedscornexchange.co.uk*

Wapentake 咖啡廳酒吧

這座位在據說里茲最古老街道上的傳統約克郡店鋪，已經改造並重現舊日風華，搖身一變成為一家咖啡廳酒吧。

www.wapentakeleeds.com

里茲購物拱廊街（Leeds'Shopping Arcades）

19 世紀實業家的財富在里茲創造出許多富麗堂皇的購物拱廊街，布里加特（Briggate）街巷兩旁的拱廊購物道至今仍在使用。*www.victoriaquarter.co.uk*

HILDEN釀酒公司

Hilden House, Grand St, Lisburn, Northern Ireland;
www.taproomhilden.com; +44 28 9266 3863

◆ 餐點 ◆ 導覽 ◆ 外帶
◆ 家庭聚餐 ◆ 酒吧 ◆ 交通便利

夫妻檔 Seamus 和 Ann Scullion 從 1981 年開始在自家釀造啤酒，所經營的 Hilden 是北愛爾蘭最古老獨立釀酒廠，住所 Hilden House 距離北愛首府貝爾法斯特（Belfast）12 公里，位於利斯本（Lisburn）喬治亞莊園。啤酒廠擴張之後也將莊園之前的馬廄改為一家酒館，更在貝爾法斯特開了一家販賣酒廠啤酒為主的酒館及餐廳 Molly's Yard。除了啤酒，利斯本酒廠的餐廳評價也很好，每週三晚上舉辦傳統愛爾蘭音樂活動。Hilden 擅長釀造印度淡色艾爾啤酒，Buck's Head 雙倍印度淡色艾爾有濃厚的啤酒花苦味，Hilden Halt 則是一款酒精濃度 6.1%、不能錯過的紅色艾爾啤酒。

周邊景點

愛爾蘭亞麻中心及利斯本博物館

探索這座博物館可以了解亞麻工業是如何形塑一部分的北愛爾蘭，可以親自動手操作的展覽會將過去的生活栩栩如生展現在眼前。*www.lisburnmuseum.com*

貝爾發斯特鐵達尼號博物館

這座博物館講述貝爾法斯特最有名船隻——鐵達尼號的歷史，精心安排的互動展覽包括了景物、聲音，甚至還有氣味。
www.titanicbelfast.com

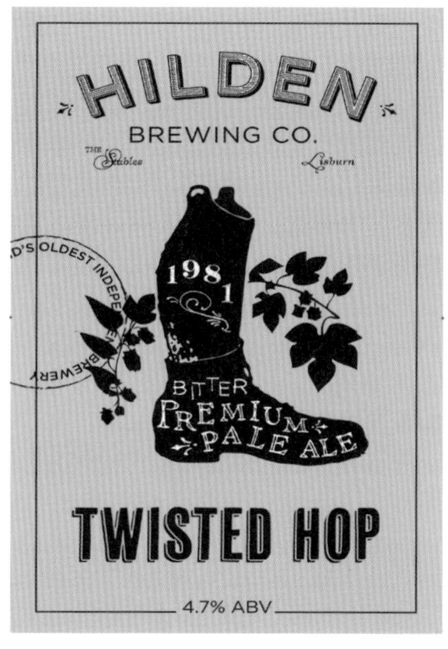

BEAVERTOWN啤酒廠

Units 2, 17-18, Lockwood Industrial Park, Mill Mead Rd, Tottenham Hale, London; www.beavertownbrewery.co.uk; +44 208 525 9884

◆ 餐點 ◆ 外帶 ◆ 酒吧 ◆ 交通便利

棲身在北倫敦 Walthamstow 區和 Stoke Newington 區之間的 Beavertown 啤酒廠位置偏僻（除非你要去 Tottenham 區的 IKEA 才會經過這家啤酒廠）。儘管如此，還是有非造訪不可的理由，這裡的酒館每週六下午營業，供應據說是倫敦評價最高的手工啤酒（由創意總監 Nick Dwyer 所設計的啤酒瓶也是最棒的藝術品）。這座啤酒廠是由 Logan Plant 在 2011 年所創立（你可以自己做功課，看看這名創辦人和齊柏林飛船樂團的關聯）。他從美國啤酒廠及釀酒師像是 Dogfish Head（見 80 頁）而不是傳統的英國桶裝艾爾啤酒得到靈感。

首席釀酒師 Jenn Merrick 已經帶領 Beavertown 啤酒廠贏得無數的獎項，包括 2015 年的終極冠軍釀酒師（Supreme Champion Brewer）的獎賞。她已經釀造出七款主要的啤酒品項，但是啤酒廠仍持續不斷嘗試和不同啤酒廠的新合作，像是 Mikkeller（見 153 頁），Dogfish Head 和 Odell 啤酒廠（詳見 74 頁）。巴伐利亞式的印度淡色艾爾啤酒則是將啤酒花的性質口味做了極致的展現。整體而言，隨著酒館定期舉辦的活動，這裡已經變成是一處熱情又有活力的地方。一定要品嚐的啤酒品項是 Gamma Ray 美式淡色艾爾啤酒。這是一款用 Amarillo 和 Citra 啤酒花等冷泡釀製好幾天的啤酒。用西岸啤酒花所釀製的 Black Betty 印度淡色艾爾啤酒則是烘托出這款啤酒帶有的烘烤麥芽香氣。

周邊景點

賞鳥

位在啤酒廠旁的十座 Walthamstow 水庫吸引了不同的溼地鳥類，包括蒼鷺、鸕鷀、不同種類的水鴨、刺嘴鶯以及帶有羽冠的鸊鷉。*www.visitleevalley.org.uk*

公爵餐廳

地處 De Beauvoir 鎮的深處，餐廳結合了 Beavertown 啤酒廠的啤酒以及低溫慢烤的烤肉。營業時間為每晚及週末午餐。

www.dukesbrewandque.com

丹尼斯西・弗斯故居（Dennis Severs'House）

只要搭乘 149 號公車，就可抵達位在熱鬧 Shoreditch 區南邊的丹尼斯・西弗斯故居。這是倫敦最吸引人的博物館之一，展現了 18 世紀絲綢紡織家族 Huguenot 的生活。

www.dennisseversshouse.co.uk

Stoke Newington 區

位在 Shoreditch 區和 Tottenham 區的中間，你可以來探索這個迷人的區域，參觀位在教堂街上的獨立精品店及酒吧。

BREW BY NUMBERS啤酒廠

79 Enid Street, South Bermondsey, London;
www.brewbynumbers.com; +44 207 237 9794

◆ 酒吧　◆ 交通便利　◆ 外帶

在 BREW BY NUMBERS 啤酒廠開啟 Bermondsey 區的啤酒探險之旅。位在交通便利 Maltby 街市的南邊，和許多位在知名「啤酒大道（beer mile）」的酒廠一樣，他們的附設酒館也在每週五及週六營業。

這家啤酒廠的創辦人 Dave Seymour 和 Tom Hutchings 也是在澳大利亞、紐西蘭、美國及比利時的啤酒痛飲旅程中受到啟發，並將那種冒險精神體現於釀造過程，例如著名的季節啤酒（農場艾爾啤酒），你也可以試試 witbiers、過桶陳釀啤酒以及其他許多種類的啤酒。新釀酒屋也供應許多原裝的實驗產品，絕佳的雙倍印度淡色艾爾則結合了英國的麥芽和美國及紐西蘭的啤酒花。

周邊景點

Maltby 街市

麻雀雖小、五臟俱全，在鐵道拱橋下有提供美味食物及飲品的地方，也是開啟啤酒探險的好起點。

Borough 市集

此區有兩個手工食物市集，Borough 是比較大的，也意味人潮總是很多。找個安靜的時段享受其中吧！

www.boroughmarket.org.uk

FOURPURE釀酒公司

22 Bermondsey Trading Estate, Rotherhithe New Road, London; www.fourpure.com; +44 203 744 2141

◆ 導覽　◆ 外帶　◆ 酒吧　◆ 交通便利

你需要費點心力才能找到這家釀酒公司，但是所付出的心力卻是值得的（歷史學家 Simon Winchester 將 19 世紀的南倫敦形容成是一處只有少數令人敬重的倫敦人才准許進入的探險之地，有些人會說這個地區一直以來變動緩慢）。依我的看法，在貨真價實 Bermondsey 啤酒大道南端工商區等待你的是一些最美味的啤酒。在 2013 年創辦 Fourpire 釀酒公司之前，創辦人兄弟檔 Dan 和 Tom Low 在環遊世界時受到啟發，並參訪了許多美國的精釀啤酒廠像是 Pfriem（見 77 頁）。他們研發出許多主要的啤酒品項，包括淡色艾爾啤酒、酒精體積分數為 4.2%，可以輕易掌握的社教型印度淡色艾爾啤酒，以及採用 Citra 和 Mosaic 啤酒花，並帶有豐富芒果、鳳梨及葡萄柚香氣、充滿活力的西岸風格印度淡色艾爾啤酒。酒館裡則供應高達 16 種的生啤酒（營業時間為每週五下午及大部分週六）。從其他啤酒品項中，酒館也供應幾款客串性質、不常供應的啤酒。

這裡的飲酒體驗是坦率而不加修飾的。啤酒工廠的一角有幾張凳子及桌子，外頭則有一個流動廁所。但是啤酒廠的優點是，位置很接近 Bermondsey 南火車站。這畢竟是關於啤酒介紹的行程，當我們在寒冷的冬天造訪啤酒廠時，燕麥斯陶特啤酒則格外受到我們的青睞。

周邊景點

Deptford 美術館

南倫敦的 Deptford 是繼 Shoreditch 區之後，許多藝術家可以負擔得起的工作室，他們會在 BEARSPACE 美術館和 Deptford X 藝術節展出作品。

Copeland 公園及 Bussey 大樓

地處 Peckham 區 Rye 街道尾端，許多藝術工作室、劇院及創意作品佔據了這個工商區，也可以在 Holdrons 拱廊街發現許多獨立商店及餐館。*www.copelandpark.com*

倫敦帝國戰爭博物館（Imperial War Museum）

地鐵不遠處有許多店家，但是位在 Lambeth 路上可免費參觀的的帝國戰爭博物館，是一處南倫敦絕對不能錯過的地點。*www.iwm.org.uk*

Dulwich Hamlet 足球俱樂部

也許 Fourpure 釀酒公司離 Millwall 足球俱樂部不遠，但是我們建議你可以搭火車往南去觀賞一場值回票價的 Dulwich Hamlet 的足球賽，而且那裡有更好喝的啤酒。*www.dulwichhamletfc.co.uk*

No 6
No 7
PALE ALE
CUSTOM DE LUXE
No 1
HOWLING HOPS
3·8
CITRA
SIMCOE
MOSAIC
RIDING ALE
DON'T RIDE HOME DRUNK!
HOWLING HOPS
PALE ALE
3·0%
COLUMBUS
CASCADE
GALENA
NUGGET

HOWLING HOPS TANK酒吧

9A Queens Yard, White Post Ln, London;
www.howlinghops.co.uk; +44 203 583 8262

◆ 餐點 ◆ 導覽 ◆ 外帶
◆ 家庭聚餐 ◆ 酒吧 ◆ 交通便利

Howling Hops Tank 酒吧是第一家，也是在英國碩果僅存的其中一家酒吧，其所供應的啤酒是直接取自啤酒缸，而不是來自小桶啤酒或圓木桶。酒吧有十座極大的啤酒缸，啤酒的種類從新鮮的淡色艾爾啤酒到煙燻波特啤酒。長板凳的餐桌及戶外座位離攝政運河（Regent's Canal）並不遠。而小型只在顧客多時短期營業的餐廳則會供應煙燻烤肉。這讓這座酒吧成為英國飲用啤酒最棒及最獨特的地點之一。Howling Hops 酒吧（名字的來由是為了向藍調歌手 Howlin'Wolf 致敬）以在 Hackney 區 Cock 酒館地下室釀造出啤酒花香氣濃厚、美國新世界風格的啤酒起家。出於空間及省力的考量，供應啤酒的方式是直接將地窖的啤酒缸和酒吧的水龍頭用水管連接在一起。這種串聯的方式，減少了將啤酒裝進小酒桶的步驟，也啟發了創立一家供應全酒缸啤酒酒吧的想法。雖然酒精濃度為 6.9% 的西岸風格印度淡色艾爾啤酒則是幾乎每次造訪啤酒廠時，受到大家青睞的一款啤酒，但是一兩款實驗性的啤酒，像是近期的雙倍巧克力咖啡太妃糖香草牛奶波特啤酒，也通常會出現在供應的酒單上。

© Eugenio Grosso, old-stripey.com / Howling Hops Tank Bar

周邊景點

伊莉莎白女皇奧林匹克公園

可以騎車、漫步或是搭船穿過這座占地 227 公頃的公園，也是 2012 奧運賽事的中心，還有全世界最高、最長的溜滑梯——Arcelor Mittal 滑道。

Rough Trade East 唱片行

在裝滿舊唱片的箱子裡翻箱倒櫃，尋找獨立、靈魂或是電子音樂，或是在倫敦最受喜愛的唱片行試聽區戴上耳機，尋找你最愛的音樂。*www.roughtrade.com*

舊 Spitalfields 市場

隨意瀏覽商店及攤位、購買骨董或是在這個有著 350 年歷史、重新整修過的果菜市集裡坐下享用一頓午餐。每日營業。
www.oldspitalfieldsmarket.com

Santander 腳踏車租借

從許多攤位中租借腳踏車，然後沿著停滿船屋的攝政運河騎行，從小威尼斯（Little Venice）開始全程 9.3 公里的路程。
www.tfl.gov.uk/modes/cycling/santander-cycles

THE JERUSALEM TAVERN ANNO.1720
THE JERUSALEM TAVERN

耶路撒冷酒館（JERUSALEM TAVERN）

55 Britton St, Clerkenwell, London;
www.stpetersbrewery.co.uk/london-pub;
+44 207 490 4281

◆ 餐點 ◆ 外帶 ◆ 酒吧 ◆ 交通便利

從你經過木造門踏入的那一刻起，耶路撒冷酒館就給人一種富麗堂皇的復古感。可以輕易想像 18 世紀英國政治家小威廉·皮特（Pitt the Younger）和資深政治家查爾斯·福克斯（Charles Fox）在酒吧包廂裡爭論的情形，或是英國文人 Samuel Johnson 從繁忙的字典編纂工作中抽身，回家路上痛風還允許的範圍下來此小酌。酒館的地基某處還埋有耶路撒冷聖約翰騎士團所留下的古老遺跡，而酒館的名字正是為了向其致敬。

在聖經裡佔有相當篇幅的騎士團喜歡小酌一番，而這樣的傳統也依然熱情地在酒館弓形、奇異像雜貨店鋪般風格的窗戶後延續著。這家酒館只距離 Mile 廣場幾步之遙。酒吧後頭成排的啤酒桶愉悅地裝滿了由位在 Suffolk 郡靠近 Bungay 鎮的 St Peter 啤酒廠所釀造的美味啤酒。儘管這座啤酒廠 1996 年才成立，但是他們釀造啤酒的方式卻是仿效了中世紀修道院艾爾啤酒釀酒師的精神。雖然艾爾啤酒嚐起來的味道就像小威廉·皮特和查爾斯·福克斯那個年代的味道，但是這家酒吧卻正在展望未來。酒吧供應各式各樣的啤酒，從蜂蜜波特到無麩質及有機的啤酒。啤酒狂熱者很喜歡這種酒吧供應的有機艾爾啤酒，或是受到 18 世紀琴酒瓶所啟發，裝在獨特綠色玻璃瓶的瓶裝啤酒。

周邊景點

倫敦博物館

這座主流博物館述說了英國首都的整個歷史，從希斯洛（Heathrow）的羅馬軍營到 1666 年的倫敦大火和二戰時期的倫敦大轟炸。*www.museumoflondon.org.uk*

St John

「從鼻子吃到尾巴」是主廚 Fergus Henderson 創新的餐廳座右銘，他們所發起的飲食運動正是將被遺忘的動物內臟重新端回首都餐桌上。*www.stjohngroup.uk.com/smithfield*

Smithfield 市集

從一早開始，倫敦最有氣氛的肉品批發市集便人聲鼎沸。最晚早上 7 點前要來，才能看到整座市集最熱鬧的時候。
www.smithfieldmarket.com

聖巴多羅買大教堂
（Church of St Bartholomew the Great）

這座倫敦最古老的教堂可追溯至 1123 年。教堂內部採用了比電影場景更為精采的伊莉莎白時代英國場景。*www.greatstbarts.com*

標準時間啤酒廠（MEANTIME BREWING）

Lawrence Trading Estate, Blackwall Lane, London; www.meantimebrewing.com; +44 208 293 1111

◆ 餐點　◆ 酒吧　◆ 交通便利
◆ 導覽　◆ 外帶

在歷史上格林威治村曾經是世界的原點，至少對大英帝國來說是如此。19 世紀英國航海家計算他們所處的經度，並因此設定了格林威治子午線（Greenwich Meridian）作為時間基準點。如今這個位於倫敦東南部格林威治村附近的區域成為一處迷人的地方。1999 年，Alastair Hook 以標準時間（Meantime）為名開始釀造啤酒，當倫敦釀酒師將商店關門大吉以渡過慘淡的經營歲月後，這家新酒廠將手工釀造啤酒帶回英國首都。現今，倫敦啤酒業相當健全，而標準時間啤酒廠（雖然現在是由日本朝日啤酒公司收購，見 113 頁）仍以當地的傳統原料持續釀造啤酒，例如來自 Kent 郡的啤酒花、東英吉利亞（East Anglia）來的發芽大麥。

啤酒廠位在 O2 千禧圓頂體育場及格林威治公園中間人跡罕至的地區，但卻以兩小時 20 英鎊的收費導覽行程及一家品酒室，吸引許多訪客。也可選擇去標準時間啤酒廠的酒吧用餐，位在皇家山丘（Royal Hill）格林威治聯合廣場裡的酒吧供應許多超級美味的啤酒。一款可以當作開飲品項的是啤酒廠的印度淡色艾爾，使用了來自 Kent 郡的 Fuggles 和 Goldings 啤酒花，和早期英國皇家海軍稱霸世界海洋時期所釀造的啤酒風格類似。

周邊景點

格林威治海軍學院

世世代代的航海家都曾在這座由英國建築師 Christopher Wren 所設計的典雅建築裡受過訓練，現在這裡成為格林威治世界遺產的中心，可以來參觀這裡的小教堂。*www.ornc.org*

格林威治皇家天文台

來到這座建於 1675 年的天文台可以了解時間的奧妙，並且跨越分隔東西方的本初子午線。天文館裡的太空展覽也很棒。

www.rmg.co.uk

英國國家海事博物館

由英國建築師 Christopher Wren 和 Inigo Jones 一起設計的博物館，引人入勝的收藏包括特拉法加戰役（Battle of Trafalgar）中擊潰外來聯軍的 Nelson 勳爵外套。

Cutty Sark 號帆船

看到這艘優雅的帆船停在陸地上有點感傷，它曾是從英國到澳大立亞最快的交通工具，如今卻被擱在泰晤士河邊的岸上。

www.rmg.co.uk

KIRKSTILE酒館

Loweswater, Cumbria;
www.kirkstile.com; +44 1900 85219
◆ 餐點 ◆ 交通便利 ◆ 酒吧

這家偏僻的酒館就位在 Buttermere 山谷中的一處迷你酒吧中。從英國都鐸王朝開始，這裡就有一家小酒館旅店。這棟建築更是盛載了許多歷史，像是光線、壁爐邊、復古的黑白照片以及兩三隻奇異的填充動物玩偶。酒館外頭則有一面古典的石灰石板立面。裡頭則有一個低天花板、老舊的地毯以及帶有折舊感的木製家具。加上一大群當地的老顧客。自釀啤酒品項包括啤酒花香氣濃厚的 Esthwaite Bitter、深色 Grasmoor 以及爽口的羅斯湖黃金啤酒。

周邊景點

Honister 板岩礦場

最後一座還在運作的板岩礦場位於湖區深處，可以參加地下礦區導覽行程，或是瀏覽用石板做成的紀念品。*www.honister.com*

Haystacks 山丘

這座山丘是著名高地健行者兼作家 Alfred Wainwright 的最愛，他親筆撰寫了經典系列書籍《湖區高地圖像導覽（A Pictorial Guide to the Lakeland Fells）》，表達他對這片山丘的摯愛，甚至往生後骨灰也撒在這裡。

BLACK SHEEP啤酒廠

Wellgarth, Masham, North Yorkshire;
www.blacksheepbrewery.com; +44 1765 689227
◆ 餐點 ◆ 導覽 ◆ 外帶
◆ 家庭聚餐 ◆ 酒吧

很久很久以前有個 T & R Theakston 釀酒家族，成員都在北約克郡馬沙姆（Masham）的 Dales 村出生長大，五代以後，家族將釀酒事業售予釀酒巨擘 Scottish & Newcastle 啤酒廠。Theakston 家族中有人無法接受，憑藉來自其他解散酒廠的釀酒設備，試圖建立另一座酒廠—— Paul Theakston 的 Black Sheep 酒廠因此誕生。他的團隊在釀酒上的熱情與投入，讓啤酒廠導覽行程變得很有趣、啤酒商店的生意更加興隆，而現場的家庭式小酒館及酒吧也很受歡迎。在英國啤酒花苦澀味道的加持下，這裡釀造的啤酒充滿麥芽香氣，可以試試經典、帶有絲滑口感、味道濃厚的艾爾啤酒 Riggwelter。

周邊景點

Theakston 啤酒廠

2003 年 Theakston 家族買回了原本的啤酒廠，由上到下參觀這座塔樓式啤酒廠，然後到火爐邊的酒館休息。*www.theakstons.co.uk*

約克郡 Dales 國家公園

在這座國家公園可以看到翠綠的山谷、布滿石楠的沼地，以及 Wensleydale 這樣的古樸村落，也是健行者及騎自行車的人的最愛。*www.yorkshiredales.org.uk*

SALTAIRE啤酒廠

Dockfield Rd, Shipley, West Yorkshire;
www.saltairebrewery.co.uk; +44 1274 594 959

◆家庭聚餐 ◆外帶 ◆酒吧 ◆交通便利

設在 Saltaire 啤酒廠後院運河旁的臨時酒館，正好宣示了這座手工啤酒廠如何以沉著的自信和腳踏實地的方式專注經營社區。每月最後一個星期五舉辦的啤酒俱樂部活動（費用 5 英鎊），購票者座位緊鄰啤酒缸及其他釀酒設備，以每品脫 2 英鎊的價格暢飲 13 種值得品嚐的 Saltaire 艾爾和其他酒廠的酒。

Saltaire 啤酒廠以釀造傳統英式艾爾啤酒及啤酒花香氣濃厚的手工啤酒為主，他們得過獎的啤酒品項相當受到大眾的青睞。招牌啤酒 Saltaire Blonde 是一款由德國及捷克麥芽釀製而成，帶有清爽口感、容易一喝上癮的啤酒。

周邊景點

Salts 紡織廠

這座被列為世界遺產的龐大紡織廠是 19 世紀 Saltaire 城烏托邦式工人村落的中心，現在這座工廠則變成龐大的購物及文化中心。*www.saltsmill.org.uk*

Bradford 咖哩城

20 世紀有大量孟加拉及巴基斯坦工人移居到 Bradford 市，因此這裡有非常知名的美味咖哩。

ST AUSTELL啤酒廠

63 Trevarthian Road, St Austell, Cornwall;
www.staustellbrewery.co.uk; +44 1726 66022

◆ 餐點　◆ 導覽　◆ 外帶
◆ 家庭聚餐　◆ 酒吧　◆ 交通便利

St Austell 啤酒廠是康沃爾郡（Cornwall）最具影響力的啤酒廠，1851 年開始營業，目前擁有許多酒吧，從英國最西端蘭茲角（Land's End）到布里斯托，而整個西部地區也都可以品嚐到酒廠所釀製的小桶裝艾爾啤酒（很明顯他們距離銷售出十億杯啤酒的目標已經不遠）。這裡的廠艾爾啤酒是康沃爾郡最知名的，例如 Tribute 啤酒，一款喝起來順口的金黃淡色艾爾，以及一款美味又爽口的拉格 Korev 啤酒。啤酒廠也提供導覽行程，還有一家華麗的遊客中心提供互動式釀酒體驗。推薦新推出的斯陶特啤酒 Mena Dhu，康沃爾方言是「黑色山丘」之意。

周邊景點

伊甸計畫植物園（Eden Project）

位在聖奧斯特爾（St Austell）城外的這棟建築在一座廢棄陶土工廠裡，三座巨大的生態溫室看起來就像科幻電影場景，重現了來自全球的自然棲息地。*www.edenproject.com*

Fowey 河口

可以參加獨木舟導覽行程順流而下，瞪大眼睛看，會發現魚狗、蒼鷺以及鸕　。如果夠幸運的話，還可以在海邊看到一兩隻海豹。*www.encountercornwall.com*

HAWKSHEAD啤酒廠

Mill Yard, Staveley, Cumbria;
www.hawksheadbrewery.co.uk; +44 1539 822644

◆ 餐點 ◆ 酒吧 ◆ 交通便利
◆ 導覽 ◆ 外帶

從石灰牆旅館到供應健行者、用橡木裝潢的酒吧，酒館永遠是湖區生活的重心，讓農人和高地健行者可以喝酒解渴。這裡有許多很高級的啤酒廠，但是對啤酒行家來說，Hawkshead 啤酒廠是其中的佼佼者。

座落在斯泰夫利（Staveley），被乾砌的石牆和翠綠、處處可見羊群的高地所圍繞，這座有名的啤酒廠由前 BBC 外籍記者 Alex Brodie 建於 2002 年。這款 raison d'être 啤酒，英譯為「發自內心的啤酒」是一款由湖區清澈透明的泉水以及來自全球多種啤酒花和麥芽所製造出的傳統、圓木桶釀造的艾爾啤酒。

從酒廠琥珀金黃啤酒、帶有果香的紅啤到口味香醇、甜膩的斯陶特 Brodie's Prime 啤酒，Hawkshead 酒廠所釀造的啤酒，適合以「北方的方式」來供應。也就是盛倒啤酒時透過一個拴緊的起泡器來製造出濃厚又光滑的啤酒泡沫。你可以在現場的啤酒大廳裡試喝這些啤酒，搭配湖區的餐前點心、鹿肉漢堡以及獵人派餅。最棒的是，平緩起伏的湖區高地會讓人口乾舌燥，而沒有一種健行後解渴的聖品可以比得上帶有柑橘味及花香調的 Hawkshead Bitter 啤酒。

周邊景點

溫德米爾湖（Lake Windermere）

這座英國最大湖泊是必訪景點，遊船緩慢地行駛在蓊鬱的島嶼間，或是自己划木船去探索這座湖泊。*www.windermerelakecruises.co.uk*

Orrest Head

登上山丘來環視溫德米爾鎮及其周遭風光，天氣晴朗時還可一覽英國最受歡迎國家公園的 360° 景色。*www.lakedistrict.gov.uk*

湖區骨董車博物館（Lakeland Motor Museum）

這座博物館收藏了許多骨董車，包括被極速賽車父子拍檔 Malcolm 和 Donald Campbell 駕駛過的藍鳥（Bluebird）船型賽車複製品。*www.lakelandmotormuseum.co.uk*

湖畔 & Haverthwaite 鐵道

登上這列骨董火車重溫蒸汽年代。這列火車會噴著蒸氣，並沿著 Haverthwaite 及 Newby 橋之間美麗的軌道行駛。
www.lakesiderailway.co.uk

ST IVES啤酒廠

Trewidden Road, St Ives, Cornwall;

www.stives-brewery.co.uk; +44 1736 793488

◆ 餐點 ◆ 導覽 ◆ 外帶

◆ 家庭聚餐 ◆ 酒吧 ◆ 交通便利

這是另一家康沃爾郡的新啤酒廠，2010年才開始將所釀啤酒裝瓶販售，卻已經吸引一群忠實顧客並贏得許多獎項。酒廠位在典雅的海濱城市聖艾夫斯（St Ives），這裡以驚人的海岸線和藝術遺產而聞名。供應的啤酒包括一款經典金黃啤酒、一款美味的淡色艾爾啤酒以及一款比利時風格、味道濃烈的大麥啤酒。啤酒廠並沒有提供導覽行程，但是最近開幕的咖啡廳，你卻可以在那裡品嚐釀造的啤酒並且欣賞聖艾夫斯海灣湛藍的美麗海水景色。你可以試試色澤金黃、帶有啤酒花前調的 Boilers 黃金艾爾啤酒。

周邊景點

聖艾夫斯的泰德美術館

經過重大擴建工程後，聖艾夫斯最重要的美術館 2017 年重新開張，主要展出當地藝術家的作品，像是 Barbara Hepworth、Patrick Heron、Terry Frost 和 Alfred Wallis。*www.tate.org.uk*

Gwithian 海灘

在 Gwithian 的黃金沙灘上用一堂衝浪課程來消除剛剛生成的啤酒肚，這裡有英國最著名的穩定浪頭。*www.surfacademy.co.uk*

既然有這麼多值得探索的
新啤酒廠及啤酒品項，
其實可以創造並延伸出
新的啤酒觀光路線，
或是隨性跟著新設啤酒廠的
路徑標誌邊逛邊喝。
我們在這裡提供了
五種找到啤酒樂園的最佳方式。

比利時修道院啤酒之旅

啤酒愛好者絕不能錯過到比利時朝聖的機會。這個面積相當小的國家可以品嚐大約 450 多種啤酒，讓朝聖之旅有了充分的理由。但是理性來說，我們將啤酒之旅過濾縮小到六款真正的修道院啤酒，讓這趟旅程成為真正的「朝聖」。記得把以下六款啤酒放在清單上：Orval、Westvleteren、Chimay、Rochefort、Achel 和 Westmalle。現在就出發吧！讓這些超凡脫俗、口感濃郁的艾爾啤酒斟滿你的聖杯！

追尋絕佳啤酒路線

GREAT A

自行車探訪紐西蘭啤酒產地

位於紐西蘭南島北方的 Nelson 是葡萄酒和美食聖地。手工精釀啤酒在這裡也很風行，這一區有超過 20 家啤酒廠，包括 Stoke 的 McCashin 啤酒廠以及位於 Blenheim 的 Moa 酒廠。這處區域美麗動人，對美酒佳餚的鑑賞與品味更使人傾心，也許啤酒嚐起來苦甜參半不甚習慣，卻是只有在這裡才能喝到的特色啤酒。

E TRAILS

啤酒步道健行（德國）

德國巴伐利亞邦的 Franconian Switzerland 有 70 多家啤酒廠，中心是一座稱為 Aufseß 的市政區。金氏世界紀錄將這裡列為全世界啤酒廠密度最高的地區，人口只有 1500 人，卻有 4 家啤酒廠。穿上你的登山鞋，健行 14 公里並穿過森林，你會在途中路過並發現 Kathi Bräu、Stadter、Reichold 和 Rothenbach 這些啤酒廠。你可以準備一張證書列印出來隨身攜帶，請啤酒廠在上面蓋章，用來證明你曾走過這趟勇敢的啤酒探險旅程。

朝氣蓬勃的 YARRA 山谷行（澳大利亞）

Yarra 山谷一直以釀造葡萄酒而聞名。只要從墨爾本開車不到一個小時，就可以抵達逐漸茁壯的這處啤酒廠。經營者會一整天帶你到處走走，增長你對啤酒釀造的知識。一定要試喝 Coldstream 鎮 Napoleone 啤酒廠裡不同風格的啤酒。Coldstream 啤酒廠和位在 Yarra Glen 的 Hargreaves Hill 酒廠也是吃午餐的好地點。

勞力啤酒（美國底特律）

美國奧勒岡州和加州的啤酒都很有名，如果有時間的話，可以把環美行程規劃成一趟啤酒之旅。先前往底特律吧！這座擁擠的美國城市到處都是啤酒廠，可以試試此地的第一座自釀啤酒吧 Traffic Jam，然後再前往南緬因街（South Main St）及第四街（4th），那裡也有可以用來消磨時光的啤酒廠及餐廳。雖然這裡是汽車城，但是還是找個答應不喝酒可以當司機接你回家的人吧！

大洋洲

OCE

ANIA

墨爾本 MELBOURNE

墨爾本專精釀造、販售及飲用手工啤酒並不足為奇，顯然是澳大利亞的艾爾啤酒中心，在 Brunswick 和 Fitzroy 區你會發現不同的啤酒廠，從主流的 Mountain Goat 酒廠到鮮為人知但是很棒的 La Sirène 酒廠，以及許多絕佳的獨立啤酒吧。

伯斯 PERTH

這裡號稱是澳洲第一批手工啤酒廠的所在地，例如 Matilda Bayd 和 Little Creatures 啤酒廠，以及備受讚譽、位在東北部的 Feral 釀酒公司，被選為最佳啤酒城市之一是理所當然。這裡也是南下前往瑪格麗特河（極度推薦）展開啤酒之旅的起點，西澳大利亞（Western Australia）的啤酒業可是充滿活力與創意。

威靈頓 WELLINGTON

也許常年潮濕又常颳風，但這裡卻擁有具熱帶風味的獨特淡色艾爾及印度淡色艾爾啤酒，喝上一杯這種帶有陽光及水果風味的啤酒便能趕走憂鬱。威靈頓有非常多啤酒廠及精釀啤酒吧，是一座多元、時尚，值得旅遊的城市。

澳大利亞

如何用當地語言點啤酒？

I'd like a pot/pint/schooner of beer please

如何說乾杯？ Cheers!

必嚐特色啤酒？澳洲淡色艾爾啤酒。

當地酒吧下酒菜？鹽味洋芋片和花生。

貼心提醒：參加派對時，請務必攜帶至少六瓶以上 375 毫升的啤酒。

刻薄的觀察者也許會認為，澳洲人之所以喜歡喝冷到無感的啤酒，是因為如此一來他們便嚐不出啤酒的味道。他們也頻頻用此侮辱常將啤酒罐拿在手的酒客。1980 年代工業時期的拉格啤酒，像是 Castlemaine XXXX 和 Fosters，他們這樣批評也許還有幾分道理，但在今日這樣的說法已不符現實。過去十幾年來，澳洲已經將自己建立成全世界最具創新、有趣及高品質啤酒的來源地之一，這些啤酒來自全澳洲大約 200 多家手工啤酒廠所釀造的。

就地理上來說，澳洲的手工啤酒從東海岸的 Murrays 延伸至西海岸的 Feral，從大城市的啤酒廠，像是墨爾本的 Mountain Goat 酒廠和雪梨的 Four Pines 酒廠，到啤酒廠已經成為社區重要一部分的小城鎮中，比如說伍登（Woodend）、比奇沃思（Beechworth）和布萊特（Bright）這些城鎮。這也意味著，在炎炎夏日、蟬鳴聲不絕於耳時，當地絕佳的啤酒是唾手可得的。

但是事情發展並不總是如此順利。就像紐西蘭和英國一樣，澳洲也在 20 世紀期間有過非常嚴格的飲酒及稅率法令。如同大家所知，這樣的規定是在戰時推行的，但是之後卻從未鬆綁過。「六點前的痛飲」是澳洲許多城鎮的一項特色，指的是在酒館六點關門以前，老顧客急忙地喝光他們的啤酒。酒的稅率則依照酒精濃度來制定，只有少數人對美味的啤酒有興趣，也就是說澳洲處處可見大量工業製造的啤酒。濱海城市 Adelaide 有一家家族經營、名為 Cooper 的非主流啤酒廠，這家啤酒廠已經成為澳洲碩果僅存仍在釀造經典「紅色」及「綠色」瓶裝艾爾啤酒

酒吧語錄：BEN KRAUS

過去十年來，
澳洲啤酒經歷了
以啤酒花香氣為主的復興，
而艾爾啤酒狂熱者
將會在每個角落
找到獨特的飲用體驗。

TOP 5 啤酒推薦

- **Robohop 黃金印度淡色艾爾：** Kaiju! 啤酒廠
- **季節啤酒：**La Sirène 啤酒廠
- **Temptress 啤酒：**Holgate 啤酒屋
- **淡色艾爾啤酒：**Bridge Road 啤酒廠
- **太平洋艾爾啤酒：**Stone & Wood 釀酒公司

的大型酒廠。

對許多澳洲人來說，在啤酒發展停滯期葡萄酒成為較偏好的飲品。這個充滿來自英國、愛爾蘭及蘇格蘭人的殖民地，靠近濱海城市 Adelaide 還有許多德國移民，這些都讓澳洲有著飲用啤酒的堅強文化作為後盾。的確，創建澳洲第一家啤酒廠的 James Squire 是一位在倫敦出生的罪犯，1788 年被放逐到這座島上。隨著採金礦及探險熱潮，激發了全英國有許多人來此開墾與定居。每座城鎮都有許多公共住宅，它們常常被拿來當作旅館使用。如今澳洲的啤酒文化仍然由老式酒吧主導，常常供應來自當地啤酒廠不同種類的特製貴賓啤酒。也誕生了新一波的啤酒吧，像是墨爾本的 Alehouse Project 便值得好好探訪一番。

澳洲經典啤酒的風格源自英國，淡色艾爾啤酒、波特啤酒以及印度淡色艾爾大多是精釀啤酒廠的標準款，但是這些來自北半球的啤酒常常摻有來自南半球的變化。以 Murray 啤酒廠的 Angry Man 淡色艾爾啤酒為例，使用了來自澳洲、英國及德國的麥芽，加上來自紐西蘭近郊的 Motueka 啤酒花，以及美國的 Centennial 啤酒花。這是一款經典的澳洲淡色艾爾啤酒，擷取了外來影響最精華的部分並釀出美味。

所以，在一個你會被眾多啤酒選項寵壞的國家，如何進行啤酒之旅才是最好的方式？除了我們的推薦，還有許多很棒的啤酒廠值得我們去探訪，最好的方式是盡量和來自澳洲的啤酒迷會面聊天，你會發現他們都很友善，並急欲分享來自當地的祕訣，對於尋覓和飲用絕佳啤酒的熱情跟你一樣。

BRIDGE ROAD啤酒廠

Old Coach House, Ford Street, Beechworth, Victoria; www.bridgeroadbrewers.com.au; +61 3 5728 2703

◆餐點 ◆酒吧 ◆導覽 ◆外帶

約 15 年前，澳洲葡萄栽培學者 Ben Kraus 在歐洲工作求學期間發現了歐洲的啤酒，回到家鄉比奇沃思後，心心念念的卻是啤酒花而非葡萄樹。幸運的是他來自澳洲東北方的維多利亞（Victoria），山泉水、肥沃的土壤以及溫和的氣候都成為創立啤酒廠的理想之地，便和喜歡使用當地原料的妻子 Maria 一起創立了啤酒廠。Ben Kraus 表示：「我們在啤酒花生長的區域工作及生活，一直都很支持當地的啤酒花種植者。」

Bridge Road 啤酒廠現在是備受喜愛、澳洲 19 世紀保存最好的金礦鎮的一部分，從墨爾本開車約需三小時。你可以探索酒吧時髦的內部（請留意啤酒花形狀的燈光配件）、詢問供應的啤酒種類以及觀賞啤酒缸。從香醇的金黃艾爾到得過獎的 Bling 印度淡色艾爾啤酒，每一款啤酒的味道（麥芽香和啤酒花香）都被仔細地描述，幫助你做出選擇。幾杯啤酒最好的下酒菜是 Maria 親手做的幾片 pizza，像是撒上 gorgonzola 起司及來自同條路上，加有 Stanley 果園蘋果的披薩。

Ben Krau 最愛的啤酒則是比奇沃思淡色艾爾啤酒。但是我們會推薦隨著季節推出的 Fat Man、Red Suit 和 Big Sack 啤酒。Big Sack 啤酒是一款深色帶有麥芽香氣、使用澳洲啤酒花的印度紅艾爾啤酒。耶誕節時會推出，但是值得令人等待。

周邊景點

比奇沃思登山自行車公園

位於市郊的自行車道就蜿蜒在陡峭岩石上，這是一種可以消磨時光的有趣方式，但要自備腳踏車。*www.beechworthchaingang.com*

The Provenance 餐廳

Michael Ryan 的餐廳以取材當地及季節性食材而聞名，前身是一座華麗、古老的銀行。這裡是澳洲最頂級的用餐體驗之一。*www.theprovenance.com.au*

峽谷游泳

炎熱乾燥的日子，沿著比奇沃思峽谷潛入可游泳的洞穴降溫。進入這個峽谷需要經過一條緩慢但風景秀麗的道路。去 Woolshed 瀑布也很不錯。

Indigo 黃金步道

維多利亞州由比奇沃思、Chiltern、Yackandandah 和 Rutherglen 組成，這裡是淘金熱的主要區域，你可以自駕旅行探索沿途更多城鎮。*www.indigogoldtrail.com*

MOO BREW啤酒廠

MONA, 655 Main Road, Berriedale, Tasmania;
www.moobrew.com.au; +61 3 6277 9900

◆ 餐點 ◆ 酒吧 ◆ 交通便利
◆ 家庭聚餐 ◆ 外帶

在啤酒廠擴建、釀酒遷出廠後，這裡比較像是酒吧而不像酒廠。你一定會感到驚訝，因為Moo Brew啤酒廠和歷史悠久的Moorilla莊園釀酒廠，就位在古今藝術博物館裡（Museum of Old and New Art）。這座南半球最具挑戰性、最兼容並蓄以及印象最深刻的當代藝術館，是一位白手起家的百萬富翁兼前衛藝術收藏者David Walsh一手打造，座落在荷伯特Derwent河上游的半島上，可以搭船、坐公車或是騎腳踏車抵達。參觀展覽之前或之後如果需要來上一杯，Moo Brew供應了許多款淡色艾爾啤酒、一款皮爾森啤酒以及一款小麥啤酒，冬季斯陶特啤酒尤其美味。

周邊景點

Tasmanian Devil Unzoo 保育中心

從Tasmanian樹叢傳來的詭異嚎叫聲是什麼？Tasmanian Devil保育中心位在Port Arthur路上，找個餵食時間過去看看這些嗷嗷待哺、難以控制的小生物吧！
www.tasmaniandevilunzoo.com.au

Lark 蒸餾廠

在首府荷伯特的這家濱海酒吧來點兒世界一流的單一麥芽威士忌，替你在這個世界邊緣消除一些冬天寒氣。*www.larkdistillery.com*

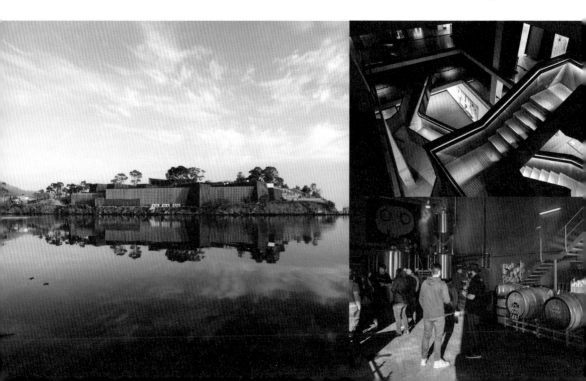

MURRAYS釀酒公司

3443 Nelson Bay Rd, Bobs Farm, New South Wales;
www.murraysbrewingco.com.au; +61 2 4982 6411

◆ 餐點 ◆ 導覽 ◆ 外帶
◆ 家庭聚餐 ◆ 酒吧

傳頌著簡潔卻貼切的口號「不供應乏味的啤酒」，Murrays 啤酒廠的確做到了。酒廠擁有者 Murray 買下了位在 Taylors Arm 迷你小鎮上的一間受歡迎的酒吧 Pub With No Beer，並在當場建了一家啤酒廠，Murrays 啤酒廠便由此應運而生。後來的啤酒廠原址不敷使用，Murrays 啤酒廠便遷廠到 Bob's Farm 現址。由於妥善經營，這家啤酒廠已經成為遊客來到此區的必訪之地。

就位在氣候溫和、風景秀麗北海岸 NSW 的 Nelson 海灣外，Murrays 啤酒廠號稱擁有大約 98 款啤酒。每個季節都會輪流推出 10 款啤酒或做罐裝的銷售。這款啤酒名單雖然冗長，但是口味卻是玲瑯滿目、很多元，包括一款季節性的海帶啤酒、一款帶有濃厚啤酒花香氣淡色艾爾啤酒、一款小麥啤酒、一款南瓜艾爾、許多不同的印度淡色艾爾啤酒、皮爾森啤酒、野生發酵酸啤、咖啡色艾爾、一款 Habanero 辣椒啤酒、德式黑啤酒、一款咖啡斯陶特啤酒、一款波特啤酒。每一種啤酒風格都像變戲法一樣，會顛覆你的想像。造訪此處最困難的部分是決定要點的啤酒種類。你可以試試 Punch and Judy 琥珀艾爾。這是一款很美味、帶有堅果焦糖香氣、酒精濃度為 3.9% 的精釀啤酒。這是一款可以讓人看上去不那麼放縱的一款啤酒好選擇。

周邊景點

Port Stephens 釀酒廠

此區最古老的釀酒廠就在 Murrays 釀酒公司附近，如果你對酒的獨到鑑賞力也包括葡萄酒，你會很高興有來拜訪。
www.murraysbrewingco.com.au/psw

Worimi 沙丘保護區

可以搭乘四輪驅動車、四輪機車或是騎馬，探索這座南半球最長的移動沙丘，也可以用沙丘滑板在一路馳騁滑行。*www.portstephens.org.au/see-and-do/the-sand-dunes*

Red Ned 美食派餅酒吧

這不是一間普通的派餅店，對愛探險的食客來說根本就是天堂，可以吃到許多美食家等級的佳餚，例如拌有蘑菇和白酒醬的鱷魚派。*www.redneds.com.au*

Nelson Head 燈塔小屋

想找一間景觀優美的茶室，可以拜訪這座建於 1875 年的燈塔，並從小型博物館了解當地歷史。

BRIGHT啤酒廠

121 Great Alpine Road, Bright, Victoria;
www.brightbrewery.com; +61 3 5755 1301

◆ 餐點　◆ 導覽　◆ 外帶
◆ 家庭聚餐　◆ 酒吧

沿著 Great Alpine 路進到布萊特，一座位在維多利亞州東北 Ovens 河、比奇沃思東方的小鎮，這裡已經變成澳洲 Alpine 國家公園探險運動的一個據點，而由滑雪愛好者及自行車手 Scott Brandon 所經營的美味啤酒廠則是為了滿足需求而擴建。這座啤酒廠第一眼令人印象深刻的是其地點的規模。在半個運作的啤酒廠旁有一座大型的酒吧區，這裡有許多可供用餐的餐桌。戶外面向河邊則有一個露臺。露臺上則種植了啤酒花的藤蔓。這個地方適合闔家光臨，露臺底下就是一個遊樂場。

Bright 啤酒廠持續不斷釀造出許多啤酒，從啤酒的標準款，像是淡色及琥珀艾爾啤酒到稀有的啤酒品項，像是 Rule 47。這是一款比利時白啤及印度淡色艾爾啤酒的混合款。這款啤酒使用了附近 Rostrevor 啤酒花植物園的實驗性啤酒花。就像所有的 Bright 啤酒廠的啤酒一樣，使用的水則是來自 Ovens 河。啤酒廠也提供許多活動與導覽行程。想要加入啤酒廠「一日釀酒師」的活動，你不需要成為一名啤酒狂熱者，但是你卻可以學到釀造出商業規模容量啤酒桶的實務經驗。想要試試這家啤酒廠的最佳啤酒？你可以嚐嚐 Blowhard 淡色艾爾啤酒。這是一款以當地一座山丘來命名，嚐起來非常爽口且富有果香的啤酒。

周邊景點

神祕山丘

在當地店家租一台登山自行車，到神祕山丘的的自行車公園車道小試身手，或者在河濱車道悠閒騎行。

水牛山（Mount Buffalo）

城外有一條通往水牛山的道路，山頂有長達 90 公里的健行步道，還可依季節進行滑雪和攀岩活動。

布萊特巧克力

你是對高級可可瘋狂的人嗎？可以拜訪位在小鎮中心 Ovens 河畔的巧克力工廠，試試他們手工製作的單品巧克力棒。

www.brightchocolate.com.au

Sweetwater 啤酒廠

意猶未盡的話還可以拜訪 Beauty 山的這座啤酒廠，從布萊特出發車程不遠，艾爾啤酒是用來自 Kiewa 河的水所釀造的。

www.sweetwaterbrewing.com.au

CASCADE啤酒廠

131 Cascade Road, Hobart, Tasmania;
www.cascadebreweryco.com.au; +61 3 6224 1117

◆ 餐點 ◆ 導覽 ◆ 外帶
◆ 家庭聚餐 ◆ 酒吧

Tasmania 島上兩家主流啤酒公司將鍾愛啤酒之人分為兩派：北方 Launceston 有 James Boag 啤酒廠，南方則有 1824 年創立於荷伯特（Hobart）的 Cascade 啤酒廠。兩家規模都很大、不算精釀啤酒廠，本書收錄 Cascade 啤酒廠是因為它是澳洲仍在運作的啤酒廠中最古老的，而且經營得有聲有色。在威靈頓山（Mount Wellington）的陰影籠罩下，看上去有點像哥德式建築的酒廠，外觀值得好好觀賞。內部，兩個小時的導覽是一趟了解釀造過程、其中也包含試喝的有趣行程。Cascade 淡色艾爾啤酒是由 Tasmanian 山泉水及 Pride of Ringwood 啤酒花所釀造而成的。

周邊景點

巴特里角（Battery Point）

歷史悠久的航海村巴特里角布滿鄉間小路和 19 世紀小屋，以保護過荷伯特港口的大砲來命名，可以徒步探索。

威靈頓山

繼續往上走探索荷伯特唯一的山峰，有健行步道以及山自行車車道，還可俯瞰整個海灣景色。*www.wellingtonpark.org.au*

鷹灣釀酒公司（EAGLE BAY BREWING CO）

Eagle Bay Rd, Dunsborough, Margaret River, Western Australia; www.eaglebaybrewing.com.au

◆ 餐點　◆ 酒吧　◆ 家庭聚餐　◆ 外帶

鷹灣是瑪格麗特河（Margaret River）最北邊的精釀啤酒廠，也是該地區最壯觀的地標，座落在 1950 年代起便由 d'Espeissis 家族擁有的農場。不論是啤酒廠還是鷹灣葡萄園的葡萄酒，都因為臨海這項因素而具有多元風味。鷹灣啤酒廠的啤酒調味均衡、風格忠於自我，主要啤酒品項包括爽口的德式科隆啤酒和一款出色的淡色艾爾啤酒。戶外餐桌透過平緩起伏的農田可一窺印度洋，柴燒火爐可變出地中海風味的披薩和小火慢烤的摩洛哥羊肉。點一杯啤酒廠的季節啤酒系列，尤其是用瑪格麗特河 Bahen & Co. 工廠的手工巧克力所釀的可可斯陶特啤酒。

周邊景點

Bunkers 海灘咖啡

穿越蜿蜒的下坡道路來到 Bunker 海邊，早上 8:30 開門時來此，可以觀看衝浪客衝進晨浪的景象。*www.bunkersbeachcafe.com.au*

Naturaliste 角燈塔

由閃閃發亮的白色石灰岩打造而成，這座高 20 公尺的燈塔擁有絕佳海岸美景，附近步道則讓遊客可以仔細觀賞海岸線。

BOOTLEG啤酒廠

Puzey Rd, Wilyabrup, Margaret River, Western Australia; www.bootlegbrewery.com.au; +61 8 9755 6300

◆ 餐點 ◆ 酒吧 ◆ 家庭聚餐 ◆ 外帶

1994 年 Bootle 啤酒廠剛開業時，這處翠綠、充滿鹽分的瑪格麗特河區被稱作是澳洲最頂級的葡萄酒釀造區之一。而當時手工釀造的單一款啤酒則稱為「Bitter Beer」。如今，這個區域有大約十家的啤酒廠，而手工啤酒則是鎮上最炙手可熱的產品。Bootle 啤酒廠的擁有者仍然是 1841 年第一次來到此地的 Reynolds 家族的後代。他們所釀造的啤酒種類則已經延伸至六款以及一些季節性啤酒。這些啤酒也包括定期和澳洲最棒啤酒店 Perth's Mane Liquor 的合作。啤酒供應種類的不同讓喜歡出色及啤酒花香氣濃厚的啤酒迷紛紛回籠。每逢週末，你會看到百年老樹林立的啤酒廠充滿了許多來自伯斯（Perth）的當地老顧客及遊客。藍調及鄉村音樂手則製造了一種輕鬆愉悅、標準澳洲的飲酒氛圍。

對衝浪客及騎登山自行車者來說，瑪格麗特河是一處必訪之地。每年六月初，當附近的牧場舉辦西南泥巴節（South West Mudfest）、介於越野賽跑的光榮非正式穿越賽程、障礙賽課程及軍事營時，這裡則充滿了參與極限運動的刺激感。在用 Bootleg 啤酒廠知名的 Raging Bull 啤酒補充體能前，參賽者會來到啤酒廠沖澡。Raging Bull 是一款 1995 年初次釀造、酒精濃度為 7.1%、味道厚實的波特啤酒。

周邊景點

Bramley 國家公園騎單車

在有著斑駁樹影的國家公園騎登山自行車顛簸而行，在附近的瑪格麗特河自行車店可以租車。

Prevelly 海灘

在這處狂野壯觀的海岸線附近，緩緩進入印度洋的沉靜狀態。Prevelly 海灘廣大的海灣從 Rivermouth 南邊延伸至荒蕪崎嶇的 Gnarabup。

洞穴湖（Lake Cave）

要走超過 300 層階梯才能下到這處洞穴湖，石灰岩地形塑造了地底川流，使這裡成為瑪格麗特河最引人入勝的洞穴之一。

瑪格麗特河農夫市集

週六早晨營業的這處農夫市集賣的東西五花八門，從當地的康普茶（kombucha）、有機蜂蜜、手工起司到美味的越南河粉（pho）都有。

GOODIESON啤酒廠

194 Sand Rd, McLaren Vale, South Australia;
www.goodiesonbrewery.com.au; +61 409 676 542

◆ 家庭聚餐　◆ 酒吧　◆ 導覽　◆ 外帶

旅行途中深深為傳統德式及奧地利啤酒著迷，Jeff 和 Mary Goodieson 夫婦倆便決定要在自己的家鄉，利用澳洲的天然原料重現這些美味啤酒。經過對澳洲啤酒業的一番研究，他們決定在以美食佳酒聞名的麥克拉倫谷（McLaren Vale）實現夢想，創立了這家座落在南澳洲美麗翠綠鄉間的家庭式手工啤酒廠 Goodieson。老式的銅製鍋爐、典雅的小型試喝間以及友善、啤酒學識豐富的員工，他們的啤酒廠已經成為旅遊的熱門景點。用聖誕節香料所釀造的季節耶誕艾爾啤酒，略為濃烈的酒精濃度的確是冬天暖身的飲品……甚至在澳洲的仲夏也不例外。

周邊景點

品酒

麥克拉倫谷是澳洲知名的最佳葡萄酒釀造區，有大約 65 家釀酒廠和一些全世界最古老的葡萄園。

www.mclarenvale.info

Blessed 起司

這裡是「麥克拉倫谷起司和葡萄酒之路」的起點，也是可以享用美味咖啡、餐點以及天然美味起司的熱門地點。

www.blessedcheese.com.au

MOON DOG啤酒廠

17 Duke St, Abbotsford, Melbourne, Victoria; www.moondogbrewing.com.au; +61 3 9428 2307

◆ 餐點 ◆ 導覽 ◆ 外帶
◆ 家庭聚餐 ◆ 酒吧 ◆ 交通便利

漫步在汽車修理街都會不小心經過 Moon Dog 啤酒廠，隱身在 Abbotsford 工業區後巷的小型啤酒廠，品項包括巧克力 Salty Balls 斯陶特、Perverse Sexual Amalgam（一款酸艾爾啤酒）和 HenryFord's Girthsome Fjord（一款美式濃烈艾爾啤酒）。懷舊卡車供應著由酸麵糰製成的美味披薩，更增添獨特氛圍。這些披薩都有非常時髦的名字，像是以《霹靂遊俠》為名的 David Hassle Hock 披薩是一款悶煮火腿肉披薩，還有李奧納多．狄卡皮歐披薩，以及加了千真萬確的松露在鯖魚上的升級版 Return of the Mack 披薩。千萬不要錯過精釀 Jukebox Hero 印度淡色艾爾，一款領先群雄、澳洲最純淨、最精美的印度淡色艾爾。

周邊景點

Abbotsford 女修道院

這座 19 世紀的美麗修道院和其他十棟位在河濱、占地近七公頃的建築是創新藝術中心，經常舉辦各種市集和文化活動。

www.abbotsfordconvent.com.au

Mountain Goat 啤酒廠

從 Moon Dog 往下走約 15 分鐘就到這座受歡迎的 Mountain Goat 啤酒廠，有一座很棒的小酒吧，每週三還有免費的導覽行程。

www.goatbeer.com.au

© Asher Floyd

Oysters

MOUNTAIN GOAT啤酒廠

80 North Street, Richmond, Melbourne, Victoria;
www.goatbeer.com.au; +61 3 9428 1180

◆ 餐點　◆ 酒吧　◆ 導覽　◆ 交通便利

當這座位在 Richmond 後巷明亮寬敞的倉庫，在每週三和週五晚間對外敞開大門時，這裡瞬間就會充滿下班後口乾舌燥的人群。這些人都迫不及待想看看，啤酒廠的葫蘆裡又賣了什麼藥。在 Cam Hines 從溫哥華回國，但仍念念不忘這座城市令人垂涎三尺的微釀啤酒廠後，他便和友人 Dave Bonighton 於 1997 年創立了 Mountain Goat 啤酒廠，雖然這座啤酒廠現在為日本的朝日啤酒集團公司所擁有。身為墨爾本第一家獨立啤酒廠之一，在過去 20 多年來，Mountain Goat 啤酒廠的口味不斷改變。對外銷售的是乏味冒泡的拉格啤酒及 Victoria Bitter 啤酒 (VB)，而對內則是銷售更具挑戰性口味、帶有辛辣啤酒花口感的美式淡色艾爾啤酒、濃郁的琥珀艾爾和其他來自世界各地的啤酒品項。許多啤酒種類都展示在 Mountain Goat 啤酒廠的裝配台上，而啤酒廠的稀有品種則是限量發行，像是裸麥印度淡色艾爾啤酒和 Surefoo 斯陶特啤酒。你可以在每週三晚間 6:30 的免費導覽行程中看到這些啤酒的釀造過程。Mountain Goat 啤酒廠的第一款啤酒是琥珀 Hightail 艾爾啤酒。這是一款帶有獨特辛辣啤酒花口感的麥芽啤酒。釀酒師 Dave Bonighton 表示，這是一款受到 Steam's Liberty 艾爾啤酒和英式艾爾啤酒所影響的啤酒，也仍然是啤酒廠所銷售的啤酒品項中最美味的啤酒。

周邊景點

Moon Dog 啤酒廠

既然已經來到附近，不順道拜訪一下、來兩三杯啤酒會很失禮（請回頭看 225 頁）。

www.moondogbrewing.com.au

墨爾本博物館

在卡爾頓（Carlton）花園裡的一棟建築裡，可以看到墨爾本從恐龍時代開始六億多年的歷史，野生動物的展覽也很棒（或是黃昏時分可在戶外看到負鼠）。

www.museumvictoria.com.au

墨爾本板球場（MCG）

是這座城市運動愛好者的中心，冬季這裡會舉辦澳式橄欖球賽。沒有比賽的時候可以參觀球場及運動博物館。*www.mcg.org.au*

Yarra 小道

沿著 Yarra 河漫步自行車及健行道，經過 Mountain Goat 啤酒廠再到墨爾本的市郊。路上留意水果蝙蝠！

TWO BIRDS啤酒廠

136 Hall St, Spotswood, Melbourne, Victoria;
www.twobirdsbrewing.com.au; +61 3 9762 0000

◆ 餐點 ◆ 導覽 ◆ 外帶
◆ 家庭聚餐 ◆ 酒吧 ◆ 交通便利

線索就在名字裡！ Two Birds 啤酒廠是兩位愛好江釀啤酒的女士 Jayne Lewis 和 Danielle Allen 共同創立。身為澳洲第一家女性經營的釀酒公司，事業最近幾年可謂蒸蒸日上。獲得成功之後，這兩位好友決定在她們辛勤工作的啤酒廠開設一家自釀酒吧，位於 Footscray 區和 Williamstown 之間。

當釀酒師拖著一袋袋的麥芽及一桶桶的啤酒花經過，準備釀造下一款美味啤酒時，你可以在名為「巢穴（The Nest）」的酒館坐會兒並吃吃喝喝，你身旁兩側則矗立著釀造鍋爐和發酵酒缸。千萬不要錯過 Sunset 艾爾啤酒，一款帶有熱帶水果及葡萄柚啤酒花味道、迷人的琥珀艾爾啤酒。

周邊景點

科學展覽中心

專為有好奇心的大人和小孩所設計的博物館位在 Williamstown，是一處我們可以透過科學和科技互動體驗大開眼界的地方。
www.museumvictoria.com.au

Yarra 別墅

漫步這處位在 Spotswood 北邊的典雅村莊，這裡離墨爾本市中心有一段距離，可以好好享受獨特又悠閒的氛圍。
www.visitvictoria.com/Regions/Melbourne/

LITTLE CREATURES啤酒廠

40 Mews Rd, Fremantle, Perth, Western Australia;
www.littlecreatures.com.au; +61 8 6215 1000

◆ 餐點 ◆ 導覽 ◆ 外帶
◆ 家庭聚餐 ◆ 酒吧 ◆ 交通便利

陽光普照的西澳大利亞可以在 Fremantle 遠眺停滿船隻的港口，此處有一家澳洲首批精釀啤酒廠之一的 Little Creatures，2000 年由一群同好所創辦，包括長期做啤酒採購的澳洲人 Phil Sexton，現在已被集團收入旗下。剛創立時團隊成員利用福斯小貨車運送小桶啤酒，那時起便在澳洲人心中占有一席之地。酒廠位在伯斯首府南邊的一處悠閒小鎮，地理位置優越。這家啤酒廠釀造出不少啤酒，包括一款非常順口的英式琥珀艾爾 Roger's。但欣賞紅通通的夕陽沒入太平洋，則要搭配 Little Creatures 淡色艾爾啤酒，一款澳洲最原始的精釀啤酒之一，也是最典型的澳洲體驗。

周邊景點

WA 沉船博物館

位在一棟 1852 年建造的軍需倉庫，這座博物館被認為是南半球最棒的航海考古展覽。*museum.wa.gov.au*

海灘

往 Fremantle 南邊是一大片令人嘆為觀止的海灘，很適合日光浴或游泳，例如 South Beach 和設置鯊魚網的 Coogee Beach，可以搭乘巴士往來。

FERAL釀酒公司

152 Haddrill Rd, Swan Valley, Western Australia;
www.feralbrewing.com.au; +61 8 9296 4657

◆ 餐點 ◆ 導覽 ◆ 外帶
◆ 家庭聚餐 ◆ 酒吧

手工巧克力、起司製作課程和在葡萄園裡享用餐點，是人們從伯斯市中心跋涉 20 公里到天鵝谷（Swan Valley）的理由，但是對啤酒迷來說，造訪 Feral 啤酒廠卻勝過一切。這家啤酒廠以 Hop Hog 美式印度淡色艾爾而聞名，Feral 啤酒廠的經典啤酒也常常在啤酒排行榜上名列前茅，而且在東部的雪梨及墨爾本也可以輕易買到。但是如果你選一個悠閒的時刻來到這處具有鄉村風情的啤酒廠，你會發現，Feral 啤酒廠所供應的啤酒品項不只有味道濃烈的淡色艾爾啤酒。

首席釀酒師 Brendan Varis 曾是第一位釀造出德國柏林白啤酒的（Berliner Weisse beer）澳洲人之一。這款西瓜彈頭啤酒（Watermelon Warhead）是一款用來自天鵝谷的西瓜所提煉而成、帶有酸氣、極度爽口的啤酒。Feral 啤酒廠的自釀酒吧系列則定期供應季節及一次性的啤酒款。你可以在啤酒廠有遮蔭處占一個位子，並點一排用試喝槳版呈上的主要啤酒品項。其他出色的啤酒還包括一款啤酒花和麥芽香氣濃厚的黑色印度淡色艾爾啤酒 Karma Citra。並且你還可以瀏覽一下供應豐盛美食的菜單，像是捲豬肚、燉羊肉或是烤鮭魚。你也可以詢問是否有供應 B.F.H.（過桶陳釀 Hog）啤酒。這是一款在法式橡木桶發酵、Feral 啤酒廠最美味特殊的啤酒品項。

周邊景點

Fremantle

這座海港城有維多利亞式的建築、很棒的博物館以及酒吧，也是三十年前澳洲精釀啤酒的起源地。*www.visitfremantle.com.au*

Long Chim

可以在這座伯斯財政大樓的時尚餐廳裡吃到道地有活力的泰式街頭小吃，亞洲風味的雞尾酒則在五花八門的食物味道裡，提供稍稍喘息的空間。*www.longchimperth.com*

Petition 啤酒角

這裡不斷變化的 18 款啤酒展示了來自澳洲及全世界有趣的啤酒種類，瓶裝啤酒的選擇也同樣精彩。*www.petitionperth.com*

隨意美食之旅

天黑後步行穿越伯斯新興的北橋（Northbridge）區，探索西班牙小吃餐廳、義式冰淇淋、威士忌特調以及波本威士忌酒吧。*www.foodloosetours.com.au*

4 PINES釀酒公司

29/43-45 E Esplanade, Manly, Sydney, New South Wales; www.4pinesbeer.com.au; +61 2 9976 2300

◆ 餐點　◆ 導覽　◆ 外帶
◆ 家庭聚餐　◆ 酒吧　◆ 交通便利

4 Pines 釀酒公司絕對稱得上是澳洲最棒的原始北方海灘精釀啤酒之一，得獎無數的招牌啤酒項目也非常多元。你不但可以嚐到澳洲一些美味的德國科隆啤酒、淡色艾爾啤酒、德國小麥啤酒、斯陶特啤酒以及特調苦啤酒（Extra Special Bitter），還可以期待定期推出的 Keller Door 季節啤酒。Keller Door 是 4Pines 啤酒廠季節啤酒的加強款。在釀造這款啤酒時，釀酒師們放膽、盡情地玩了一把。這款啤酒會令人想到皇家印度淡色艾爾啤酒、雙倍 Cascadian 深色艾爾啤酒、西岸紅裸麥印度淡色艾爾啤酒和橡木波羅的海波特啤酒。基本上，4 Pines 釀酒公司所供應的啤酒總是可以滿足不同層級的啤酒迷。

4 Pines 釀酒公司地處便利，就位在 Manly 碼頭的河對岸。當搭乘從雪梨 Circular 碼頭渡輪的遊客抵達，準備在海灘消磨一天時，這裡很適合坐下來並觀看人群，然後手裡再拿著一罐冰涼的啤酒看著日落。更享受的是，你可以就近點一個可以裝滿所有試喝啤酒品項的槳板。但是如果你只能試喝一種啤酒，一定要試試 4 Pines 斯陶特啤酒。這款啤酒帶有滑順的巧克力、咖啡以及苦味可可的味道。這是一款釀造精良、愛爾蘭風格的乾斯陶特啤酒。

周邊景點

Manly 海灘

澳洲最美的海灘之一，不但自然景觀美麗，週末還有各種娛樂活動。

Manly 衝浪學校

衝浪比看上去要難得多，但嘗試看看還是很有趣，跟隨海灘上的澳洲衝浪客一起學習如何衝浪。*www.manlysurfschool.com*

Shelly 海灘

港口內有五百多種海中生物，從 Manly 海灘步行只需 10 分鐘的 Shelly 海灘，是浮潛或水肺潛水的理想地點。*www.manlyaustralia.com.au/info/thingstodo/snorkelling*

檢疫站的幽靈之旅

在舊檢疫站來趟可怕的夜遊，許多孱弱無依的幽靈已在這裡徘徊超過 150 年未曾離去……。*www.quarantinestation.com.au*

MODUS OPERANDI啤酒廠

14 Harkeith St, Mona Vale, Sydney, New South Wales; www.mobrewing.com.au; +61 2 8407 9864

◆ 餐點 ◆ 導覽 ◆ 外帶
◆ 家庭聚餐 ◆ 酒吧 ◆ 交通便利

在美國半年的手工啤酒沉浸之旅期間，Modus Operandi 啤酒廠的創辦人 Grant 和 Jaz 不但收集了許多照片和紀念品，也網羅了一些非常有天分的美國釀酒師跟他們一起回到南半球 。他們的啤酒廠也立即取得了成功。

在逐漸茁壯的偉大北方海岸精釀啤酒廠名單上，他們已是榜上有名。他們還在 Mona Vale 雪梨衝浪點近郊創立了一間酒鋪。這家酒鋪也隨即獲獎無數。像是 Zoo Feeder 印度淡色艾爾啤酒和 Simmy Minion 淡色艾爾啤酒（現在又被稱為 Modus 淡色艾爾啤酒）是吸引手工啤酒愛好者蜂擁至啤酒廠的理由。在釀造啤酒的酒缸下啜飲新鮮的啤酒則別有一番風味。在 Modus 啤酒廠，你可以深入啤酒廠內部品嚐啤酒。而最好的待遇則是透過復古的裝罐設備，自由選擇你想要喝的啤酒種類（當然已事先做過仔細的研究），然後直接從啤酒缸中將啤酒倒在一個大型 1 公升容量的啤酒罐中。之後啤酒罐會仔細封存，方便你帶回家。一定要試試的啤酒是 Former Tenant 紅色印度淡色艾爾啤酒。這是一款主調帶有純太妃糖及焦糖麥芽味道，大瓶裝、香氣四溢及帶有濃烈啤酒花香汽的啤酒品項。

周邊景點

Mona Vale 海灘

啤酒廠不遠處就是美麗的海灘，以及保護完善的 Bongin Bongin 海灣，這裡是衝浪、游泳或在沙灘上消磨時光的好地點。

Newport Arms 旅館

這是雪梨最具代表性的酒吧之一，以眺望 Pittwater 的壯觀景色而聞名，巨大的啤酒花園裡則充滿帶有古銅色肌膚的澳洲人。

www.merivale.com.au/thenewport

Barrenjoey 岬角

可以健行登上這座岬角（有座著名燈塔），眺望整個北海灘半島令人嘆為觀止的景色。

Pittwater 獨木舟之旅

邊緣是一大片尚未遭到人為破壞的國家公園，Pittwater 提供許多僻靜的海灘、瀑布、島嶼，以及只能划船才能探索的美麗河口。

www.pittwaterkayaktours.com.au

YOUNG HENRYS啤酒廠

76 Wilford St, Newtown, Sydney, New South Wales; www.younghenrys.com; +61 2 9519 0048

◆ 餐點　◆ 導覽　◆ 外帶
◆ 家庭聚餐　◆ 酒吧　◆ 交通便利

雪梨手工啤酒界的酷小孩——Young Henrys 啤酒廠已經逐漸做出名聲。在雪梨市中心西方、具有活力又吸引學生族群的 Newtown 區，每家酒吧都供應他們的啤酒。這一區每到週末就吸引各式不同的美食餐車停泊。啤酒廠本身則由時髦的藝術品、塗鴉以及一大堆釀酒用具做裝飾，後面則是一個大型金屬啤酒缸，由一小群蓄鬍釀酒師把關品質。

這是一處消磨下午時光的絕佳地點（19:00 打烊），所以早點來點一杯含有英國及澳洲小麥的澳洲淡色艾爾啤酒 Newtowner 放鬆一下。千萬不要錯過 Real Ale 啤酒，是一款帶有澳洲式啤酒花後勁的英式苦啤酒。

周邊景點

國王街（King Street）

Newtown 是雪梨所有另類事物的中心，國王街更是應有盡有，像是復古唱片行、獨特咖啡店、街頭藝術和許多酒吧。

Enmore 劇院

雪梨經營最久的劇院，可以看到各式各樣當地及國際的表演，包括喜劇、音樂劇、芭蕾和現場音樂會。*www.enmoretheatre.com.au*

HOLGATE啤酒屋

79 High St, Woodend, Victoria;
www.holgatebrewhouse.com; +61 3 5427 2510

◆ 餐點 ◆ 酒吧 ◆ 外帶
◆ 家庭聚餐 ◆ 交通便利

家族經營的HOLGATE啤酒屋，帶領人們重返每個鄉鎮都有小型釀酒廠或自釀酒吧的時代。1999年起就座落在伍登一處美麗的紅磚旅館中，供應美味的澳式酒吧食物，像是漢堡、焗烤千層茄（parmigiana）、炸魚和薯條，還有提供住宿，和一家直接從啤酒缸取出啤酒的酒館。

有個一定要造訪這座遠在墨爾本北邊啤酒屋的理由，就是他們所釀的Temptress啤酒，一款會讓你念念不忘的誘人巧克力波特啤酒，由可可粉及整顆香草豆釀製，混合七種烘焙過的深色麥芽，替這款啤酒添加了奢華的風味。其他啤酒品項也非常美味，但是Temptress卻會令你神魂顛倒。

周邊景點

Macedon山區品飲葡萄酒

靠近Macedon山區有許多釀酒廠很擅長釀製冷藏葡萄酒，可以試試懸崖（Hanging Rock）釀酒廠的氣泡Chardonnay葡萄酒。

懸崖（Hanging Rock）

這處小型保護區保護了六百多萬年前的地理景觀，也是許多書籍和電影的著名場景。可以徒步上山賞景，偶爾還會舉辦岩石音樂會。

© Holgate Brewhouse

紐西蘭

如何用當地語言點啤酒？ I'd like a beer, please

如何說乾杯？ Chur!（cheers, bro! 的簡短說法）

必嚐特色啤酒？ 淡色艾爾啤酒。

當地酒吧下酒菜？ Kenny's Kumara 洋芋片。

貼心提醒： 請務必將你的啤酒放在小冰箱（chilly bin，紐西蘭人會唸成「chully bun」）保持冰涼。

Motueka、Rakau 和 Riwaka 只是紐西蘭改變世界啤酒的其中幾個名字，這些由紐西蘭高科技農業科學家所研發的不同啤酒花品種，獨特、帶有熱帶水果味道的神奇原料使紐西蘭的創意手工啤酒和別的地方與眾不同。

紐西蘭真的是位處世界邊緣，只有 4500 萬人住在太平洋的兩座火山島上，大部分的聚集在北島大城奧克蘭。然而今日，他們卻能集體支持這座狹長島上的 100 座精釀啤酒廠，從奧克蘭城的 Hallertau 酒廠到位在南島一端但尼丁的 Emerson's 啤酒廠，是個了不起的事情。這裡是在性別平等、環境保護和橄欖球比賽項目中足以和其他國家匹敵的國度。

當我們將時間倒轉回十幾二十年，紐西蘭的酒客口味只侷限在幾款大量製造的啤酒，像是 Speights 啤酒。在 1990 年代期間，精釀啤酒師來來去去，一直到千禧年時有創意的獨立啤酒廠才開始站穩腳步。一些紐西蘭啤酒界最成功的啤酒品牌，像是 Renaissance 和 Tuatara 啤酒廠都是成立於這個時期，這些啤酒品牌也啟發並培養了一批有天分的釀酒師，這些人接力創立了屬於他們的啤酒廠，像是 8 Wired。

回到啤酒花，紐西蘭對原料的超高標準也在精釀啤酒界掀起一股熱潮。很少有國家像紐西蘭一樣擁有較純淨的水質或是不受疾病感染的農作物。農業在此被嚴肅對待，科學家們也小心地在實驗室裡栽植出新一代的混種作物。Marlborough 區的 Nelson 是紐西蘭啤酒花種植中心，此地長期以法國蘇維翁白葡萄（Sauvignon Blanc）聞名，有著和地名類似的本地種植啤酒花 Nelson Sauvin 也造成一股熱潮。這種啤酒花為啤酒添增了蜜桃、醋栗和柑橘的味道，魅力大到太平洋彼岸許多出色的加州印度淡色艾爾啤酒，也使用這個品種和帶有萊姆及檸檬香味的 Motueka 啤酒花品種。

雖然紐西蘭的啤酒花外銷到其他地方，但是兩、三百種精釀啤酒並沒有打算離開，如果想要完整體驗帶有新鮮水果風味的紐西蘭艾爾啤酒，就必須要跳上飛機。大部分國際航線都可以到奧克蘭。這裡有許多很棒的啤酒廠可以開啟啤酒之旅。啤酒客網站（www.beertourist.co.nz）是用來規劃行程的寶貴良

酒吧語錄：JOSH SCOTT

紐西蘭擁有一些全世界最有趣的啤酒花，帶有熱帶和草本植物的特性。

TOP 5 啤酒推薦

- **HopWired 印度淡色艾爾：**8 Wired 啤酒廠
- **Elemental 波特啤酒：**Renaissance 啤酒廠
- **Death From Above 啤酒：**Garage Project 啤酒廠
- **Hop Zombie 啤酒：**Epic 釀酒廠
- **Tu-Rye-Ay 仲夜裸麥印度淡色艾爾：**Tuatara 啤酒廠

伴。從奧克蘭往南到常受大風侵襲的威靈頓前，可以中途停留霍克灣區（Hawkes Bay）。這裡的首府讓人想起舊金山，但物價更合理。這裡是 Tuatara 啤酒廠、Fork 和 Brewer 酒廠、Garage Project（見 267 頁）的所在地。許多啤酒廠都有酒館，即使沒有酒館，大部分城鎮及都市都至少有幾間供應當地美味啤酒的酒吧。

跨過庫克海峽（據説庫克船長用當地的葉子在 1773 年的紐西蘭釀造了第一瓶啤酒），啤酒客會來到 Marlborough 區。在 Nelson 城和布倫亨（Blenheim）則有許多啤酒廠。在東海岸，基督城也有非常多很棒的啤酒廠，像是 Eagle 啤酒廠。而虔誠的啤酒客可以繼續旅程前往到但尼丁（Dunedin）和皇后鎮（Queenstown）。

© Matt Munro / Lonely Planet Images, © Hallertau Brewery

HALLERTAU啤酒廠

1171 Coatesville Riverhead Hwy, Riverhead, Auckland; www.hallertau.co.nz; +64 9 412 5555

◆ 餐點 ◆ 導覽 ◆ 外帶
◆ 家庭聚餐 ◆ 酒吧

儘管這家啤酒廠是以德國種植啤酒花的一個著名地區命名，但是 Hallertau 啤酒廠卻非常具有紐西蘭風味。四周被西奧克蘭鄉村葡萄園圍繞，從衝浪海灘開車只要短短幾分鐘的這家啤酒廠創立於 2005 年，而德式啤酒花園在週末總是受到熱烈的歡迎。啤酒迷為了季節啤酒和來自紐西蘭各地、限時銷售的貴賓啤酒蜂擁而至。當孩子們以紐西蘭人的自信佔據著遊樂場遊玩時，家長們則在一旁歇息。一座開放式的廚房可以變化出許多柴燒的美食，包括可口的披薩，而定期演出的現場音樂則會邀請到一些紐西蘭最受歡迎的樂手。Hallertau 啤酒廠的創辦人 Steve Plowman 是一位知名樂迷，啤酒廠會和許多音樂人合作，包括由重金屬樂團所釀製的啤酒款、粗曠的 Beastwars 搖滾樂團印度淡式艾爾啤酒、以及一款由來自奧克蘭 horn-heavy 靈魂及放克（funk）爵士雙人組 Hopetoun Brown 手工釀造的咖啡艾爾啤酒。除了 Hallertau 啤酒廠主要以數字 1 到 4 來命名的四款啤酒外，啤酒廠也是紐西蘭手工過桶陳釀及酸啤酒的先驅。你可以找找特製的裝瓶啤酒，包括在 Chardonnay 白葡萄酒桶裡陳釀一年，然後再取出販售的 Funkonnay 啤酒。啤酒花香氣濃厚的 Maximus 印度淡色艾爾啤酒也是一款你一定要試試的啤酒。

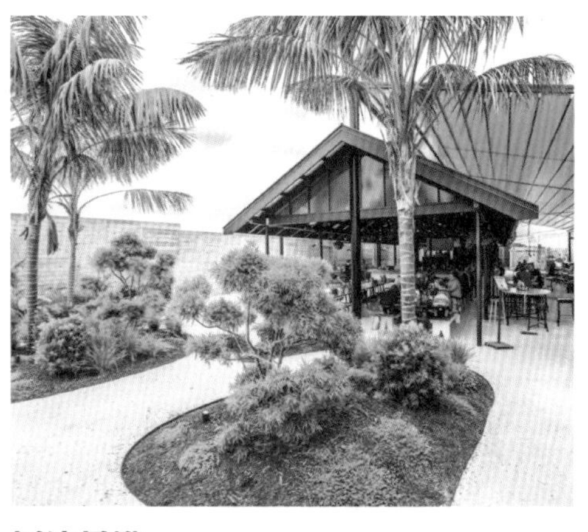

© Hallertau

周邊景點

The Tasting Shed 餐廳

在這家融合大城市及鄉村葡萄園特色的餐廳，可以嚐到從東南亞、中東再到西班牙各種風味的菜餚。*www.thetastingshed.co.nz*

Muriwai 海灘

走上這處崎嶇的黑色衝浪沙灘，在 Takapu 塘鵝棲息地保護區觀看牠們的求偶儀式，以及毛茸茸的雛鳥。

Kumeu 河

在 Kumeu 河的托斯卡尼式酒窖品嚐紐西蘭最頂級 Chardonnay 白葡萄酒。首席葡萄酒釀酒師 Michael Brajkovich 在 1989 年已經是紐西蘭首屈一指的葡萄酒大師（Master of Wine）。*www.kumeuriver.co.nz*

Waiheke 島

從奧克蘭市中心坐渡輪大約 45 分鐘，這座亞熱帶小氣候的 Waiheke 島上有葡萄園餐廳、崎嶇偏遠的海灣，甚至還有幾間精釀啤酒廠。

MOA啤酒廠

258 Jacksons Rd, Blenheim, Marlborough;
www.moabeer.com; +64 3 572 5146

◆ 餐點　◆ 外帶　◆ 家庭聚餐

位在紐西蘭南島最頂端的 Marlborough 是蘇維翁白葡萄酒產區，但此區數量逐年成長的啤酒廠已經威脅到葡萄酒的地位，包括這家以漫步在這片大陸上無法飛翔的巨鳥命名的啤酒廠。

Moa 啤酒廠是由葡萄酒釀酒師 Josh Scott 和 Dave Nicholls 所創立，依附在紐西蘭最大的獨立啤酒廠之一旗下，羽翼漸豐。在當地交通樞紐布倫亨郊外被葡萄園環繞的品酒室，提供了最多試飲 Moa 酒廠啤酒的機會，從社交型的經典款到和三倍啤酒及皇家斯陶特啤酒同列頂級的 Reserves 啤酒，釀造時都使用了世界上最純淨的水，以及常常令人驚豔的紐西蘭啤酒花。

周邊景點

Mussel 酒館

紐西蘭最受歡迎的自釀酒吧之一，位在 Marlborough 城另一邊的 Takaka 和 Collingwood 之間，距布倫亨 3.65 小時車程。*www.musselinn.co.nz*

Abel Tasman 國家公園

去 Mussel 酒館途中會經過這座美麗的國家公園，可計畫在這裡過週末，健行或是沿著海岸划獨木舟都很適合。*www.doc.govt.nz*

RENAISSANCE啤酒廠

1 Dodson St, Blenheim, Marlborough; www.renaissancebrewing.co.nz; +64 3 579 3400

◆ 餐點　◆ 交通便利　◆ 導覽

這座精釀啤酒廠位在布倫亨市中心最古老的商業建築。在加州人 Andy Deuchar 和 Brian Thiel 2005 年創立 Renaissance 啤酒廠之前，這裡有許多葡萄酒釀酒廠。如今，啤酒廠已釀出許多啤酒，全紐西蘭和澳洲販售罐裝啤酒的商店都有供應。每款啤酒都經過縝密的設計，比如 Voyager 印度淡色艾爾啤酒混合了 Fuggles 啤酒花，並參考了原味、味道濃烈、帶有海洋氣息的英式艾爾啤酒。而 Odyssey 比利時白啤酒則含有橘子皮及香菜，為啤酒種類添加了一絲傳統釀造的氣息。

Renaissance 啤酒廠並沒有附設酒館，但隔壁有一家富有情調的 Dodson 街啤酒花園，那裡有供應食物及最新鮮的啤酒。

周邊景點

Omaka 航空文物中心

身為收藏家，《魔戒》系列電影導演 Peter Jackson 在布倫亨收集的各式一戰飛機令人稱羨，這些飛機都在導演的電影公司所設計的立體布景中展示。

Saint Clair 莊園

Marlborough 有許多販賣自釀葡萄酒的酒窖，而在布倫亨的這一家釀出了一些紐西蘭最令人上癮的蘇維翁白葡萄酒。這裡也設有咖啡館。*www.saintclair.co.nz*

EMERSON啤酒廠

70 Anzac Ave, Dunedin, Otago;

www.emersons.co.nz; +64 3 477 1812

◆ 餐點 ◆ 導覽 ◆ 外帶

◆ 家庭聚餐 ◆ 酒吧 ◆ 交通便利

蓬勃的精釀啤酒業使紐西蘭現在有多達 100 家啤酒廠。但是當 Richard Emerson 於 1993 年在大學城但尼丁南方創立他的啤酒廠前，啤酒市場主要由兩家販售主流啤酒的公司所掌控。較有風味的啤酒，像是 Emerson 啤酒廠的柑橘皮爾森啤酒或是社交型的 Bookbinder 苦啤酒，都啟發了許多現在在紐西蘭精釀啤酒業中的經營者。大約二十多年前，Emerson 啤酒廠是紐西蘭唯一一家大型的精釀啤酒品牌。2012 年，釀酒業巨人 Lion 買下了這家啤酒廠，2016 年中，一家全新、價值紐幣 2500 萬的啤酒廠、酒館及磚造餐廳在但尼丁隨性不羈的河濱旁開幕。二十多年前首次研發、受歡迎的啤酒，在酒廠所呈上的五款試喝槳板上，味道依然還是一樣美味，尤其是口感均衡的 1812 淡色艾爾啤酒。而酒廠的水龍頭也依舊忙碌地供應季節啤酒。你可以在餐廳的皮製沙發上休憩片刻。三月初時，可以試試一款由蜂蜜所釀造、一年才推出一次的調味冬季啤酒 Taieri George。這款啤酒的名字是為了紀念 Richard Emerson 已過世的父親，他是 Taieri 壯觀峽谷觀光火車之旅的創辦人之一。

周邊景點

Otago 農夫市集

位在但尼丁火車站外，1903 年～ 1906 年間以青石建造而成。這座週六市集到處可見街頭小吃及當地農產品。

www.otagofarmersmarket.org.nz

Taieri 峽谷觀光火車

從但尼丁出發穿過 Taieri 峽谷，可以在旅程中欣賞到美麗風景，還有隧道、峽谷以及聳立的高架鐵道橋。

www.dunedinrailways.co.nz

自然奇景農場（Natures Wonders Naturally）

在 Otago 半島上，可以參觀這座壯觀的海濱綿羊農場，從但尼丁出發大約 40 公里。還可以在私人海灘上偷偷觀察海豹及黃眼企鵝。*www.natureswonders.co.nz*

Toitū Otago 移民博物館

這是紐西蘭最棒的地區博物館之一，包含了迷人的毛利文化區，以及一間紀念但尼丁傳奇獨立唱片公司 Flying Nun Records 的展間。*www.toituosm.com/*

GOOD GEORGE啤酒廠

32a Somerset St, Frankton, Hamilton, Waikato; www.goodgeorge.co.nz; +64 7 847 3223

◆ 餐點 ◆ 酒吧 ◆ 導覽 ◆ 外帶

奇蹟真的會發生！從前的 St George 教堂現在已經成為紐西蘭最受歡迎的自釀酒吧之一。漢密頓（Hamilton）的啤酒迷常在週間光臨這處挑高天花板的空間，週末則會在戶外露臺看到當地的音樂發燒友彈奏著耳孰能詳的歌曲。

Good George 啤酒廠團隊也很調皮並具有創意，最近的啤酒品項包括帶有巧克力、香草和蔓越莓口味的白色斯陶特啤酒。有沒有人想來道甜點？啤酒廠良好的聲譽也建立在美味的柑橘及水果口味啤酒上。在漢密頓市中心舒適的 Little George 酒吧試試 Doris Plum Cider 啤酒，並且不要錯過 Drop Hop Cider，這是一款融合蘋果及啤酒花的美味啤酒。

周邊景點

Waitomo 冒險之旅

如果你喜歡繞繩下降、攀岩以及探尋地下河等等活動，從漢密頓經過綿延的草原只要一小時車程便可滿足你所有願望。

www.waitomo.co.nz

骨董車博物館

這座有著各種美國敞篷車以及歐洲賽車的博物館，絕對是復古車迷的天堂。千萬不要錯過參觀水陸兩用車（Amphicar）。

www.classicsmuseum.co.nz

FORK & BREWER啤酒廠

14 Bond St, Wellington;

www.forkandbrewer.co.nz; +64 4 472 0033

◆ **餐點** ◆ **外帶** ◆ **酒吧** ◆ **交通便利**

Fork&Brewer 啤酒廠的 Kelly Ryan 曾在全球各地至少九家啤酒廠擔任過釀酒師，是紐西蘭最受敬重的啤酒釀酒師之一。他運用奇特的酵母以及實驗性質的啤酒花，不斷為啤酒廠推陳出新。在威靈頓市中心的啤酒廠主要提供 40 款啤酒，通常包括一款帶有濃厚柑橘香味的西岸印度淡色艾爾 Big Tahuna。但是較小規模的試驗啤酒才是讓 Ryan 大顯身手的地方，他使用了分隔紐西蘭南北島的庫克海峽的鹹海水，還有原生森林藥草例如帶有胡椒味的 horopito。你可以尋找 du Fru Ju 農場的海報，有一款得過獎的啤酒，喜愛啤酒的 Lonely Planet 作者之一也參與其中。

周邊景點

Ortega Fish Shack 餐廳

可能是威靈頓最棒的餐廳。精釀啤酒酒單結合了美味的海鮮菜單，是一處令人感到放鬆、卻有紐西蘭精緻服務的用餐地點。

www.ortega.co.nz

威靈頓纜車

跳上這輛建於 1902 年的紅色纜車遊覽威靈頓植物園，沿路還可以欣賞威靈頓精緻的海港景觀。

www.wellingtoncablecar.co.nz

GARAGE PROJECT啤酒廠

68 Aro St, Aro Valley, Wellington;
www.garageproject.co.nz; +64 4 802 5234

◆ 餐點 ◆ 外帶 ◆ 酒吧 ◆ 交通便利

如果參加紐西蘭或澳洲啤酒節，很容易發現 Garage Project 啤酒廠的攤位。只要跟著大批拿著啤酒的人群，就能找到這家來自威靈頓的啤酒廠攤位位置。他們參加過啤酒節的品項包括 Two Tap Mochachocca Chino，一款現場混合奶油艾爾啤酒的皇家斯陶特啤酒。這種會引起騷動、深具獨創性的啤酒釀造，也可以在 Te Aro 市郊啤酒廠的附屬酒館 Tap Room 中喝到。

這家酒館常年供應二十款啤酒，通常包括紐西蘭最棒的淡色艾爾啤酒 Garagista。這裡也供應許多釀酒師所釀的不同種類啤酒實驗品，像是 Jos Ruffell 以及兄弟檔 Pete 和 Ian Gillespie。La Calavera Catrina 是一款帶有煙燻 habanero 辣椒、玫瑰水及西瓜口味的拉格啤酒，Death from Above 則是一款帶有芒果及越南薄荷口味、酒精濃度高達 7.5% 的淡色艾爾啤酒。

Garage Project 啤酒廠持續的創新不但包括其獨特釀造啤酒的原料，位在威靈頓市中心的野生工作坊（Wild Workshop）的釀造設備，也透過從紐西蘭首都的自然環境中，熟練地調配野生酵母，進而在釀造大膽創新的啤酒上居功厥偉。Garage Project 啤酒廠釀造出許多啤酒，但是 Hāpi Daze（Hāpi 是毛利語啤酒花的意思）卻是一款可以精確展現紐西蘭美味、帶有啤酒花香氣的啤酒。

周邊景點

Zest 美食之旅

在紐西蘭首都的步行之旅中，可以嚐到手工巧克力、整批烘焙的咖啡以及特製起司。行程還包括在威靈頓的 Logan Brown 餐廳吃午餐。*www.zestfoodtours.co.nz*

Weta 山洞工作坊之旅

走到幕後，了解電影《哈比人》和《魔戒三部曲》中獲得奧斯卡特效獎的電影製作魔法。*www.wetaworkshop.com*

Te Papa Tongarewa 紐西蘭國立博物館

這座博物館展出了紐西蘭在一戰時期所參與的重要戰役與故事。*www.tepapa.govt.nz*

西蘭大陸（Zealandia）

超過 30 種紐西蘭原生鳥類生活在這座生態保育區，長約 30 公里的步道可自行探索，或是報名參加導覽行程。

www.visitzealandia.com

INDEX

國家圖書館出版品預行編目（CIP）資料

世界精釀啤酒之旅／孤獨星球（Lonely Planet）作者群著；李天心譯. -- 初版. -- 臺中市：晨星, 2020.01
面；　公分. --（Guide book；619）
譯自：Lonely planet's global beer tour
ISBN 978-986-443-945-4（平裝）

1.啤酒 2.酒業

463.821　　108018770

Guide Book 619

世界精釀啤酒之旅：全球頂尖啤酒廠品嚐導覽指南

【原文書名】：Lonely Planet's Global Beer Tour

作者群　Isabel Albiston, Brett Atkinson, Carolyn Bain, Amy Balfour, Robin Barton, Oliver Berry,Joe Bindloss, John Brunton, Lucy Burningham, Tim Charody, Lucy Corne, Candace Driskell, Megan Eaves, Janine Eberle,Ben Handicott, John Lee, Shawn Low, Lorna Parkes, Christopher Pitts, Liza Prado, Evan Rail, Kevin Raub, Brendan Sainsbury,Dan Savery Raz, Tom Spurling, Steve Waters, Luke Waterson, Karla Zimmerman
譯者　李天心
編輯　余順琪
封面設計　柳佳璋
美術編輯　林姿秀

創辦人　陳銘民
發行所　晨星出版有限公司
407台中市西屯區工業30路1號1樓
TEL：04-23595820　FAX：04-23550581
行政院新聞局局版台業字第2500號
法律顧問　陳思成律師
初版　西元2020年01月30日

總經銷　知己圖書股份有限公司
106台北市大安區辛亥路一段30號9樓
TEL：02-2367204／02-23672047　FAX：02-23635741
407台中市西屯區工業30路1號1樓
TEL：04-23595819　FAX：04-23595493
E-mail：service@morningstar.com.tw
網路書店 http://www.morningstar.com. tw
讀者專線　04-23595819#230
郵政劃撥　15060393（知己圖書股份有限公司）

線上讀者回函

印刷　上好印刷股份有限公司

定價 499 元
（如書籍有缺頁或破損，請寄回更換）
ISBN：978-986-443-945-4

Translated from the “LONELY PLANET'S GLOBAL BEER TOUR”
First published in May 2017
by Lonely Planet Global Limited

Published by Morning Star Publshing Inc.
Printed in Taiwan